iHuman
新民说

成
为
更
好
的
人

[万物系列丛书]

JONATHAN WALDMAN

RUST
THE LONGEST WAR

锈蚀
人类最漫长的战争

[美] 乔纳森·瓦尔德曼 著

孙亚飞 译

GUANGXI NORMAL UNIVERSITY PRESS
广西师范大学出版社
·桂林·

锈蚀：人类最漫长的战争
XIUSHI: RENLEI ZUI MANCHANG DE ZHANZHENG

Simplified Chinese Translation copyright © 2017 by Guangxi Normal
University Press Group Co., Ltd
RUST: The Longest War
Original English Language edition Copyright © 2015 by Jonathan Waldman
All Rights Reserved.
Published by arrangement with the original publisher, Simon&Schuster, Inc.
著作权合同登记号桂图登字：20-2015-179 号

图书在版编目（CIP）数据

锈蚀：人类最漫长的战争 / （美）乔纳森·瓦尔德曼
（Jonathan Waldman）著；孙亚飞译. —桂林：广西师范
大学出版社，2017.9
（万物系列丛书）
书名原文：Rust: The Longest War
ISBN 978-7-5598-0030-5

Ⅰ．①锈… Ⅱ．①乔…②孙… Ⅲ．①锈蚀—普及读物
Ⅳ．①TG172

中国版本图书馆 CIP 数据核字（2017）第 186290 号

广西师范大学出版社出版发行

（广西桂林市中华路 22 号　邮政编码：541001）
　网址：http://www.bbtpress.com
出版人：张艺兵
全国新华书店经销
衡阳顺地印务有限公司印刷
（湖南省衡阳市雁峰区园艺村 9 号　邮政编码：421008）
开本：880 mm × 1 240 mm　1/32
印张：12.875　　字数：298 千字
2017 年 9 月第 1 版　　2017 年 9 月第 1 次印刷
印数：0 001~6 000 册　　定价：58.00 元

如发现印装质量问题，影响阅读，请与印刷厂联系调换。

献给爸爸、妈妈，
以及那艘愚蠢帆船的买家们！

不请自来的，唯有熵。

——安东·契诃夫（Anton Chekhov）

目 录

权威推荐

世界腐蚀组织主席　韩恩厚

　　《锈蚀》是一本兼具实用价值和趣味性的科普图书。作者以西方人的视角，讲述了在日常生活中遇到的锈蚀问题，直观地呈现了这一问题的严重性。通过出色的叙述技巧，作者深入浅出地阐述了锈蚀的产生和发展历史、对人类生命和财产造成的影响，以及人类与锈蚀斗争的过程，包括进行专业研究、实际应用与维护、加强宣传教育等。与此同时，作者还指出了我们的一些缺憾，并指明未来努力的方向，包括培养更多专业人才（尤其是了解工程学的人才）、不盲目设计与修复、加强腐蚀预防等。读者通过掌握其中知识，在日常生活中稍加重视，就能有效减少因腐蚀而导致的资源损耗。

《纽约时报》（*The New York Times*）

　　乔纳森·瓦尔德曼的处女作《锈蚀》，听起来像是在罗列环境违规事例，但千万不要这么想。本书聚焦于锈蚀的成因、影响以及那些终生献身于抗锈的人们，其丰富的内容和有趣的叙述让"锈蚀"这一晦涩的话题散发万丈光芒……瓦尔德曼曾询问过波尔公司：锈蚀是如何影响易拉罐的设计与制造的，但惹来了该公司主管的敌视，并声称锈蚀"是个十分愚蠢的创作主题"。本书的面世证明了他的说法大错特错，也证明了瓦尔德曼的努力是有价值的。

《华尔街日报》（*The Wall Street Journal*）

瓦尔德曼熟练地将科学与技术的元素交织在一起，写就这本引人入胜的伟大作品。

《科学美国人》（*Scientific American*）

新奇有趣……瓦尔德曼参观了"易拉罐学校"，采访了许多抗锈专家，探访了跨阿拉斯加输油管道，还有其他种种趣味性十足的冒险，只为了弄清楚锈蚀是如何侵蚀我们的日常生活的。在他的笔下，"锈蚀"这种沉闷无奇的物质现象大放异彩。

《自然史》（*Natural History*）

引人入胜……展现了瓦尔德曼在叙述文学方面的天赋……看着那些锈迹，谁曾想过它们也能让人如此兴奋。

《大西洋月刊》（*The Atlantic*）

生动活泼……不要被副书名给吓到了，瓦尔德曼已经率先踏上了这趟轻松有趣的旅途。

《发现》（*Discover*）

正如尼尔·杨（Neil Young）的歌曲所唱：锈菌从未睡去，它正忙着摧毁我们的世界。它残酷无情、极具破坏力地打下了飞机，击沉了舰船，撞毁了车辆，侵蚀了昂贵的手工艺品，还犯下数不清的恶行。瓦尔德曼提供了一个新奇有趣的视角，展示了人类与锈蚀之间漫长而可怕的战争。

《书单》（*Booklist*）

引人入胜……本书讲述了许多令人瞠目结舌的知识……写作方式既出色，又新奇有趣。

《男士期刊》（*Men's Journal*）

报道文学与历史课的奇妙结合，新奇有趣……让人手不释卷。

黛博拉·布鲁姆（Deborah Blum）
畅销书《投毒者指南》（*The Poisoner's Handbook*）作者

在这部非同凡响的作品中，乔纳森·瓦尔德曼用我们这个星球最常见、最久远、最危险的化学反应作为此次奇幻历险的起点。书中时而是惊奇的探险，时而是充满智慧的思考，时而又夹杂着幽默的故事，它让你以全新的方式看待锈蚀现象和我们的生活。

马修·克劳福德（Matthew Crawford）
畅销书《魂归手工艺》（*Shop Class as Soulcraft*）作者

《锈蚀》是对大肆鼓吹现代化的无声谴责，也是对我们已然钝化的思维的鞭挞。乔纳森·瓦尔德曼将锈蚀的历史和人类文明结合起来，展示了人类的发展和进步是如何不可避免地受到物质的极限和衰变的影响。

玛丽·罗奇（Mary Roach）

超级畅销书《死尸》（*Stiff*）、**《吞咽》**（*Gulp*）**作者**

在某种程度上，《锈蚀》可看作是西方文明的发展历程，它告诉我们那些雄心勃勃、特立独行的天才和奉行理想主义的怪咖们是如何改变世界的。

To Chinese readers,

Around the world, man fights rust in the same ways. Though I wrote about battles in the West, I could just as well have written about battles in the East, where metallurgy has a history much longer and richer.

— JONATHAN WALDMAN

致中国读者：

在当今世界，人类抗击锈蚀的方法大同小异。尽管我只描述了发生在西方的战斗，但东方的战况想来也同样严峻，毕竟此地的冶金史要比西方漫长得多、丰富得多。

乔纳森·瓦尔德曼

推荐序

　　我十分乐意向我国读者推荐瓦尔德曼所著《锈蚀：人类最漫长的战争》这一妙趣横生的科普读物，其实这本书对腐蚀专业工作者来说也是一本专业内涵深厚、条理分明、可读性极佳的作品。

　　锈蚀每天都发生在我们周围，冶金把矿石炼成有用的金属，而锈蚀则是冶金的逆过程。含氧和水的环境腐蚀作用把金属变成难以回收的氧化物废渣，这仿佛是一场无焰的火灾，静悄悄吞噬着世界上有限的资源。自古以来，人类与锈蚀的战争就从未间断过，锈蚀成本已大于各种自然灾害造成损失的总和。实质上，这是人类与热力学第二定律的一场博斗，只能减轻与延缓，没有胜算。正如本书作者所说："几乎所有的金属都容易发生腐蚀。锈蚀通常会导致可见的痕迹：钙会变白，铜会变绿，钪会变粉，锶会变黄，铽会变褐，铊会变蓝，钛会变灰再变黑。锈蚀把火星都染红了，而在地球上，它则造就了大峡谷、红砖和墨西哥瓷砖那血一般的颜色。它是个残忍的敌人，从不休息，同时在不断地提醒我们：金属就跟我们一样，无法永生"。瓦尔德曼的视觉独特，他像探险家讲故事一样，以纪实文学的方法将科学技术、政治与社会文化的元素融汇一体，完成了这部作品。他在依托第一手调查资料的基础上，描述了锈蚀的成因、形态、危害与人类抗击锈蚀的种种努力，因而作品十分有震撼力。这种震撼力在"自由女神除锈战"一章的叙述中体现得淋漓至尽，从"罪犯"到总统，从技术到社会，作者的细微观察和具体描述，使得整个故事十分感人而可信。这也是过去无论国内外有关腐蚀的读物中所缺少的。

2002 年，我们完成了一项中国工程院国家咨询项目《中国工业与自然环境腐蚀问题调查与对策》。在报送国务院的咨询报告中我们写道：

腐蚀给国民经济造成了巨大的损失。然而，腐蚀又是可以通过人类的技术活动加以控制的，希望把它的危害降到最低。虽然腐蚀与国家经济建设和国防建设的关系十分密切，但由于腐蚀与防护是跨行业、跨部门、带有共性的科学技术，并不直接创造经济效益，所以它并不太引人注意。在工业发达的社会中，全面腐蚀控制是使国民经济和国防设备、基础设施处于良好运行状态的保障，是国家现代化进程中不可缺少的重要组成部分。因此，提请全社会关注腐蚀问题，认识腐蚀损失的严重性，特别是引起各级领导的高度重视，及早采取预防措施是腐蚀工作者义不容辞的责任。在解决有限资源的利用和环境保护等重大课题的过程中，腐蚀与防护作为一项可供直接利用的重要技术应该充分发挥自己的作用。为了控制腐蚀，取得社会的共识很重要。如果说医学是研究和保护人类健康的科学，环境科学是研究和保护包括人类在内的整个生物界与自然之间相互依存的环境的科学，那么腐蚀科学则是研究和保护人类物质文明赖以建立和发展的基础设施——金属结构和设备的一门科学。腐蚀相当于材料和基础设施的癌症。因此，我们期望政府和社会能像关注医学、环境科学和减灾一样关注腐蚀问题。

今天我们仍然需要继续向社会呼吁："工业发达国家的经验已经表明，如果不注意腐蚀的防护，基础设施投入的高峰期过后几十年，往往就是腐蚀问题频繁出现的高峰期。当前中国正在进入大规模的经济建设时期，应特别关注基础设施建设中的腐蚀问题。"我们与瓦尔德曼以及《锈蚀》一书中美国腐蚀界同事们的观点都很接近。这正是我们愿意向我国读者推荐这本佳作的缘由。

《锈蚀》是瓦尔德曼先生的处女作。看得出，作者非常聪明，也有媒体人的好奇心和职业素养，文风活泼诙谐。在这趟探险中，他不仅仔细研究了锈蚀引发的灾难和应对它的种种措施，还关注到抗腐蚀团队成员的生活、性格以及他们对事业的执着和担当。为了获得第一手资料，他花费数年时间踏遍了美国的"铁锈地带"、海岸和阿拉斯加冰原，选择报道的案例都很典型，有足够的深度和普遍性。他从自家锈透了的帆船开始，到"自由女神除锈战"；他卧底全球最大的易拉罐厂家，调查对付强酸性饮料锈蚀的奥秘；他不但介绍了对近代大化工有决定意义的不锈钢的发明史和合金化工艺的作用，还讲述了发明人的励志传奇；他冒险跟随摄影师偷拍伯利恒炼钢厂的衰亡过程，别出心裁地展现了腐蚀现象的艺术，那是一种苍凉与悲壮的美；他与管道工程师交朋友，亲身体验了跨阿拉斯加输油管采用"管道猪"监控腐蚀的艰辛和风险。冰原上的故事不仅说明了现代"智慧猪"发展的历程和科技成就，还通过球赛和热带大鱼缸的故事，衬托出抗锈战士们乐观向上的精神，人情味十足。在他的笔下，灰色的题材也被描绘得精彩纷呈，科学不再像人们想象的那样神秘而高深，工程和数字也不那么枯燥乏味。他用清晰明了、风趣幽默的笔法讲述了每天都发生在我们周围的锈蚀故事，让没有专业背景知识的人也能够深入理解和领会腐蚀问题，从而愿意热情地伴随他去探险或旅行。

此外，我们在这里不该忘记感谢本书的译者孙亚飞博士。除了忠实于原著和风趣的译文，他还增添了许多注释。这为不太熟悉西方文化的读者理解本书增添了许多情趣。

要提高一个民族整体的科学素质，必须把民众吸引到科学殿堂之中，对科学的热爱是创新的源泉，这就需要有既严肃认真又生动有趣的科普作品。我真诚地企盼能有更多高水准、充满人文关怀的科普作品出自中国的科学家、科普作家之手。这本书可能是个很好的范例。

中国工程院院士　中国科学院金属研究所研究员　柯伟

2017 年 5 月 16 日

前言

"锈"透了的帆船

他们讲了很多有关船的事。他们说船就是让你往水里撒钱的无底洞。他们说"船"（boat）这个词本身就代表着"花费了一千又一千"[1]。他们说拥有并驾驶船的乐趣就像穿着衣服洗冷水澡，同时撕碎一张张二十美元的钞票。他们还说，如果不算买回船的那一天，那么船主生命中最好的一天一定是卖掉船的那天。

然而我还是无视这些睿智的说法，在 2007 年年底买了一艘长四十英尺的帆船。它当时就停泊在科尔特斯海[2]一座美丽的码头上，位于圣卡洛斯，临近墨西哥。那里遍布棕榈林与大庄园，西侧是波

---

[1] Bring out another thousand，这一词组的各单词首字母连起来正好是 boat。（若无特别说明，本书的脚注均为译者注）

[2] 即加利福尼亚湾，是太平洋深入北美大陆的狭长边缘海。位于墨西哥西北部大陆和下加利福尼亚半岛之间，呈西北－东南走向，北窄南宽，形似喇叭。

光粼粼的幽深海水，东侧林立着犬牙交错的火山，头顶则是一片索诺拉沙漠特有的清澈天空。我与另外两位朋友共同拥有它——尽管我认为我们买的是便宜货，但显然这码头比帆船更迷人。

当时，这艘单桅帆船已有三十年历史，岁月在其身体上留下了明显的痕迹。甲板上的每一颗铆钉周围都有一些细小的锈痕，桅杆上有一些锈斑，操作台与横梁的锈纹一直延伸到船舷上。桅杆的铆钉周围都是些白色粉末，而三角帆的滑轮已经被严重腐蚀，下面积了一层黏液。帆船通体遍布的一些青铜已经变成骇人的绿色，一些海水旋塞甚至已经被腐蚀得不能转动。不锈钢水箱也生了锈，已经开始漏水。这艘帆船给我的第一印象就是如此糟糕，以至于我真想把它的名字从原来的"阳光号"（Sunshine）改成"阴光号"（Unshine）。不过最终我们挑选了一个晦涩的希腊词——Syzygy（意为"朔望"）作为它的名字。

如果"朔望号"只是外观上有些缺陷，那么我们不会这样在意。后来我们驾驶着它开始航行。驶离码头后，柴油发动机出现过热问题，因为换热器结着一层锈。礁石钩在我们第一次卷起主帆时干脆因为锈蚀而折断。滑轨已经失灵，绞盘因为太紧而无法提供任何机械上的帮助。风叶片几乎要脱落。仪表也已停止工作，因为穿过舱底的铜线圈已经完全腐蚀，不能传导任何电流。钩环、螺丝扣、马蹄钳拴、链盘、垫板、轴承、发动机部件、锚机轴……总之能生锈的地方都已生锈。水、盐、空气和时间都不同程度地侵蚀着它，也侵蚀了我的荷包。

就这样，锈蚀闯进了我的生命……

毁灭美国的恶魔
The Pervasive Menace

锈蚀已经撂倒了很多座桥梁，杀死了许多人。在核电站，锈蚀至少夺去了几十条生命，几乎造成核反应堆熔化，还威胁到存储着的核废料。冷战期间，它把最有威力的核弹头变成了哑弹。它切断了美国最长的输油管道，导致美国不得不与欧佩克组织（OPEC）展开多次谈判。它使军用战机与舰船不能良好地服役，导致一架 F-16 战斗机及一架休伊直升机坠毁，还撕开了一架飞行中的商用飞机机身。20 世纪 70 年代，随着铜价飙升，电气工程师们开始倾向于选择铝制电线，于是锈蚀又被牵涉到房屋火灾中来。

近来，在一场"伤寒玛丽"[1] 式的腐蚀蔓延案例中，含有硫化锶的中国石膏导致弗吉尼亚州一些家用炉子不出两年便完全锈坏。在十英寸直径的巨型铁枪攻克萨姆特堡 [2] 后的 150 年，锈蚀开始了它的报复行动。联盟部队已经开始用上航海级环氧树脂及湿度传感器。在锈蚀成为切断动力的帮凶并彻底迫停商船之前，它早已迫使这些商船减速。数以百计的检修孔因它而爆裂，洗衣机也未能幸免，还有些热水器因为它冲破屋顶。它堵塞了消防水枪的喷头——这是氧化引起的双重灾害 [3]。它破坏了油箱，接着又把魔爪伸向发动机。它卡住武器，撕毁消音器，破坏高速公路护栏，并像癌症一样在混凝土中传递。

它掘开了人类的墓穴。

---

[1] 指一种因外来病菌携带者造成的疫情传染。事件主人公玛丽从爱尔兰移民美国后，自身携带的伤寒杆菌传染多人，但自身很健康。后玛丽被隔离，但体内的病菌一直没有消失，最终死于肺炎。

[2] 美国南卡罗来纳州查尔斯顿港口一要塞。1861 年，美国内战在此打响。

[3] 火灾与锈蚀的本质都是氧化反应，故此处有双重一说。

它掘开了坟墓

苏森湾位于旧金山东北二十五英里，美国最大的锈蚀"麻烦"之一就在这里。众多拴在锚上起起伏伏的商船，其生锈的严重程度让"朔望号"相形见绌。实际上，这里是隶属于美国运输部的国防预备舰队基地，而运输部几乎扮演着上帝的角色，试图同时解决人与机器的需求。很多人进行着日常检查，早些时候因为法律不健全，这些老旧的商船会被拖到外海凿沉。如今，这些船已经被腐蚀得太厉害了，很难再被拖出去重新上漆，也不值得拖到得克萨斯州去拆解。没有其他更好选择，得州还将是它们的终点。基于诸多混乱的因素考虑，2006 年，美国海岸警卫队坚持要求在船体被转移之前先清除那些具有侵略性的贝类，而加利福尼亚水质控制委员会则要求不能在所谓的清理期间污染海湾，并警告海事管理局，如果不如期拿出计划表，将会面临每天 2.5 万美元的罚款。环保组织提起诉讼要求进行研究，于是十位生物学家、生态学家、毒理学家、统计学家、建模人员以及测绘专家采集了蛤蜊与贝类，以及数百样沉积物的样品带回去研究；与此同时，船舶却继续生锈，最终导致一个不幸的结果：它们污染了整个海湾——至少有二十一吨的铅、锌、钡、铜以及其他一些有毒金属从船体脱落，掉进海里。如何解决这支预备舰队的问题已变得颇为棘手，即便是对加利福尼亚任何环境问题都不忘发表点建设性看法的参议员黛安娜·范斯坦（Dianne Feinstein），也对此束手无策。

在东海岸，二十四名美国海军研究实验室的雇员们正全副武装，在基韦斯特海军航空站的棕榈树下夜以继日地进行着防腐蚀涂料研究。1883 年，在这里成为航空站的很久以前，海军顾问委员会就已经测试了防腐蚀混合制剂，因为锈蚀问题一直困扰着海军部队。如今的防腐蚀涂料或具有自愈性，或可在水下使用，或能在接触锈点时变色——但不管如何进步，锈蚀问题仍然困扰着海军。实际上，锈蚀是这支地球上最强海军的头号威胁。通过很多测试，并根据众多海军上将的描述（听起来他们似乎就是运输部的官员），地球上最强的海军正在输掉这场战争。有一次，该部门的年度维护会议讨论的议题就是"大规模锈蚀"；而佛罗里达实验室的格言则是：我们信仰锈蚀。[1]

与船舶一样，汽车领域里也充满各种抱怨声音。有人这么吐槽福特汽车："在一个安静的夜晚，你可以听到福特生锈的声音。"在俄亥俄州，汽车通常每年因生锈减轻十磅，也就是说每天晚上你的耳朵都可以欣赏到半盎司的金属发出的奏鸣曲[2]。其实不只是福特有这些现象，问题也延伸到了"铁锈地带"[3]之外。自 1972 年起，因燃油泵生锈的问题，美国国家公路交通安全管理局（NHTSA）已经召回了七十五万辆 Scirocco、Dasher、Rabbit 及 Jetta 等车型[4]，还有几乎同样数量的汽车因刹车线生锈而被召回。在 NHTSA 的坚持下，马自达召回了超过百万辆空转臂生锈的汽车；而本田也召回了近百万辆车，原因是车架生锈。因前悬挂生锈，克莱斯勒召回了约

---

[1] In rust we trust，模仿的是美国及佛罗里达州的格言 in God we trust，即我们信仰上帝。

[2] 锈蚀是一种放热反应，所以当福特车表面发生腐蚀时，温度会高于内层的金属，由此产生的温度梯度会产生一种局部应力，也被称为电致伸缩，所以如果有合适的工具，是真的可以探测到声音的。——原书注

[3] 指美国一些工业曾经发达但如今已衰落的地区，一般指五大湖沿岸及中西部地区。

[4] 分别对应中国市场大众汽车的尚酷、帕萨特、高尔夫与捷达等产品线。

五十万辆汽车；斯巴鲁召回的数量也差不多，只是生锈的位置变成了后悬挂。再说回福特，因发动机罩锁扣生锈问题召回了近百万辆探险者（Explorer），又因弹簧易生锈召回了近百万辆水星（Mercury）和金牛座（Tauruse）；还因为巡航控制开关生锈容易引发已停车辆起火的问题，近四百万辆 SUV 和皮卡被召回，被视为史上第五大规模的汽车召回事件的重要组成部分。无论白天或黑夜，你都会听到金属生锈的声音。锈蚀正在侵袭着门侧踏脚板、车门铰链、门锁、底盘、车架、燃油管、安全气囊传感器、刹车、轴承、球窝接头、变速线、发动机电脑以及液压软管，从而引起转向系统损耗、车轮损耗、变速系统损耗、油箱损耗、刹车失灵、安全气囊失效、雨刮器损坏、车轴断裂、发动机停转，以及高速状态下发动机罩被掀开等问题。德罗宁（DeLorean）[1] 采用不锈钢打造车身，老式的路虎则采用镀锌底盘，一些 1965 年版的劳斯莱斯也在车底镀锌……尽管汽车企业们各显神通，但能逃过锈蚀魔爪的依旧寥寥无几。现代、日产、吉普、丰田、通用汽车、五十铃、铃木、梅赛德斯、菲亚特、标致、雷克萨斯以及凯迪拉克都因为锈蚀的问题召回过汽车。风驰通轮胎公司也多次为锈蚀买单，他们召回了数百万条钢丝生锈的子午胎。消费者权益组织"公共市民"（Public Citizen）的主席琼·克莱布鲁克（Joan Claybrook）有过这样的评价："他们为了召回而创造的名目比卡特制药厂的肝药丸还要多。"[2] 不过，NHTSA 并没有为锈蚀罗列什么名目，每次召回的理由都是生锈。美国腐蚀研究领域的教父、

---

[1] 国内更熟知其 DMC 的商标。

[2] 20 世纪前半叶，卡特制药厂因大范围投入广告而广为人知，并由此产生该句式的俗语。

冶金工程师马尔斯·方塔纳（Mars Fontana）曾调侃说，除了他已经定义的八种腐蚀形式以外，还应该再加一种——汽车腐蚀。

在被美国运输部称作"盐带州"[1]的二十一个州——美国本土的右上象限，密苏里州堪萨斯城东北方向的所有区域——都很难从这场灾难中逃脱。在战后的郊区，州运输部门就像瘾君子依赖毒品一样依赖融雪盐（氯化钠或氯化钙）。1970年之前，高速公路上的融雪盐使用量每五年翻一番。全美每年使用的融雪盐大约达到一千万吨，自那以后，用量的波动较为平缓。很不幸的是，融雪盐中的氯与氧气一样活泼，而且持久性更强。1990年，全美花费在融雪盐上的总支出达到五亿美元；罗伯特·巴伯以安（Robert Baboian）加入交通研究署研究这一案例，他是个直言不讳的腐蚀工程师，而且在公共与私人咨询方面相当有经验。他写道："现在削减经费已经没什么用了，因为融雪盐已经开始与桥梁中的钢发生反应，氯离子钻入其中，就像数以万亿计的抽搐那样。"喷洒融雪盐虽然能让你的子午胎在下雪天正常滚动，却也会对美国的桥梁造成非常糟糕的影响。2001年对全美腐蚀成本的研究发现，这些桥梁的维护费用是运输部经费中的大头，相比之下，融雪盐的这点成本就显得像芝麻点大了。

得益于更好的设计（减少可能附着泥土及水分的面积）、镀锌组件、更优异的底漆与面漆以及盐雾箱（供测试汽车用的大型蒸汽炉）测试等，在世纪之交时，汽车制造商们总算在锈蚀问题上取得了或多或少的进步。但桥梁方面却没跟上，不过也很少有机构在这件事上挑运输部的毛病，毕竟运输部的能力再大也有限。他们指出，一

---

[1] 指冬季使用融雪盐的地区。

辆新车你买得起,一架新飞机就不那么容易了。对于机场跑道,联邦航空管理局禁止使用一般的含氯融雪盐,而代之以诸如醋酸盐、甲酸盐和尿素之类的除冰剂,最为常用的则是醋酸钙镁。相比于一般的融雪盐,醋酸钙镁对钢和铝的腐蚀性分别只有 1/5 和 1/10,但成本达到了十二倍;对飞机进行除冰,机场方面则依靠乙二醇。如果你真的想让车子的寿命更长些,那就专门去机场跑道上开吧。

在联邦航空管理局管辖的范围以外,锈蚀带来的麻烦随处可见。石油钻柱设计人员会在海上钻井平台的底部额外增加一英寸的钢铁作为"腐蚀裕量"。有些工程师会在安装卫生间设施时预防"尿液飞溅",而桥梁设计工程师们则要考虑具有腐蚀性的鸽子排泄物。为了保证可乐罐在你买到之前不会生锈,很多工程师付出了巨大的努力。依靠腐蚀测试技术(由巴伯以安研制),美国造币厂设计出新的一美元以及各种面额的分值硬币;事实上,美国政府也不想损失货币。芝加哥的云门是一座豆子造型的雕塑,六十英尺高,上百吨重,采用一种低硫不锈钢构建;即使面对芝加哥神一样的其他部门[1] 撒下的融雪盐,它也可以抵御一千年。发动机油、汽油以及冷却液中也都含有腐蚀抑制剂,浓度从百万分之几到千分之几不等。汽油中的抑制剂不仅能够保护你的汽车油箱,也能为加油站的地下储油罐和汽油输送管道提供保护。为了保护水管,自来水中也添加了腐蚀抑制剂。我住在科罗拉多州大陆分水岭以东二十五英里处的小镇,这里的自来水添加了生石灰(氧化钙),而其他一些城市则使用氢氧化钠或磷酸盐。镇上的工程师们从一个五万磅的储罐里取出这些物质,

---

[1] 此处意在调侃运输部门。

像筛面粉一样加入水中，让其与水中的酸性物质进行反应。最清澈、最安全、最干净的水是呈弱酸性的，因此也具有腐蚀性。他们持续加入生石灰，直到这些水变成弱碱。水从落基山脉流下，汇入密西西比河，又经过沿途更多城市的类似处理，最终充满了钙元素和镁元素，变成了大家所说的硬水。倒不是公共设施部门非要让这些水变硬，他们只是想通过加入阳离子，降低水的腐蚀性以保护水管。政府对水管的态度就如同运输部对飞机的态度一样：值得付出代价，令其使用寿命尽可能长。至于那些被矿物质诸住的莲蓬头与水龙头，反正和福特汽车一样，可以维修或更换。

只有少数《财富》500强的企业（大多来自金融、保险或银行业），可以获得锈蚀危害的豁免权。当然，锈蚀问题也是他们在考虑将服务器放在何处时最重要的因素。为了抑制服务器机房的锈蚀，企业采用除湿器和空气滤芯去除臭氧、氟化氢、硫化氢、氯气、二氧化硫和氨气，以达到痕量级（比十亿分之几还要低）。西兰公国（北海地区的一个微型平台）的服务器机房充满氮气，任何人想要进入时都需要穿上潜水装备。这样缺氧的环境提供了一种绝对保护，足可抵御锈蚀。

锈蚀是如此普遍，就连《圣经》中提到它也颇为悲观。《马太福音》第六章第十九节如此写道："不要为自己积攒财宝在地上，地上有虫子咬，能锈坏，也有贼挖窟窿来偷。"如果环境不适合储存，他人也来捣乱，那你为什么还要努力？有一句意第绪语[1]的谚语也表达了相同的必然性："麻烦之于人，如锈之于铁。"锈蚀就是这样一个

---

[1] 部分犹太人使用的语言。

重要问题，以至于1810年的英国海军使用铁船的议案比木船还难以通过，反对理由是："铁不能游泳"。劳埃德集团也不为船龄二十年以上的金属船舶承保。

在工业化时期的美国，曾有作家表示锈蚀是"十足的毁灭者"，还有一位更直截了当，称其为"魔鬼"；锈蚀看上去就是这么一个大威胁，所以城市批评者们认为用钢铁来建造摩天大楼的行为十分愚蠢。1902年的芝加哥，工程师们因腐蚀速率的问题争论不休，预测全市第一座钢结构建筑会在三年后倒塌。同一年在纽约，这座城市最早期的摩天大厦之一——八层高的帕布斯特大楼被拆除（为阿道夫·奥克斯的二十五层时报大厦腾出空间），它被拆得很细致，钢梁是钢梁，螺栓是螺栓，用于给工程师们研究潮湿气候对钢材的影响。很多人都说，在沿海地区建造这些建筑很不可理喻。

20世纪末，司法意见认为锈蚀问题无法避免，并且十分危险。印第安纳州上诉法院的法官琳达·彻泽姆（Linda Chezem）指出某加油站的地下储油罐（UST）发生泄漏的案件是因锈蚀而起的，发生地点位于印第安纳波利斯和芝加哥两城中点，正好位于铁锈地带。她这样写道：

证据表明，壳牌石油与联合石油公司知道钢制储油罐容易受到腐蚀，最终出现了储油罐泄漏的问题。这样的泄漏问题是无法解决的（基于20世纪80年代的技术），缓慢的泄漏对于加油站的工作人员而言，几乎无法被检测出来（采用原始的试纸法检测），因此这一问题的解决需要大量的工程学知识以及超出加油站老板能力范围的财力。泄漏事故发生后，少量的汽油渗入地下水中，长期来看，其中的苯将会污染整个社区的饮用水，而苯是一种人体致癌物质。

换句话说是这样的：钢铁啊，这东西实在太不靠谱！每个人都知道！毁灭就是它的命运，如果不去处理，我们都会因此罹患癌症。

甚至在外太空也存在锈蚀的问题，罪魁祸首是原子氧（而不是氧分子），这对美国航空航天局来说算是不小的挑战。锈蚀无处不在，这也就是为何铁锅要涂上油层，为何铜线要加上保护层，为何灯泡不能进氧气，为何火花塞电极需要用钇、铱、铂或钯等金属，为何严重的牙科手术需要付出昂贵代价。美国的最高防锈官员称锈蚀为"无处不在的威胁"。

几乎所有的金属都容易发生腐蚀。锈蚀通常会导致可见的痕迹：钙会变白，铜会变绿，钪会变粉，锶会变黄，铽会变褐，铊会变蓝，钍会变灰再变黑。锈蚀把火星都染红了，而在地球上，它则造就了大峡谷、红砖和墨西哥瓷砖那血一般的颜色。它是个残忍的敌人，从不休息，同时在不断地提醒我们：金属就跟我们一样，无法永生。如果是《广告狂人》里的唐·德雷柏（Don Draper），他大概会说，金属就像少女一般：罕见而又无与伦比地美丽，而且迷人得不可思议；但也需要持续关心、仔细观察，因为它很快就会变老，而且内心不忠。这可是现代社会最重要的材料！[1]

然而，锈蚀还是偷偷地发生着。只因它比飓风、龙卷风、火灾、

[1] 奇怪的是，铁却有"值得信赖"的寓意：钢铁般的意志、铁拳、铁腕以及铁制捕兽夹一般的头脑。然而，对付钢铁之躯的超人，盐水就能做到，哪里还需要什么氪石？——原书注

暴雪和洪水更为缓慢，在这样一场戏剧中，锈蚀是最不起眼的，更没有属于自己的频道。但是，锈蚀造成的经济损失比上述自然灾害加起来都要大，达到美国 GDP 的 3%，即每年 4370 亿美元，超过瑞典的 GDP，相当于人均 1500 美元。如果你生活在俄亥俄州或者拥有"朔望号"那样的帆船，这个数字还要大一些；如果你指挥一艘航空母舰，那这个数字就不只是大一点了。

"我们就像猪屁股上的某种瘤"

然而，关于锈蚀，被掩盖的部分仍然远多于被讲授的部分，无论是工程学的教授还是学生，都不会对它深深着迷，因为它一点都不性感。《腐蚀》（Corrosion）杂志的编辑约翰·斯库利（John Scully）告诉我，腐蚀学并未得到重视，并说道："说起来就好像（研究腐蚀的）你是做模具之类的工作似的。"雷·泰勒（Ray Taylor）在得克萨斯农工大学运营了一座有点名不副实的跨学科国家腐蚀研究中心，提起此事时，他的表达更为直率："我们就像猪屁股上的某种瘤。"一位防锈工业高管说他和他的团队在工程领域就如同一群罗德尼·丹泽菲尔德（Rodney Dangerfiel）[1] 一样滑稽可笑。

这颇令人沮丧，所以我们开始回避这个词。加利福尼亚州锈蚀镇（Rust）的居民在一个世纪以前，就把镇名改成了埃尔塞利托（El Cerrito）。政治家们更知道避免提起锈蚀。虽然有几位总统提到了

---

[1] 美国著名喜剧演员，代表作为《疯狂高尔夫》、《歌剧情缘》等。

基础设施及其维护，但国情咨文中从来不会提及腐蚀或生锈的问题。奥巴马在 2011 ～ 2013 年提及美国的基础设施正在损坏、摇晃、老化、恶化、匮乏，就是没说到生锈，而以上已经是总统口中最接近这个词的话了。就像高胆固醇和痔疮这类疾病一样，生锈也是个麻烦，我们既不愿去处理，也不想在公开场合讨论。工业界的代表曾经私下向 NASA 肯尼迪航天中心腐蚀技术实验室的主任露兹·玛丽娜·卡勒（Luz Marina Calle）打听锈蚀研究的进展。美国人私下里给锈蚀商店的老板打电话，寻求解决锈蚀问题的方法。多亏了《纽约时报》政治专栏作家大卫·布鲁克斯（David Brooks），如今道德腐蚀的威胁已经逐渐比物理性腐蚀更能引起人们的恐慌情绪。然而，那些耻于谈论腐蚀的人们，讲出的故事却总像是在谈论伤疤和骨折。他们谈论着井底、烧烤架和自行车链，很多时候故事起始于一句话："噢，哥们，我也曾有过这样一辆车……"真是这样吗，一辆福特？

就像是要掩盖我们的沉默与无助一样，大多数人对于锈蚀的斗争如同水手一样。我们用文字战斗，我们用"锈蚀战士"、"锈蚀毁灭者"、"锈蚀杀手"以及"锈蚀土匪"攻击金属，用"锈蚀护卫"、"锈蚀保卫者"、"锈蚀守卫"维护堡垒，使用的武器是一些"锈蚀炸弹"、"锈蚀冲击波"、"锈蚀手榴弹"和"锈蚀子弹"，后者可以在快速射击或六发手枪的弹夹中找到。这些工具仿佛在表明，我们正在进行一场漂亮的战斗。但飞行器仍然在生锈，想想 20 世纪 60 年代报纸上美国联合航空做的广告吧："预防生锈。周期性使用我们的太阳鸟飞机可以让锈迹远离你的高尔夫比赛与球杆，当然，还有你。联合航空太阳鸟直飞圣地亚哥，那里的天空不是整天都多云。"

圣地亚哥的高尔夫球杆依旧在生锈，就像那里海军基地的舰船一样。亚利桑那州图森市的喷气飞机也仍旧在生锈，西伯利亚地区奥伊米亚康的锤子也一样，只不过相比于巴拿马的蓬塔加[1]莱塔来说，速度要慢了五百倍。以上数字来自于《NACE 腐蚀工程师宝鉴》（*Corrosion Engineer's Reference Book*），该书由腐蚀领域杰出的顾问罗伯特·巴伯以安编制，全美大约有 1.5 万名腐蚀相关从业者需要参考这份资料。这些人有的是线性思维，性格严谨而内向，有的是发散思维，性格反叛且善于交际，但只有少数人认为他们是锈蚀相关从业者。他们从事的是"完整性管理"，认为自己是涂料专家、工程师或化学家。不管是否隐去身份，他们对于自己的工作都是很谦逊的。我发现很多人对自己在社会中扮演的角色都具有敏锐的认知，将自己比作是"锈蚀三剑客"[2]中的成员。因为全世界研究锈蚀的圈子非常小，所以他们大多互相认识。当满载氯气的油罐车发生泄漏事故时，三剑客们便会展开合作。

大多数腐蚀工程师都是男性。我粗略估计，这些"锈男"里大概有 2/3 都留着大胡子。而且我还有两个理由可以解释这一点：首先，"锈男"们认为与胡须的生长进行抗争是徒劳的，还不如好好地修剪、梳理和维护更合理；第二，大多数具有技术思维的工程师们都在严格的范围内工作，几乎没有其他的艺术宣泄口。即便是七十多岁的巴伯以安也留着大胡子。他们讨论的是磨损、脱落、变细以及顶出；

---

[1] 位于加勒比海进入巴拿马运河的入口处，一周中有六天都是潮湿天气，所以在钢、锌和铜的腐蚀速率方面保持世界最高纪录。不过对铝腐蚀速率最快的地区却是法国的奥比。——原书注

[2] 这个绰号模仿了法国作家大仲马的作品《三剑客》（*The Three Musketeers*）。

假期、结节和管件；猪、鱿鱼和完美的结局。关于锈蚀，有人写出了很像样的诗，却没有人编出一个像样的笑话。很多人都具有独特的视角，例如在阿拉斯加州就有人告诉我："你对锈蚀的理解有很多是错误的，你以为你全部钉进去了，但你其实只是敲到了钉子屁股而已。如果继续下去，你就会知道现在的探险微不足道。"

与锈蚀斗争不仅很刺激，很多时候还会很尴尬。对于那些试图理解、预防、检测、消除锈蚀，或屈服于锈蚀、发现锈蚀之美、挖掘锈蚀之利、提高对锈蚀的理解并传授的人们而言，他们的研究工作中充满欺诈、官司纠纷、地位之争以及令人讨厌的疏忽、爆炸、冲突、逮捕、威胁与侮辱也常伴左右。这与战争一样：锈蚀与战争都具有漫长而复杂的历史，并且共同造就了现代社会的很多结构。除了汽车巨头，后面的故事里还包括石油巨头，他们的产品依次销往大型塑料企业与大型涂料企业。大量的防腐工作需要了解涂料附着的好坏，底物则包括：自由女神像、罐头盒的内层、管道的外层、船舶的船体以及福特的机罩。故事里甚至还包括了好莱坞和烟草巨头，正如已故华盛顿参议员沃伦·马格努森（Warren Magnuson）在 1967 年 3 月某个温暖的日子里介绍联邦已通过的管道监管权法案时所说的那样："他们包括了所有的大人物。"

接下来的很多事会考验我们对于维护设施的态度，而且在这方面暴露了我们的人性（或许是人性的缺乏）、妥协的意愿以及基本认知；锈蚀代表了现代的无序，也揭露了我们的很多恶习：贪婪、骄傲、自大、烦躁和懒惰；它展现了我们预见未来的潜力、傲慢的弱点、对风险的掌控以及对我们在世界中所扮演角色的理解。多悲哀的处境！直到现在，在人类与金属的关系中，我们所做的努力无非是从简陋到精巧，从政治性到私密性。我采访的很多腐蚀专家里，只有在多个联邦科学机构担任顾问的阿兰·莫吉西（Alan Moghissi）认为锈蚀的问题是一个机会，能够促成像20世纪70年代那么大规模的环境保护运动。

因为容易被忽略，锈蚀威胁着我们的健康、安全、治安、环境和未来，还几乎成功地毁灭美国的自由象征并逍遥法外。不锈钢的剪刀、水槽、勺子、火炉以及自动扶梯踏板充斥于周围，我们想当然地采用不会生锈的钢材——尽管它只有区区百年历史。然而，我们却忽视了大多数金属也需要关照。那么，难道就不能创造一个没有锈蚀的世界？

灭绝锈蚀？消灭所有金属吧

一个没有锈蚀的世界大概也是一个没有金属的世界。在《没有我们的世界》（*The World Without Us*）中，阿兰·韦斯曼（Alan Weisman）明智地描绘了金属物件使用寿命短暂的生存状态。他写道：仅仅在人类消失后的二十年，有增无减的腐蚀就会破坏曼哈顿东区的很多铁路和桥梁；几百年后纽约所有桥梁都会损毁；几千年后唯一能够保存下来的将会是那些深埋在地下的建筑；大约七百万年后，或许只有拉什莫尔山上的遗迹能证明我们曾经出现过。马克·赖斯纳（Marc Reisner）在《卡迪拉克沙漠：美国的西部及其消失的水》（*Cadillac Desert: The American West and Its Disappearing Water*）中则写道：令我们极为惊愕的是，巨大无比的混凝土大坝——足有数百万立方码——或许是我们留给未来考古学家探索的遗产。我想，他们看待这些大坝的态度，大概就如同我们看待吉萨大金字塔、乔鲁拉大金字塔、中国长城和帕特农神庙一样吧。更深一步去想，当他们在自由岛上发现花岗岩基座（当然，彼时雕像早已消失）时，或许也会思考人们是否曾经打算在哈德逊河上修座大坝。

就像放射性元素一样，我们依赖的很多金属也有半衰期，但鲜有人认识到这一点。"主要的工程建筑跟我们一样，也注定会死去，但这种观点似乎从未被我们所承认。"亨利·佩卓斯基（Henry Petroski）在其经典著作《打造世界的工程师》（*To Engineer Is Human*）中写道："不知何种缘故，就像成年人会忘却童年一样，我们总是期望建筑可以演变成纪念碑，而不是成为错误。这就好比工程师以及相关的非工程师，作为人类却要求其作品超凡。当然，这也未必是看上去就不现实的期望，因为与人类相比，钢和石头算得上是不朽的。"

如果说大多数美国的桥梁、船舶、汽车、管道仍然无法引起人们对锈蚀的警惕，那么，位于匹兹堡中心的一座建筑一定可以。那是美国钢铁公司建设的一座塔，怪异地伫立于城市中，几乎形成威胁。它建设于1970年，采用的是当时美国钢铁公司最新的材料——"耐候钢"（Cor-Ten）。这种钢具有和不锈钢一样的性能，但在使用中会产生一种棕色包浆，也就是一层防锈保护膜。随着钢铁的风化，棕色包浆产生的位置超出了建筑本身。让美国钢铁公司极为尴尬的是，这栋建筑弄脏了下方的人行道，仿佛朝着不同方向喷洒色调不一的颜料。人行道后来被清洗干净了，但这一建筑却逐渐黯淡，后来还被称为现实版的达斯·维德（Darth Vader）[1]，其色彩与这一称号十分相称，看上去就像死了一般。康奈尔大学的心理学大厦也是这种材料建成的，"大红"[2] 的学生们将其称为"老锈"。

---

[1]　电影《星球大战》中的角色，又称"黑武士"。
[2]　康奈尔大学的校色是大红色，此处即用大红指代学校。

1

自由女神除锈战
A High-Maintenance Lady

1980 年 5 月 10 日，星期六，自由女神的守卫睡过头了。大卫·莫菲特（David Moffitt）在早晨八点醒来，换上了制服。他喝了一杯咖啡，迈步走出他那间位于自由岛上的砖房，来到南侧的花园，开始清理杂草。他训练有素，曾经参与过克劳迪娅·约翰逊（Claudia Johnson）[1] 在华盛顿的美化项目，拥有一块很壮观的菜园。而作为自由女神国家纪念碑的管理员，他还拥有一个很壮观的后花园。如此平常的休息日，他计划像往常一样，简单收拾一下花园，然后和妻子以及三个孩子一起去曼哈顿市中心购购物，或者去中央公园骑骑车。清澈的天空，伴随着轻柔的东南风，气温大概是 10℃。莫菲特跪在地上，修剪着玫瑰；而当他的首席管理员迈克·坦南特（Mike Tennent）跑进来时已是几个小时之后，他带来了一个消息：有两个人正沿着自由女神像的外侧往上爬。这可是头一次遇上这样的事！莫菲特抬起头来，眯起淡褐色的眼睛，看向自由女神雕像，然后便证实了这一消息。对休息日而言，这种事来得可真不是时候。

攀爬丑闻

从莫菲特的房子到雕像大约是一百五十码远，还没赶到他就已经听到雕像基底附近的观光客发出的叫骂声："混蛋！""蠢蛋！"因为他们知道这件事肯定会干扰他们的游览行程。莫菲特早已和观光客们一样愤怒，不过原因有所不同：他觉得攀爬者们正在亵渎自

---

[1] 美国第 36 任总统林登·约翰逊的夫人，以推动环境美化著称，享有"护花使者"的美称。

由女神，而且可能会造成伤害。时年四十一岁的莫菲特有着一头浓密的深棕色头发，说话时带着浓浓的休斯敦口音，因为在维护建筑方面曾经有过突出表现，他得到了这份因其孤独而被认为是苦差事的工作。当时，自由岛和自由女神像都已年久失修，国家公园管理局也知道他们的维护工作相当不足，莫菲特是这十几年来第一个全职守护者。

走到半路，莫菲特停下脚步，看到攀爬者打出了一条横幅，上面用红色的粗体字写着"自由遭陷害"，下行则写着"释放基洛尼莫·普拉特"。在此之前，他只是觉得攀爬者只是搞点恶作剧，但现在他已经明白，这两人是抗议者，尽管他并不知道基洛尼莫·普拉特是谁。当然，他知道如何去解决问题：纽约警察局里有一支训练有素的队伍，专门负责带离高台上的人——他在电视里看过那样的场景——他打算打电话向他们求助。于是他返回办公室，命令岛上的人群疏散。然后通过公共广播系统，在雕像内部播送公告，告知其中的游客们出现突发事件，要迅速撤至码头区域。随后，莫菲特在办公室给国家公园管理局位于波士顿的区域指挥办公室打电话，在此之前他曾做过几次这样的事，显然将来还会继续。

莫菲特曾目睹过波多黎各人占领自由女神像大半天，以及一群伊朗学生绕着雕像围成一圈，抗议美国对待伊朗国王的立场；在任职期间，他每年需要处理大概十起炸弹恐吓事件。而在他到任之前，大学生抗议理查德·尼克松总统、老兵们抗议越战、美国革命学生大队抗议伊朗政府以及纽约市长抗议苏联籍犹太人待遇，都在这个位置发生过。他当然很清楚，无论是为什么进行抗议，自由女神像都是一个理想的场所。所以莫菲特给纽约警察局打了电话，而不是美国公园警察，这个决定的后果将会影响攀爬者，更会影响自由女神像。

纽约警察局紧急应变小组赶到时，正在撤离的人群发出了欢呼。小组成员们很快评估了现场，并认为"带离"过程充满危险。救生网是必需的，直升机也是。这些都准备好之后，莫菲特判断处理这一状况需要持续一段时间，于是告诉妻子去曼哈顿购物就不用等他了。随后他从纽约警察那里获知，原来基洛尼莫·普拉特是个黑豹党[1]人，因涉嫌谋杀圣莫妮卡学院的一名老师而获罪，已经被关押了十年，但莫菲特并未因此消气。不管出于什么理由，亵渎自由女神像的行为都不值得同情。他重申："我的职责是守护美国的象征。"

于是，莫菲特这一整天都待在办公室里，通过政府配置的一副双筒望远镜观察攀爬者的举动。当天下午，他接受了《纽约日报》的电话采访。就在采访的过程中，他听到从雕像位置发出来的一声巨响。"哎呀，天哪！"雕像下方的一些人异口同声喊道，"他们在破坏雕像！"首席管理员冲进办公室，汇报说有一个攀爬者正往雕像表面打岩钉。莫菲特不记得当时他听到了多少记重击，只知道自己快要急疯了。他已经确定，攀爬者们正在破坏他的雕像。他对记者喊了一声，便挂断了电话。

雕像上方，埃德·德拉蒙德（Ed Drummond）正在使劲破坏女神雕像。他来自旧金山，是一名三十四岁的英国诗人，曾经有过攀爬建筑悬挂标语而被逮捕的记录。他在雕像的左腿上来回移动，随后又继续向上，继而向左，但这个过程比他之前想象或计划的要困

---

[1]　美国的黑人社团，于1966年创建，是美国有史以来第一批为少数民族和工人阶级的解放而战斗的组织之一。

难太多了。花了两个小时，他终于爬到了自由女神像的右膝盖窝，然后被困在一个小窗台处，那是一个可以仰望女神雕像背部长袍褶皱的排气孔。雕像表面最难爬，给他造成了不小的麻烦，两个八英寸的吸盘失效了。雕像表面被数以百万计的小凸起覆盖，如同粉刺一般，这是一个世纪前法国工匠将铜板敲击成型的结果。因此，即便他使出浑身的力气，吸盘也只能吸住十秒左右。"我发现它们好像没什么用了，"他回忆道，同时描述了手臂开始感觉到的麻木。他脚下一滑，往下滑了几英尺，此时已经很难用另一只吸盘维持住身体，他清楚摔下去的后果。"你会飞到空中，最后从两百英尺的高空摔落到地面，"他事后如此讲述。几乎可以肯定，如果这样的事发生了，他一定会拉住他的同伴史蒂芬·卢瑟福（Stephen Rutherford）——一位曾在加利福尼亚伯克利分校受过教育的三十一岁教师——一起摔下去的。

在攀爬的时候，德拉蒙德看到铜板之间都有小缺口。一定是某种原因才导致铜板翘起的，尽管由此形成的边缘还没有大到可以借力攀爬。他还注意到在雕像上有很多小洞，这些在地面上都无法看到。在自由女神像的粉丝中流传着一种说法：这些小洞都是弹孔。向上爬已经趋于绝望，他只能将背部靠在一个排气孔的外壁，双脚站在另一个排气孔上，尝试将出发前最后一分钟买到的 S 型小弯钩挂到一个小洞里支撑他的重量；然后通过一根吊索，把自己挂起来，但这些仍然不足以支撑他，钩子已经严重变形。

德拉蒙德计划顺着雕像的背部继续向上爬，直到爬上她的左肩，并待在左耳上方那一缕头发下边的一个小孔里。在那缕头发处落脚后，他可以展开长达一周的日夜抗议。（他准备了一个睡袋，以及奶酪、椰枣、苹果、三文鱼罐头和瓶装水等补给品。）他本打算把标语围在雕像的胸部，就如同文胸一般，但后来发现无法跨越那个排气孔。没有其他办法，他只好决定在凸出的位置度过一晚，等次日清早再往下撤。他跟纽约警察局交代的信息就是这些，后来警察局又转达给了莫菲特。当天夜里，莫菲特躺在床上无法入睡，透过窗户望着德拉蒙德和卢瑟福。他的孩子们对整场骚乱，以及直升机不断盘旋发出的轰鸣声抱怨不已。

次日恰逢母亲节，德拉蒙德和卢瑟福在早上屈服了，距离他们开始这次行动已经差不多二十四小时了。当时他们已经用绳索滑到雕像脚部位置，媒体纷纷在夹层中现身。一名记者朝上面喊道："你们使用岩钉了吗？"很快，德拉蒙德向下回应道："没有，我们没有损坏雕像！"随后，在雕像左脚小趾一处小小的凸起下面，他一边将其中一个吸盘压到金属表面上，一边喊着："我们就是这样爬上雕像的！"他和卢瑟福顺着绳索下滑，一群拿着手铐的警察早已等在下面，德拉蒙德再次强调他没有破坏雕像。不过，后来莫菲特在接受联合通讯社记者采访的时候说，攀爬者将"长钉砸入"雕像中。他还跟记者说，有人递给他一份美国检察院的通知，上面写着："不要给他们提供特赦。"莫菲特当然不会这么做，因为他现在愤怒极了。

在监狱待了一夜后，德拉蒙德和卢瑟福被指控非法侵入与破坏政府财产，造成共计达八万美元的损失。此时，莫菲特已经通过他的双筒望远镜观察到德拉蒙德提到的那些孔洞。他派了一名维护人员从雕像内部爬上去查看详情。维修人员发现雕像到处都是孔洞，但不是因为被岩钉或长钉之类的东西砸出来的。孔洞都位于铜质外层与内部钢铁骨架进行固定的铆钉位置，而且都已经散开了。这些洞并不是德拉蒙德造成的，而是因为金属被腐蚀。

所以埃德·德拉蒙德是对的。"自由遭陷害"，自由女神像的骨架已经生了锈[1]。

　　这成了莫菲特的心病。虽说雕像内部一直都存在涂鸦的问题，但还没人在外侧进行过破坏，莫菲特可以确认这一点。他不禁为此感到困惑。他回到办公室，翻遍所有文件柜，试图找出有关雕像状况的报告，却一无所获。他只好用一个小型的脚手架爬到雕像上检查破坏程度，并发现德拉蒙德的绳索擦掉雕像表面绿色光泽形成的磨损痕迹与小斑点。他也通过电话联系了国家公园管理局位于丹佛的设计建造单位，请求他们派工程师过来检查雕像的状况，并出具相关报告。几周后，两名工程师抵达并进行了检查，还整理出备忘录交给莫菲特，其中的结论认为：雕像尽管有一些腐蚀，但基本还是健康的，最后也没有提出相关的修复建议。莫菲特知道雕像没有明显受损后略感宽心，但对于他们仅仅是靠目测进行的检查还是不满，他希望检查能更深入一些。他已经观察到一些破坏，所以需要明确而详细的答案。因此 5 月 20 日，他派了两名员工咨询曾检查过独立钟的温特图尔博物馆工作人员，请求其检查"引起严重腐蚀的原因，并给出稳定现状以避免更大灾难的建议"。他们寄出了两份从自由女神像火炬位置取来的铜样，而博物馆方面则将样品送到了杜邦冶金学家诺曼·尼尔森（Norman Nielsen）面前。

　　尼尔森的报告并没有比丹佛那边的多出太多亮点。他在报告中写道："希望进行一次研究，确定可能造成铜件快速腐蚀的原因，提出控制和稳定腐蚀的建议。"然而，他通过 X 射线荧光分析得到的检

---

[1]　此处为双关语，"陷害"与"骨架"都是 frame 这个单词。

查结果仅仅检查出了一些化学成分，也就是铜、铜绿以及包括锑、铅、银、锌和汞在内的杂质。

尼尔森完成报告的两天前，德拉蒙德的案子举行了听证会。此时，真相已经非常明显，德拉蒙德没有在雕像上打孔，所以赔偿损失也就无从谈起。实际上，对德拉蒙德的指控报告显示，当时德拉蒙德的背包里没有岩钉或锤子等物件。莫菲特听到的巨响被核实是一名警察用手枪柄敲击雕像内部发出的。不过德拉蒙德还是因非法入侵而获罪，被判六个月的缓刑以及二十四小时的社区劳动，不过这只是一项轻罪。

几个月后，莫菲特接到一位律师的电话，得知两位法国工程师最近刚刚完成的对一处类似铜铁结构雕像的修复，雕像名字叫作"维钦托利"（Vercingetorix）[1]。他们答应对自由女神像进行更彻底的检查，毕竟这也是法国送来的礼物。（法国在这个问题上比美国强并不奇怪，它的金属建筑史要比美国早上好几代。）莫菲特非常期待，因为他的问题始终没有得到解决；他也知道深入的检查将会受到国家公园管理局经费的严格限制。不得不说，这个消息来得正是时候，当时莫菲特已经两次提议为雕像即将到来的一百周年纪念日成立一个委员会，但都石沉大海，只因为吉米·卡特总统的预算有限。莫菲特知道雕像需要被装扮得漂漂亮亮，但似乎没有人想操心此事，更没人愿意出钱。所以他只好在自由岛上与工程师见了面，并安排他们与公园管理局的主管举行会议。德拉蒙德攀爬事件发生一年后，他们决定达成合作伙伴关系，一起修复自由女神像。20 世纪的 60

---

[1]　维钦托利是高卢阿维尔尼人的部落首领，曾领导高卢对罗马统治的最后反抗。

年代到 70 年代被公园管理局称为"雕像被'忽视和恶化'的年代",此时终于要结束了。令人称奇的是,开始只是两名抗议者制造的丑闻噱头以引人注意,最后却是这个国家历史上最具象征性的一次除锈大战。

"女神"成了一枚大电池

这座曾是世界上最高钢铁建筑的雕像正在生锈,成因充满谜团。来自法国和美国的七位建筑学家与工程师开始对她的过去进行调查,把细节拼凑到一起。可以肯定的是,它曾经被很多机构以各种方式管理过,虽然有时管理得并不到位。她矗立在贝德罗岛的伍德堡上,建成于 1886 年,在经过两周的无人监管后,最初由隶属于财政部的美国灯塔委员会管理。该机构管理了十五年,随后在她被宣布成为国家纪念碑之前,战争部接管了二十三年。又是九年过去,她的监管权转移到国家公园管理局手上。也就是说,在长达半个世纪里,她都没有得到任何机构的专门照看。1937 年,国家公园管理局与公共事业振兴署(Works Progress Administration)一起替换了一些生锈的结构。优秀的维护人员使用与原来类似的钢材进行了替换,但因为所有工作都是在雕像内部进行的,所以他们用了自攻螺钉而非铆钉,因此可以说这事被他们搞砸了。在那之后,雕像没有得到过更好的维护。直到 1964 年 8 月之前,这座纪念碑都没有官方的负责人,只是有过一名管理助理、三名助理负责人、一名代理助理负责人和一名部门管理人员(其中没有一人任职超过两年半)。1977 年 1 月,莫菲特终于到任了。

除锈团队的美国成员包括理查德·海登(Richard Hayden)、

蒂埃里·德斯庞特（Thierry Despont）、爱德华·科恩（Edward Cohen），他们认为需要更多有关雕像历史的细节，因此造访了由雕像建筑师弗里德利－奥古斯特·巴特勒迪（Frédéric-Auguste Bartholdi）以及工程师亚历山大－古斯塔夫·艾菲尔（Alexandre-Gustave Eiffel）完成的其他雕像。他们前往位于法国科尔马的巴特勒迪博物馆，查阅了1885年的笔记、文件、模型以及日记。他们没有看到建筑图，但发现巴特勒迪根本没有计划开放雕像内部，这就有些棘手了，因为美国人最喜欢的就是这一点。此外，他们发现了艾菲尔的手稿，其中包括雕像框架的计算过程，解释了二十七万磅的钢铁如何支撑十六万磅的铜。

将钢铁骨架与铜质外层固定起来的框架设计非常精巧，但巴特勒迪也明白这风险很高。实际上，他已经选择了另一个出自欧仁·埃马纽埃尔·维奥莱－勒－杜克（Eugène Emmanuel Viollet-le-Duc）之手的方案，雕像的臀部以下都用沙子填充。然而，维奥莱-勒-杜克在1879年就逝世了，因此巴特勒迪只好选择艾菲尔的方案。艾菲尔的设计之所以有风险，是因为两种金属不能真正相互接触，一旦接触，就会发生腐蚀，这是路易吉·伽伐尼（Luigi Galvani）在一个世纪前就已经证实的现象，还被命名为"伽伐尼腐蚀"。实际上这也是电池工作的原理：电子从较弱，也就是电负性较高的金属传递到较强的金属上，而较弱的金属就会被破坏，这也是电池不能永远续航的原因。具体到自由女神像这个案例中，电势差只有大约1/4伏特，这甚至无法点亮最小的灯泡，但持久性却超过任何一枚电池。艾菲尔知道这一风险，并计划用虫胶浸渍的石棉来隔离铁、铜两种金属。在那个时代，这已经是最先进的技术了，而且他很有信心。他表示："关于这件作品的维护，基于处在这座建筑内部时，所有元素的细节都可以看到，所以很容易将其保持在良好状态。"《科学美国人》对此有不同看法，在雕像完工后的一个月曾撰文告诫："需要担心五种危险，分别是地震、风、闪电、伽伐尼腐蚀和人。"巴特勒迪反击道："我丝毫不怀疑，只要得到关照与维护，这座地标性建筑将会比埃及的那些更持久。"然而事情却不像他预料的那样，一部分原因是他从没考虑过上漆的问题。

如今已经不知道是谁第一个在雕像内部上漆了，总之，这事发生在 1911 年，涂抹的是一层黑色的煤焦油。到了 1932 年，一位模仿者又在这层煤焦油上面厚厚地涂了一层铝涂料；1947 年，又有人在其上覆盖了一层搪瓷，这种材料可以有效地擦除其表面的涂鸦。莫菲特到任以前，至少还有六个人干过这样的事情，于是涂抹在雕像内部的漆一层接一层。为了维护雕像，莫菲特也加入了他们的行列。他甫一到任，工作中就有一项是在雕像内部涂上一层浅绿色的含铅油漆。本应该挂上"高腐蚀风险"警告标语的位置，却多了许多层涂料。这些涂料几乎和铜一般厚，而且还在钢铁骨架与铜质外层间保存了水分，这恰恰是艾菲尔和巴特勒迪提醒过需要避免的问题。铜与铁之间有一层水就如同两种金属相互接触一样糟糕。所以美国团队的第一个发现就是：雕像已经成了一枚巨大的电池。最后，腐蚀还产生了大量"废料"。在某些位置，涂料已经成为维持结构的唯一材料。

与此同时，团队中的法国成员们也开始收集数据，但更多是科学数据而非历史数据。他们在雕像表面安装了大量风力表，内部则装了 142 个拉力仪和加速器。数以百万计的游客在雕像内部的封闭空间里呼吸，夏天时温度又常常超过 49℃，因此他们在内部安装了二氧化碳检测仪与湿度仪。他们用 X 射线对框架的裂缝进行扫描诊断；而在位于法国桑丽思的机械行业技术中心，他们又对泡在泥浆中的钢架样品进行疲劳与冲击测试，观察裂缝是如何形成又是如何扩大，以及金属在风力引起的动态应力下的响应。他们使用超声波测距仪对铜质外层的厚度进行测量，而且拍摄下 300 片铜板的照片。

1981 年 12 月，"法－美自由女神像修复委员会"完成了初步诊断报告，证实了莫菲特对丹佛方面所谓"基本完好"的怀疑。1983 年 7 月 14 日，该委员会发表了一份如同杂志一般厚的报告，足足有三十六页，其中提出了四种修复建议。这些建议只是在提高游客可接近度与环境的程度方面有所区别，如楼梯、电梯及休息平台。除此以外，有关建筑维修方面的建议非常一致："确保建筑的整体性，并且在可以预见的未来，避免更多的电解作用。"他们说的电解就是指锈蚀。

工程师们发现，雕像的每一个部分都存在锈蚀现象，或至少对此有影响。仅有铜质外层还能够抵抗，虽然有些铆钉孔洞和其他损伤，但还是被认为属于"正常"范围内。一旦钢架开始锈蚀，恶化过程就会失控。当支架上有一个点开始生锈时，那么这个点就会膨胀，继而使铜质外层与钢铁架之间的弹性铰链点（可以允许铜的轻微膨胀与收缩）无法活动，然后铜会发生扭曲，并最终将铆钉顶开，使铜质外层承受更强的拉力。这个过程被称之为"顶升"，就像是一种链式反应。特别是由于雕像内外的压力差，更多铆钉被顶开，这也意味着将会有更多水分进入，自由女神像几乎是在吸水。雕像的 1.2 万根骨架铆钉中，有 1/3 出现松动、损坏或脱落，而支架则有差不多一半发生锈蚀。石棉绝缘层早已瓦解，实际上已经因毛细作用吸收水分并加剧破坏进程。因此，支架的一些拱肋厚度已经只剩 1/3。雕像长袍与脚部下方的桁架梁则"严重锈蚀"；从照片上看，它们似乎被什么金属海狸咀嚼过一般。自由女神左手捧着的书也由"锈得很厉害"的支架勉强支撑，王冠也没好到哪儿去。楼梯被腐蚀的状况也很严重，右臂的支架也是如此，火炬更是"锈迹斑斑"。所有骨架的锈蚀问题都被认为已经"危害"到系统功能的发挥。根据这份报告，火炬部分存在"明显的结构坍塌风险"，这实在是一件难以启齿的事。

数百万游客肺部呼出的水蒸气在雕像内部浓缩成的水，以及雕像王冠七个尖角之一刺入举起的肱二头肌形成的那个大孔处流下的水，经过铆钉的小孔或糟糕设计的排水口（最初的设计是为了将水排出），钻进了雕像里。在冬天，雕像防水性差的问题就尤其突出，因为人们很容易就在雕像内部发现雪的踪迹。水也会从火炬的位置进入雕像，这从一开始就是个灾难。

1886 年，当雕像在美国组装，或者说是重新组装时，巴特勒迪要求在火炬上安装八束灯光，以点亮镀金的铜火焰。就在雕像揭幕仪式前一周，也就是 10 月 28 日，美国陆军工程部通知他调整灯光设计方案，因为原有方案会干扰港口的舰船导航系统。美国灯塔委员会海军上尉约翰·米利斯（John Millis）决定在火炬上切出两排舷窗，这样就可以从内部进行点亮了。不过，这样的亮度有限，只是在曼哈顿岛上可以看到，巴特勒迪揶揄这火焰只是"萤火虫之光"。到了 1892 年，上面一排舷窗的直径被扩大到十八英寸，随后用玻璃封闭，并在上方加装了一扇天窗，巴特勒迪对此仍不满意。又过了二十四年，也就是巴特勒迪去世后的十二年，一位名叫约翰·格曾·博格勒姆（John Gutzon Borglum）的艺术家对大部分火炬进行了雕刻，共切出二百五十个矩形，安装了二百五十块琥珀色玻璃。博格勒姆也曾雕刻过拉什莫尔山。后来，有位金属雕工写道，火炬现在就像"一只形状诡异的中国灯笼"，火炬从内到外也像一只巨大的鸟笼。窗户上有漏洞，下方的通风孔则是鸟类完美的入口，各种锈蚀问题也因此而生。

火炬是雕像上最高、最潮、最受风也是最少被注意的部分，同时也是最精细的部分。制作火炬的金属更薄，以确保展示柄部表面与下方坠饰的复杂细节。作为哈德逊河口最高点，火炬也成为众多鸟类栖息的据点。正因如此，火炬成了雕像上破坏最严重的部分。修复项目开展的早些时候，美国维护团队的海登和德斯庞特与几名公园管理员一起爬进火炬内部进行彻底检查。在火炬坠饰的底部，他们发现了一摊混有鸟粪的死水，称之为"原汤"。这摊死水正侵蚀着金属。如果不是因为一根拴有绳索的螺杆，坠饰早就掉落了。他们在现场拍下照片，并在随后的会议中进行传阅。其他工程师立即建议他们不要再进行这样的"冒险"，因为火炬已经太孱弱，实际上火炬支架已经消失，只是在原来的位置上留下了一点痕迹。

随着修复范围逐渐清晰，美国国内的委员会及基金会逐渐从原来的法 – 美委员会接管了自由女神像的修复项目，并为此展开筹款、调研，并完成相应的准备事项。因为前期的研究与计划就已经花了三年时间，所以接下来的三年修复工作就非常忙碌。他们在国家级委员会与基金会支部管理本项目前，率先成立了委员会的分支机构与协调机构。他们在华尔道夫酒店举行会议，并飞往巴黎造访凡尔赛宫。参与修复工作的承包商有三十多个，他们雇用了超过三百名工作人员，包括顾问、合作伙伴、专家等。一些知名企业提供了技术研究方面的援助，而提出捐赠工具与材料的企业实在太多，连NASA 都参与其中，最后委员会不得不谢绝其中数百家。这一基金会展开了美国史上规模最大的直邮活动，同时也是最成功的筹款活动。为了能够将材料运输到岛上，他们修建了一座码头，又搭了一座长达一千二百英尺、横跨新泽西与埃利斯岛的浮桥，使成本相比于驳船运输有所降低。在雕像周围，他们竖起了世界上最高的独立式脚手架，并最终将雕像固定到合适的高度，显著延长其寿命。所有工作都是在李·艾科卡（Lee Iacocca）的监督下完成的，他曾将克莱斯勒公司从泥潭中挽救出来，1982 年 5 月 17 日，罗纳德·里根总统任命他为这一工程的主席。

艾科卡表示，如果有必要的话，他会募集 2.3 亿、3 亿、5 亿乃至 10 亿美元的资金。募款工作于纽约率先开展，很快，洛杉矶、芝加哥、亚特兰大、达拉斯也都设立了募款办公室。纽约林肯中心举办的一次晚会请来卢西亚诺·帕瓦罗蒂（Luciano Pacarotti）与鲍勃·霍普（Bob Hope）站台，募集了七十五万美元；而杰拉尔德·福特（Gerald Ford）[1] 出席田纳西州的一项活动，募集了略少的资金；用于电话捐助的免费 800 电话也设立了；国会授权铸造了三千五百万枚纪念币；美国运通公司捐助了旅行支票的部分销售收入。

全国的在校生们也为此奔波，他们存零钱、卖松糕或者种植鲜花以筹集资金。到 1986 年 7 月 4 日，来自两万多所学校的学生已经募集到超过五百万美元；印第安纳波利斯州的一名六岁残疾儿童募集到了三千美元；很多少数民族组织也通过质押进行筹资，包括意大利裔、捷克斯洛伐克裔、希腊裔、波兰裔、塞尔维亚裔以及白俄罗斯裔；"美国革命女儿会"筹得五十万美元；某个伤残老兵组织捐助一百万美元；贝尔电话公司的前职员们捐助三百万美元；国家农

---

[1] 美国第 38 任总统，1974 ~ 1980 年在任。

业保险公司与克莱斯勒的职员们各捐助一百万美元；洛杉矶政府捐助五万美元。

邮政部门印制了22美分面额的纪念邮票，并选择在纽约国会大厅发布，那里正是乔治·华盛顿宣誓任职总统的地方。为了纪念这一事件，美国邮政部还从雕像上取下四十磅铜，将它们熔化后重新塑造成两件十五英寸高的复制品。这两件复制品被运送到卡纳维拉尔角 [1]，并随着"发现者号"航天飞机一同升空，离开了自由之地，也离开了重力之地，并最终返回纽约。如今，其中一件复制品已经被再次熔化并铸成官方一百周年纪念印章，而另一件则静静地留在位于雕像基座的博物馆中。

最终，艾科卡的募资活动共筹得2.77亿美元（相当于如今的14亿美元），这些资金都被用到了多风多雨、高湿高盐的大西洋海岸，用于一项三百英尺高的金属工程。

在自由女神像的周围搭建脚手架耗时三个月，花费了二百万美元。工程师们考虑了亚洲风格的竹制脚手架，考虑了金字塔型的，还考虑了像斜拉桥那样用吊索锚固的格栅型的。最终，他们决定使用全新的铝材搭建格子，并镀上锌以避免铝对铜的腐蚀。脚手架的总重达到三百吨，半英寸直径的钢缆使用了两英里，足以支撑雕像的右臂，也能抵抗最高速度每小时一百英里的飓风。在1984年的4月，你可以爬到底部轻倚雕像跟她来个亲吻。

7月4日，原来的火炬被拆除并降落到地面上。七个月后，它与"美

---

[1] 美国知名的航天飞机发射基地。

国小姐"共同出现在玫瑰花车游行[1]的头车上。纽约警察局将它一路护送到机场，然后装入定制的集装箱运往加利福尼亚，公园管理局的负责人充当它的保镖——从来没有哪只生锈的鸟笼受过如此礼遇。

工作人员可以在脚手架上近距离观察雕像的外表，并发现了很多尚未公开的惊喜。他们发现了不少标记：巴特勒迪名字的首字母"B"，一部分1937年给雕像施工的人员姓名，以及在大脚趾上的一段题词："孤独如我，唯上帝与女神相伴。——平安夜"。德拉蒙德没留下什么"到此一游"的痕迹。

在雕像长袍的褶皱里，他们发现了一些鸟巢，里面还有不少可以追溯到19世纪的鸟粪，并立刻对其进行彻底清除。他们还发现了看起来像酒窝的破铆钉，铜质外层流下的"眼泪"，以及煤焦油与涂料经由缝隙流出形成的斑痕。雕像手臂的阴面也有些溅点，后背还有些黑色的污痕，如果不是自由岛上的垃圾焚烧厂所致，便是酸雨的杰作了。雕像卷发下端的一些发丝已经消失，也是拜锈蚀所赐。女神王冠上的那几个尖角就像患了某种"青铜瘟疫"，满是疥斑。她的左眼、嘴唇、鼻子和脸颊都有许多裂纹，脖子前侧还有一块很大的污迹，就像流口水一样，而鼻子里的锈渣如同鼻屎。女神雕像的皮肤也糟糕透顶，法－美委员会曾提出用透明树脂完全覆盖，这也是巴特勒迪在九十四年前就提出的建议。不过实际方案是，将大约2%的损坏面积中必要的部分用全新的铜进行修复。肱二头肌里的洞也得到了修补，同时脊柱也调正了几度。

雕像内部的修复就麻烦多了：任何工作开展以前，都要将含铅

---

[1] 美国加州帕萨迪纳市著名的新年庆祝活动。

涂料、煤焦油以及破碎的石棉先清理掉。工作人员穿着白色的防护服用液氮对涂料进行冷冻，花了两周时间才清理完。涂料一旦被冷冻，就会成片剥落，联合碳化物公司（Union Carbide）用"魔法棒"指挥他们完成这项工作，三周一共使用了三千五百加仑液氮。

负责清理铁架表面涂料的"暴风与吸尘器"（Blast and Vac）公司，发明了一种看上去像巨型电动牙刷的工具。该公司的一名代表描述道："我们基本上就是在一个吸尘器里安装了一只喷嘴。"尽管如此，煤焦油还是没办法清除，因其似乎与许多锈蚀产物发生了反应，十分顽固。喷砂也许可以将其清理，但也可能损伤金属铜，毕竟铜皮只有大约 3/32 英寸厚。

其他使用研磨剂或者溶剂的方式也同样存在这个问题。在铜质样品上，工程师们尝试了樱桃核、玉米粒、塑料树脂颗粒、胡桃壳、强化玻璃、盐、米、糖等，但还是没筛选出合适的。最后，公园管理局没咨询锈蚀顾问罗伯特·巴伯以安，便采用了碳酸氢钠，也就是食用小苏打。"手臂与铁锤"公司（Arm&Hammer）向公园管理局保证碳酸氢钠不会对铜造成损伤，并捐赠了四十吨。

自 1983 年底以来，巴伯以安观察过雕像几十次，爬遍了每个角落。到 1985 年 1 月他来访的时候，食用小苏打已经在雕像内部形成厚达几英寸的板结，并经过很多孔洞向外渗透。维护人员之前用 60 psi[1] 的压力将它们挤压喷出，覆盖在煤焦油的表面。在雕像内部，食用小苏打与铜发生反应并使其变蓝；而雕像外部，它们破坏了铜

---

[1] 英制压强单位，磅每英寸，通常简称为"磅"，约相当于一个标准大气压的 1/14.5，此处的 60psi 相当于约 4 个大气压。

绿层，很多位置都出现了令人注目的斑点。就算它们能够去除煤焦油，也不能不说是个灾难。巴伯以安告诉我：“这是个严重的错误，雕像外部也因此遇到了麻烦。”Arm&Hammer 公司声称食用小苏打"不会损伤铜"，但也承认出现了一些"意料之外的问题"。工作人员很快采用了稀醋酸对雕像内部进行清洗，外部则采用日常淋洗清理，直至食用小苏打全部消除。蓝色物质在几周后便消失了，但外部的斑痕却留了下来，毕竟这层铜绿完全形成大概花了三十年。

巴伯以安对铜绿非常熟悉。他很明智地测量了外露铜的厚度，并与那些因为部分煤焦油漏出并覆盖从而两面都被保护的点进行比较，以此测算铜被腐蚀的速率。测量结果显示，每年外露铜的厚度都会消失 0.0013 毫米，按照这样的进度，他认为铜像可以维持超过一千年。巴伯以安还观察到，雕像那些暗斑处的铜绿是一种叫作"块铜矾"的矿物质，而不是"水胆矾"；这种物质到处都有，厚度从 0.1 英寸到 0.5 英寸不等。在新泽西州美国电话电报公司（AT&T）的贝尔实验室，托马斯·格雷德尔（Thomas Graedel）和约翰·弗雷尼（John Franey）进一步研究了他的成果，并从雕像上取了九份铜样，与他们办公室屋顶上取的七份类似铜样一起，研究了铜绿的生长、深度、形成、表面硬化与腐蚀过程。通过质谱和 X 射线衍射，他们在铜绿内部发现了氯，这是非常糟糕的问题，因为氯对金属的腐蚀是无止境的。但他们也确定，当雨或雾的 pH 值超过 2.5 时，铜绿就不会被腐蚀了。实际上，他们发现铜绿生长的速率已经达到了一个世纪前的两倍。此外，他们也将雕像上的铜样与挪威卡姆岛上维斯内斯铜矿的样品进行对比，而没有理睬关于雕像金属来源的争论[1]。

---

[1] 据称铸造自由女神像所使用的铜来自于维斯内斯铜矿，但这一说法未被证实。

巴伯以安（他也运作着得克萨斯仪器公司的腐蚀实验室）还研究了铜与铁架之间的相互作用，认为雕像是"理想的伽伐尼腐蚀的模型结构"。正是因为铜的作用，铁腐蚀的速率达到自身应有速率的一百倍。更坏的结果是，因为相比于铁架而言，铜的表面积实在太大，腐蚀速率又因此加速了十倍。这一相互作用同时也降低了铜发生腐蚀产生铜绿的过程。史密森学会[1]的历史学家玛莎·古德维（Martha Goodway）后来写道："雕像的结构设计是创新的，但实现这一设计的材料却不是。"如果雕像晚修十几年，就有可能采用不锈钢而非熟铁，那整个故事都要重写了。

随后，巴伯以安和其他人便开始着手确定采用什么类型的金属来替代铁架。1984 年 3 月，在北卡罗来纳州勒丘（LaQue）腐蚀技术中心的一处海滩上，他开始对五种不同的合金进行测试。因为替代金属必须具备与铁类似的性能，并且能与铜匹配，所以实践中他的选择并不多。他测试了普通碳钢、铝青铜、铜镍合金、一种新型的铁基合金以及航海级的不锈钢，后者的发明比巴特勒迪决定采用铁建造雕像的时间晚了一代。因为样品距离海岸仅八十英尺，因此它们腐蚀的速率比在雕像内部快了二十二倍。六个月后，巴伯以安获得了相当于实际过程为十一年的腐蚀结果，由此筛选出新型铁基合金与不锈钢，并向公园管理局推荐了这两者。工程师们随后确定新型铁基合金并不合适，因为需要加热才能使其弯曲，但加热后会丧失防腐性能，因此可选的就只剩下不锈钢。

---

[1] 美国著名的博物馆机构，由英国化学家史密森捐资兴建，也被称为美国国家博物馆。

修复雕像支架的工作被证明是史上最具挑战性的任务。铁架的状况实在太糟糕，所谓修复的概念都已名存实亡——所有的零件都被一个一个地替换了，包括 1825 根特制的肋梁。这些肋梁每根重达二十五磅，长六尺。

此外，所有用于连接铁架与铜层的紧固件也被替换了，包括 2000 多只 U 型锁扣，接近 4000 只螺栓以及 1.2 万只铜铆钉。铆钉都预先上了漆，否则修复好的自由女神就会像长满了水痘一样。因为铁架已经太脆弱，所以这些工作只能分批进行，以避免造成结构过载。雕像被划分为四个象限，一次同时从每个象限各抽出一根肋梁，并立刻用支架撑住外面的铜。这些肋梁被送到了雕像基座旁边的金属铸造车间，火炬也是在那里完成再造的。铸造车间生产出的新肋梁与原来的肋梁完全一致，并通以三万安培的电流持续五分钟，直到温度达到 1310℃，此时就变得易于弯曲了。将肋梁弯曲到合适的形状后，放到水中淬火，然后喷砂、贴标签、包装，再送往曼哈顿，用硝酸进行处理，使其表面生成抗腐蚀的钝化层。从抽离到替换，整个过程需要三十六个小时，其中有一个小时是通过手工调整新的肋梁以支撑雕像的形状。工人们连轴工作了六个月，每周也只能铸造七十根肋梁。

原先用于隔离外层与支架的石棉也被取出来了，代之以特富龙胶带。德拉蒙德之前发现的那些裂缝，如今工人们采用了硅胶进行修补，而且还是家用型硅胶。为了使水蒸气形成后不再凝结，一套湿度控制系统也适时地安装上。在支架的其中一根主梁上，工人们厚厚地涂了三层涂料。这是一种由美国航天局开发的无机锌涂料，并已在夏威夷、俄勒冈州阿斯托里亚以及旧金山金门大桥进行过测试。（锌比铁更活泼些，因此会在支架前发生锈蚀，就如同铁与铜接触时发生锈蚀一样。）生产厂家开发了这一涂料的水性款，否则溶剂型的涂料挥发出的可燃性气体足以使雕像变成一个巨大的煤气罐。在涂料的表面，他们又添加了一层环氧树脂，这样涂鸦就会比较容易清除。当工程师们抵达雕像肩部的时候，保护主义者们获得了最终的胜利。女神的肩膀移位了1.5英尺，而头部则偏移了2英尺——这属于组装失误。尽管骨架压力已经超负荷并且过于有弹性，工程师们还是更倾向于用支架固定而非重建。

最终，在1986年7月4日，一柄新的火炬被运送到合适的位置。火炬是严格按照巴特勒迪的原始方案精心设计的：实心的火焰由外侧灯光点亮；而且这次使用的也不仅仅是铜，火焰表面还覆盖了一层金箔。金箔下的铜片由2600根铆钉固定拼接，经过焊接、磨平、涂油脂、化学蚀刻、上底漆等步骤，最后又抹了三层清漆——自18世纪以来，这是用于生产小提琴的"秘方"工艺——而金箔则是在最外层清漆还未干透的时候粘接的。在下方坠饰的出气孔外，还安装了防鸟网。

万事皆毕，锈蚀你就等着吧！

重生的代价 "不该是她的贞操"

里根总统称赞自由女神像的修复工作是其任职期间的亮点之一，而且也是官方与民间合作的典范。私营企业捐助了发电机、吊车、涂料、铜料，他们的工程师也为此贡献了几十万个工时。百得公司（Black&Decker）捐助了工具及备用工具；约翰·迪尔（John Deere）公司捐助了拖拉机；可口可乐公司借出了五十万美元的无息贷款；西兰国捐助了储物用的集装箱；卡博特公司（Cabot）捐助了铁基合金；北美特种钢协会捐助了不锈钢；AT&T捐助了预先生有铜绿的屋顶；而手臂与铁锤公司则是聪明反被聪明误，当初捐助的那些食用小苏打还不如拿去烘焙几百万只松糕呢；公益广告协会为这次活动分配了史上最多的宣传时间，价值高达五千万美元。

当然，也有些合作关系很值得怀疑。有些公司的管理层提出捐助材料，同时索取里根总统亲笔题写的致谢牌匾。一位营销人员提议移除雕像的一只手臂以引起公众注意，并承认他想利用修复工作致富，为此还询问莫菲特是否愿意辞职并加入他的董事会，这样就可以共同致富了。另一个营销组织则诓骗了修复委员会，在未经批准的前提下进行促销活动，借此销售了大约 2500 万箱家乐氏麦片。令人反感的是，这一组织的负责人还跟雕像的一些赞助商们签署了专销合同，包括圣密夕酒庄、美国烟草和《时代》杂志，内政部门对他的目的提出了质询。另一家公司提出用 1200 万美元回收雕像上换下的零件和材料，并做成时尚小饰件——这是个令公园管理局十分鄙视的提议。

这些商业行为惹恼了很多人。《新共和》的迈克尔·金斯利（Michael Kinsley）担心"自由小姐"正在沦为"高级小姐"；《纽约时报》的社论批评："没有什么修复工作值得将一座国家纪念碑置于市场中。"理查德·科恩（Richard Cohen）在《华盛顿邮报》的评论中写道，雕像重生的代价"不该是她的贞操"，而乔治·威尔（George Will）则没看出什么不妥。评论指出，商业化是"对艾玛·拉扎露丝那句'憔悴而贫穷，挤作一团'的侮辱"[1]，是一种"文化亵渎"。在一百周年

---

[1] 19 世纪美国的犹太裔女诗人，她的一首十四行诗被作为铭文雕刻在自由女神像的底座，其中有一句名言："把你那憔悴而贫穷，挤作一团、渴望自由呼吸的流民全都交给我"。

庆典临近的时候，就连媒体权限也成了争议焦点：在这么一块公共土地上，为什么美国广播公司可以通过支付一千万美元成为国庆日庆典活动的独家报道媒体呢？

这还只是众多麻烦中最微不足道的。来自莱勒麦·高文建筑管理公司（Lehrer McGovern）的菲利普·克莱纳（Philip Kleiner），对修复项目的描述是"彻头彻尾的绿色通道工程"，因为所有的工作都是定制的；大多承包商并不希望参与进来，而自认为应该从事相关工作的公司却没能如愿。修复项目的记录者罗斯·霍兰德（Ross Holland）如此写道："如果墨菲定律[1]在任何领域都适用，那它在自由女神像的修复项目中一定体现得非常到位。"

拜法国团队所赐，修复工作曾出现过长时间的延期，到1984年8月时，美国团队不得不抛弃看上去漫不经心的队友。在那之后，工作进度大幅加快；建筑经理们催促着同时进行的研发工作，直到火炬重新归位的前一天（也就是7月3日）才收到最终图纸。

一年半的时间没完成多少事情，却耗费了数百万美元，还有另外两百万美元花费在电视特别节目中，由此引发了对修复成本的质疑。出于对此事的弥补，一位执行副总裁建议将瓷砖换成塑料制品，并用一般钢材替代不锈钢。美国的一些公司在核实过国外公司的一些合同后提出，他们可以节省1/3的成本完成同样的工作，还可以为纽约人提供就业机会。

然而就算这些工作交给纽约人完成，市内的各个工会还是为了

---

[1] 以美国工程师墨菲之名命名的一条著名定律，其最简单的表述形式是：凡是可能出错的事必定会出错。

地盘争吵不休。尽管自由岛隶属纽约，但码头和船坞却由新泽西管辖，于是国会议员弗兰克·瓜里尼（Frank Guarini）与新泽西市长共同推动相关提案，要求将至少一半的工作岗位分配给新泽西工会。当木匠工会的一名成员准备用船运输脚手架的时候，海洋操作工程师工会表示不满，并威胁要去海洋检查局门前静坐抗议，阻拦海岸警卫队的工作。卡车驾驶员工会和国际电机工人兄弟会在电气合同方面也发生了摩擦。一家法国公司中标火炬加工项目，纽约的"580"钢铁工人工会提出了强烈抗议，并在宣布这一结果的记者招待会上举行示威活动。他们没有采用德拉蒙德的形式，而是展开了一块横幅，并给法国企业的工人们发放印有数字"580"的帽子和 T 恤衫。

　　政治斗争就显得更没底线了。1984 年春天，在艾科卡攻击里根的经济政策之后，关于他打算代表民主党参与总统竞选的传言开始流传。这一年的独立日，也就是旧火炬卸下的那天，里根为了冷落艾科卡，没有参加庆典活动，而是去观看了在戴通纳赛道举行的纳斯卡（NASCAR）汽车赛。此事过后一年半，在艾科卡宣布已募集到他所期望的 2.3 亿美元之后不到一周，他被委员会解雇了。在当时，雕像修复基金会也遭遇了很大的麻烦。1985 年的夏天，国会议员布鲁斯·文托（Bruce Vento）作为国家公园与娱乐委员会的支部主席，举行了听证会调查基金会与国家公园管理局的关系。文托不喜欢基金会的管理层，在《20/20》[1] 这档节目里，他将管理层称为"权力的错误代表"，并反问：雕像的商业化"不就像个走在街上拉客的婊子"

---

[1]　美国 ABC 电视台的新闻节目，自 1978 年起播出，类似于哥伦比亚广播公司的知名时事节目《60 分钟》。

吗？他告诉《费城询问报》的记者，基金会看起来"像是个政府机构，但究竟是谁选举了他们"？他认为存在一些威胁性的指控，项目也"处于完全混乱的状态"。他控诉基金会积累了史上最大规模的邮寄目录，而这可以用于政治目的。他请求美国审计总署（GAO）对此项目进行审计，而后者也正是对国会政府支出进行审查的机构。

修复完毕，就在脚手架下隐藏长达两年半的自由女神像重见天日之时，她脸上的一块黑斑再度吸引了众多关注。那是食用小苏打留下的痕迹，只有时间能让它变成更协调的绿色，但也有流言表示，这是脚手架上的工人们不愿意撤到地面上使用洗手间而在她脸上留下的印记。

在美国，没有哪场与锈蚀的搏斗像这次这样真切而持久，或者曾如此堂皇地开庆功宴。1986 年 7 月 4 日，数百万民众前往观看一百周年庆典，同时到来的还有四万艘舰船，包括"伊丽莎白二世女王号"航空母舰，还有比以往任何聚会都要多的高桅横帆船。因为船舶实在太多，史泰登岛渡轮的观光船不得不花上平时两倍的时间在它们之间穿梭。皇后区和史泰登岛提供了一万个露营点，看台也搭建了起来；海军部长驻扎的总督岛成为贵宾岛；沃尔特·克朗凯特（Walter Cronkite）[1] 担任了庆典主持人，总统夫人南希·里根（Nancy Reagan）为活动剪彩。莫菲特坐在那里，巴伯以安也携妻子坐在那里。长头发的埃德·德拉蒙德并没有被邀请，尽管他就是

---

[1] 美国著名的新闻节目主持人，哥伦比亚广播公司的明星主持，被观众称为"美国最值得信赖的人"。

那个引得莫菲特透过望远镜近距离查看雕像的人，当时他正打着缺乏诗意的粗体字条幅，高呼"自由遭陷害"，但没有人因此而感激他。

在盛大庆典举行的前一天傍晚，红衣主教约翰·奥康纳（Cardinal John O'Connor）在圣帕特里克大教堂举行了一场全球范围的弥撒。当天，首席大法官沃伦·伯格（Warren Burger）在埃利斯岛为250名新入籍的公民举行宣誓仪式；波士顿大众管弦乐团在新泽西进行演出；纽约爱乐乐团的表演则选择了中央公园。活动在"芳草地"举行，不过弗兰克·辛纳屈（Frank Sinatra）[1]并没有露面。仅仅那一个周末就耗费了将近4000万美元，无数游客前来"朝拜"雕像，甚至因为人数太多而被迫排起长队，还差点引发骚乱。全世界接近1/3的人通过电视转播观看了这一盛典。

里根总统计划乘船前往现场，模仿一百年前的格罗弗·克利夫兰（Grover Cleveland）总统。因为他想在"约翰·F.肯尼迪号"航母的甲板上现身，并用激光"重新点亮"火炬，故而选择在总督岛上举行庆典。

不管从什么角度来说，此次修复工程的成就都不亚于一个世纪前的荣耀。两次事件的共同点就是，自由女神像都代表了所处时代工程与艺术的伟大融合。开幕仪式过后是一场史无前例的"烟火秀"——二十吨烟火在四十条驳船上点燃升空，承办此事的合作伙伴是"全美烟火队"。

这或许是最好的象征：因为出现锈蚀而谋划，因为击败锈蚀而庆功。但这也会让你思考：人们真的清楚这是场除锈战吗？庆祝活

---

[1] 美国流行音乐歌手，20世纪杰出的音乐人，曾荣获格莱美终生成就奖。

动是不是有些太隆重了？到底什么更让人印象深刻：自由还是工程？智慧还是权力？信任还是存疑？历史还是科学？站在金属的角度来看，没有什么是民主的，它们最渴望起什么作用的机会不断地被计划、控制、监视和否决，为了这些金属的命运而庆祝也显得有些怪异。不管怎么说，还是专心地观看烟火秀吧。

如今在这一景点，美国国家腐蚀工程师协会（NACE）竖起了一块牌匾。牌匾中，最上方的是 NACE 的标志，其下便是碑文：

自由女神像
已由国家腐蚀工程师协会选定为国家腐蚀修复地址
作为人类控制腐蚀技术应用于历史建筑的典范
未来的世世代代
都可以从全世界最著名的这座
象征人类追求自由的纪念碑历史中受益
谨献于国家公园管理局
1986 年 10 月 28 日
纪念雕像建成一百周年

这是一块独一无二的牌匾，是全国唯一一处"国家腐蚀修复地址"标识，但这绝对不会是最后一块。

2

铁的终结者
Spoiled Iron

史料中最早有关锈蚀的词语或许也表达了你的感受——恼火。两千年前的蓝色尼罗河战役中，罗马军队的一名将军如此抱怨他那生锈的投石车："弩炮上的挂钩因为腐蚀变得极为脆弱，以至于劲弩在本营造成的伤亡比对敌营造成的还大。"又过了一代人的光景，因为难以解释锈蚀产生的原因，老普林尼（Pliny the Elder）[1] 形而上学地解释道，生锈是一种惩罚，是仁慈的大自然在限制铁的力量，从而让这个世界不会再有比铁更为致命的武器。他将锈称之为"铁的损坏者"（Ferrum Corrumpitur）。只有在神话中，铁锈才不会造成麻烦，它帮助伊菲克勒斯（Iphicles）当上了父亲 [2]，也让特里弗斯（Telephus）大腿上那严重的伤得以恢复 [3]。然而，对我们而言，铁锈真是让人伤透了脑筋。

氧气，也有成为"万恶之首"的一天

英国科学家罗伯特·波义耳（Robert Boyle）被尊称为"近代

---

[1] 即盖乌斯·普林尼·塞孔都斯（Gaius Plinius Secundus），古代罗马的百科全书式的作家，世称老普林尼（与其养子小普林尼相区别），以其所著《自然史》（*Natural History*）一书著称。

[2] 伊菲克勒斯是希腊神话中的人物。伊菲克勒斯在童年时期，因无意间碰到了一把宰牛刀而阳痿。后来墨兰波斯找到了那把刀，将刀上的铁锈刮下泡水，伊菲克勒斯连喝十天后治好了病，并很快与妻子同房生子。

[3] 特里弗斯是密细亚的国王，是赫拉克勒斯与晨光女神的儿子，希腊人。希腊舰队攻打特洛伊时，因风向问题误闯密细亚，特里弗斯率军抵抗，大腿受伤。希腊军队在得知了特里弗斯的身世之后，与密细亚和解，并派英雄阿喀琉斯前往慰问伤情。特里弗斯的腿伤是因阿喀琉斯的矛所致，这支矛有着特殊神力，因此阿喀琉斯便刮下矛头的锈粉为其疗伤。

化学之父"，身材高大、家境富有的他，在17世纪查理二世统治期间进行了一场关于锈蚀的调查。他先是羞辱了老普林尼："在亚里士多德流派中，我很少看到有人能对易懂之事给出这么复杂的解释。"波义耳出生在弗朗西斯·培根离世后的第二年，常常与艾萨克·牛顿谈论形而上学，与诸如皇家学会的科学团体奠基人等大人物相交甚厚。伽利略过世时，他还前往意大利的佛罗伦萨吊唁。他自学了希伯来语、希腊语和阿拉伯语，能够直接阅读原始文献。他亲自进行药物试验，并尝过自己的尿液。到晚年时，波义耳已留下超过二百五十万字的著作。他在1675年出版的论文《关于腐蚀性产生机制的实验与解释》中表示，锈蚀是一种机械过程，是"主体与客体之间调和"的结果。因为当金属发生锈蚀时，其表面也会"形成形状与大小基本一致的微孔，溶剂颗粒得以进入"。这些"微孔"也可以解释为什么光可以穿透玻璃。同一年，波义耳还发表论文，解释了水银被"点石成金"的过程。波义耳其实也是错误的，只是没有老普林尼偏得那么远，用词也更讲究了些。

不过他的二十次实验也并非一无是处。他发现，盐对铅的腐蚀速度并没有盐水快。他将盐水、柠檬汁、醋酸（具有"剑刃一般的刀锋"）、尿液、松节油、碱液以及各类酸液涂抹多种金属表面（比如铅、铁、汞、铜、锑和锡），证明它们都是比较脆弱的。再比如银，遇到硝酸时也会被腐蚀；即便是金，在被投入到王水中时也会被腐蚀，而王水是硝酸与盐酸的混合物。

如今我们知道，只有少数金属不会被腐蚀：钽、铌、铱和锇。而其他所有金属，都可以在一定条件下与氧气发生反应，或者是被邀请，或者是被强迫。有些反应可以在空气或水中发生，而诸如铝、铬、镍、钛，会在表面形成一层氧化物薄膜，从而避免被深度腐蚀。很多具有抗腐蚀能力的金属名字都来源于希腊神话，以赢得世人尊重，因为"此物本应天上有"。尽管如此，大多数金属在很久以前就已经跟氧气接触，这也可以解释为什么只有少数金属以单质的形式存在于地球某个角落。（这也解释了为什么直到岩石表面对氧气的吸收达到饱和之前，氧气在数十亿年的时间里都没有在空气中富集。）宇宙中的元素有3/4的种类都是金属，不过很显然，它们中的绝大多数在自然界过得并不好。

在古代，只有少数幸运儿在探索时发现了一些罕见的金属块。这些坚硬而闪着寒光的金属被用来制造因纽特人的矛尖，或是苏美尔人的盾牌，又或者是西藏人的首饰。它们都是镍铁合金，与如今的不锈钢没有多少区别，不过却是从天而降的陨石。世界上最大的陨石在纳米比亚，也属于这一类型。如今我们称其为"铁陨石"，但在不锈钢未被发明出来的遥远古代，人们会认为这是"上帝的金属"，是某种吉兆。按照这种说法，那摆在每个人面前的凶兆就得说是锈蚀了。

锈蚀，通常说的都是铁的腐蚀，锈蚀现象是氧气对各种金属的撕咬——我在这里使用的口语化表达也许会让工程师们感到惊骇不已。

作为锈蚀现象产生的必要因素，氧气真是让人又爱又恨。它充斥在整个海洋中，让生命不仅局限于那摊绿色的液体，还帮助进化出两种性别，因此现代生物化学家给了它一个绰号："再造世界的分子"。然而就在两个世纪以前，因为氧气普遍存在而又充满力量，一位对它印象不太好的化学家还称之为"缓慢焚烧世界的火焰"。它不会与金属和睦相处，或进一步说，像波义耳所证明的它与金属和睦相处的方式，并不能让我们感到舒心。

不过，直到美利坚宣布从不列颠王国独立出来的前几年氧气才被发现，并且又过了五十年，才被确定为锈蚀的罪魁祸首。直到那时，有关锈蚀的实验引发的困惑与启示才基本相等。

拿什么拯救你，我的铁？

在意大利的博洛尼亚，路易吉·伽伐尼发现不相似的金属可以用于产生电火花——足以让青蛙的腿部肌肉收缩——也能导致锈蚀。就在西北两百英里的科摩，一位名叫亚历山德罗·伏打（Alessandro Volta）的物理学教授用六十片不同的金属层层堆积制造出了一种电池，却不知道金属在其中起到何种作用，也不知道为什么电流最终会消退。狂热的英国化学家汉弗莱·戴维（Humphry Davy）爵士以这位意大利人的名字将电池命名为"伏打电池"，并采用这种电池发明了一项技术。他通过将一层薄薄的锌覆盖到铁上形成"伽伐尼钢"，也能够让铁免受锈蚀之苦。

在当时，化学还是一门混杂了炼金术与哲学的学科，已知的元素不过十几种，可以被识别的反应则有三种：燃烧、呼吸与氧化。燃烧与氧化过程被解释成一种神秘物质在起作用，即所谓的燃素；热量被理解成一种没有质量的流体，也就是卡路里。1806年，在进行了更多电池实验之后，戴维发明了一个术语"电化学"。次年，他发现了钠和钾这两种高活性的新金属。同事们将他与波义耳对比，而政府更是将他视为救世主。他被要求前往调查煤矿的爆炸，在发现爆炸由甲烷燃烧引起后，他设计了一种安全矿灯，矿灯用铁丝网包住，既能散热，同时也减少了爆炸。这项发明让他名满天下。

1823年，皇家海军委任戴维解决战舰锈蚀的问题。舰船上的铜制护套用以保护木质船壳，使其免于被虫蛀，并避免了因藤壶、海藻与其他海洋生物附着而导致船速降低。当时，戴维刚刚被授予爵位，并成功当选皇家学会主席。他将铜块放入装有海水的烧杯中，并观察到了绿色沉淀。他推测这是因氧化反应而产生的，并指出氧元素来自于水或空气，既然没有氢气生成，那就不可能是从水中而来，只可能是来自于空气。为了证明这一点，他采用更咸的盐水，也就是卤水进行实验，发现对铜的腐蚀速度并没有常规的海水快，因其所含的溶解氧更少。（在此之前数年，他已经证明鱼在去除氧气的水中会窒息死亡。）

随后，根据他熟知的伽伐尼原理[1]，他将两种更易被氧化的金属——锌铁合金制成的钉子扣在铜片上置于海水中。他花了几个月的时间在查塔姆和朴次茅斯进行实验，以研究合适的金属配比。最终，在1824年1月，他宣布了他的发现，并记录道："一粒豌豆大的锌片或一根小铁钉，足以保护40～50平方米的铜片。"不管放在什么位置，锌与铜的比例达到1:40到1:150之间就可以避免锈蚀；在1:200到1:400之间，锈蚀速度延缓但不可避免。如果比例更小，则基本没有作用。锌粒所在的位置并不重要，只要它们直接与铜接触。他认为他的结果"美妙得无可匹敌"。

海军将他的方法应用在"彗星号"皇家舰艇上。试验进行了几个月后，腐蚀问题确实没再发生，但藤壶的问题却比过去严重得多。海军方面对此大为震怒，而皇家学会也非常尴尬。新闻报道的措辞

---

[1] 此处所说的原理是，活泼的金属与相对惰性的金属接触时，后者会被保护不易发生腐蚀，第1章中自由女神像的铁质支架与铜制外层的关系也是如此，而锌、铁、铜三种金属的活泼性依次降低。

让戴维颜面扫地，但他其实没有做错。他通过牺牲阳极——如今这种方式依旧广泛应用在舰船上——避免了腐蚀的发生。

迈克尔·法拉第是当时很有名望的实验学家，被誉为"电化学之父"，在1813年被戴维聘为助手，并继续深入研究戴维的工作。在19世纪40年代，他证明电流——当然不是真正的流体——可以在防锈方面被有效利用。他写道："所有化学现象其实都是电荷作用的表象。"

不过在19世纪的大部分时间里，化学家的兴趣都在别的地方：合成新的分子，用光谱识别新元素，对其进行分离。到了世纪末期，大多数人还相信，酸是导致腐蚀的原因，特别是碳酸。（酸是类似故事中的唯一主角。）其他人则认为过氧化氢也应该被囊括进来。有些人认为应该被责怪的是金属的不纯粹，因为完美的金属是不会被腐蚀的。

直到20世纪上半叶，腐蚀理论才开始成型。最初的奠定者是瑞士化学家尤里乌斯·塔菲尔（Julius Tafel），是一位留有帅气胡须的失眠症患者，在1905年证明了化学反应速率与电流及电压有关。1923年，化学家约翰内斯·布朗斯特（Johannes Bronsted）、马丁·洛瑞（Martin Lowry）与吉尔伯特·路易斯（Gilbert Lewis）分别提出了关于酸碱对的化学键解释，也就是说，酸与碱取决于你从哪个角度观察，是质子受体/供体还是电子受体/供体，不过此时塔菲尔已经因自杀而辞世了。三年后，后来的诺贝尔奖得主莱纳斯·鲍林（Linus Pauling）与罗伯特·马利肯（Robert Mulliken）开始对元素吸引电子的能力进行量化，也就是所谓的电负性。因为对于不同元素而言，电子围绕原子核旋转的轨道都不相同，所以每种元素都有特定的电负性，尽管很多非常接近。位于元素周期表左下角的铯并不为多数人熟知，其电负性是所有元素中最小的，而位于右上角的氟则是电负性最大的。按照鲍林的数值，电负性从 0.7 到 4 之间变化。氟可以与各种物质反应，狂暴地夺走电子。氧元素在地球上的丰度大约是氟的五百倍，电负性在所有元素中排第二——这也解释了为什么生命都依赖它，因为它是让能量转换的最佳元素。（有氧代谢的效率是厌氧代谢的十五倍。）电负性排在第三位的元素是氯。考虑到地球表面的 2/3 都是由富含氯离子的液体覆盖，不禁让人联想到，上帝为了不让海军上将们利用金属，可谓是用心良苦——他通过大气与海洋让金属鸡犬不宁。

在一定程度上作为电负性的一面镜子，金属还可以按其惰性排列。不管其他元素的电负性如何，惰性金属与其接触时都不容易失去电子。惰性最大的金属有金、铂、铱、钯、锇、银、铑和钌，它们也是最贵重的，这并非只是巧合。它们之所以昂贵，就是因为它们值得信赖。金属的惰性以伏特为单位，在 1.18V（铂）到 –1.6V（镁）之间变化。

这样也就很容易解释伏打电池中的金属片为何会产生电流了，因为不稳定的金属正在将电子转移到惰性金属上。0.25V 的电势差足以驱动电子发生迁移。铅与钛的电势差有 0.25V，锡与银之间也有 0.25V；铁和铜之间的 0.25V 保护了"彗星号"皇家舰艇的船底，也通过牺牲支架保护了自由女神的"皮肤"；而铝和钢之间的 0.25V 使得自行车的车座总是容易发生锈蚀，同时也是"朔望号"桅杆铆钉周围的白色粉末产生缘由。

换句话说，不稳定的金属是阳极，当它们与阴极金属（也就是惰性金属）接触时，就会在物理学的祭坛上实现自我牺牲。在鲍林时代，温布尔顿的埃文斯（Evans）用图表对此进行了描述。这也是镀锌能够有效防腐的原因：你正在给自然喂食一些惰性金属。

氧原子获取电子并发生还原，不稳定的金属会失去电子从而被氧化，特别是在惰性金属的推波助澜下，水则是元素与电子自由穿梭的载体。1938年，卡尔·瓦格纳（Carl Wagner）与威廉·特劳德（Wilhelm Traud）描述了一种现象，与塔菲尔的发现有些关系。他们提出，在锈蚀反应过程中，得失电子的总数为零，每种金属都有新的锈蚀速率，这便是广为人知的电池腐蚀混合电位理论。

当时，化学家们也已发现，最多1V的电压就足以让电子待在原地。换句话说，如果管道工在管道上施加0.85V的电压，就可以让电子留在钢管中而不会被引诱流落到其他地方。

于是，阴极保护与阳极保护一同构成有效抗击腐蚀技术中的一半。第三种防护技术更为直接，同时保护了两极，也就是刷涂料。如果你能阻止氧气（以及溶有氧气的水）和金属接触，你就能阻止锈蚀。第四种防护方式则是现代版的涂料：抑制剂，抢在氧气有机会接触之前先与金属结合，通常会变成褐色。大多数抑制剂是化学合成的，它们通常以芒果、埃及蜂蜜与肯塔基烟草为原料。阳极氧化技术——将铝浸入酸中并通电，有意将其表面氧化——之所以有效，是因为厚厚的氧化层随后会被抑制剂密封。如果用比锌稳定性更好的金属，例如镉、铬、镍或金进行电镀，那就是富人的伽伐尼游戏了。

很显然，腐蚀理论有很多精妙之处。合金材料如果混合不均匀，就会出现同一颗粒的两边分别形成阳极与阴极的情况，一旦电子开始流动，不平衡性就会持续增加，导致腐蚀加速。冶金学家早在近一百年前就通过X射线晶体学揭示了这一问题。

在瓦格纳与特劳德揭示伽伐尼锈蚀反应原理的同一年，比利时布鲁塞尔的马塞尔·泡佩克斯（Marcel Pourbaix）绘制了锈蚀反应的热力学图。他研究了各种电化学条件下的氧化与还原反应，包括超酸与超碱，最终绘制的热力学图显示了腐蚀、钝化与稳定区域的分布情况。从图中可以看出，金属在哪些环境中是安全的，在哪些环境又会受到威胁；这也说明了为什么波义耳说酸是金属的天敌。泡佩克斯对各种金属进行了研究，在 1963 年用法语发表了他的研究结果《水相电化学平衡图集》，三年后又发表了英文版。后来，这位业内的佼佼者便在全世界巡回演讲，介绍他关于锈蚀的新发现。

不过，这个领域总体来说还是一片处女地。弗朗西斯·拉奎（Francis LaQue）是腐蚀领域的另一位专家，在 1988 年逝世之前曾说："腐蚀工程师就像经济学家一样，善于做事后诸葛亮，却无法预测将来可能发生的事。"这听起来很像老普林尼。

3

布里尔利与他的不锈钢梦想
Knives That Won't Cut

1882 年的某一天，十一岁的哈里·布里尔利（Harry Brearley）第一次走进一家钢铁加工厂。他满头黑发，身体有些瘦弱，怕黑而羞怯，还是个挑食的小鬼——不过他也充满好奇心。英格兰中部城市谢菲尔德进行的工业革命为人们提供了很多娱乐方式，因此小哈里很喜欢在城里闲逛，到处观察修路工、砖瓦匠、油漆工、煤矿工、屠夫和磨工，他后来甚至自称是"谢菲尔德街头的流浪儿童"[1]。哈里尤其沉迷于工坊，如果不能从店铺的窗户中瞥见，他就会上前敲门，还会为了争取观察的机会而替店家跑腿。当然，工厂就更有吸引力了，他为了能够进入其中，会谎称给某个雇员送午餐或者晚餐。一旦进去，他就掩饰不住兴奋的心情，不到天黑绝不离开。工厂里黯淡而肮脏，只有哈里的蓝色眼眸闪闪发亮。这一次，他来到钢铁厂，找了个不太引人注意的煤堆坐下，连续几个小时没有挪窝。他用嘴大口呼吸着，观察着强壮的工人挥着铁锹将燃料送进锅炉，捶打着白热化的铁锭，这些动作深深地打动了他。一天天过去了，他看着人们锻造、铸模、研磨、抛光，将金属擦得光亮照人。炼钢的火花在飞舞，他的思绪的火花怕是也在飞舞。

　　小哈里最喜欢的操作是铁匠进行的强度测试。从坩埚中将熔融的混合物倒出后，铁匠会将它们铸造成一两根合金棒。冷却之后，他们会在合金棒的末端刻上凹痕，随后再将合金棒钳住，对它们进行捶打。破坏合金棒所需要付出的努力，取决于铁匠肌肉所能输出的力量，大小可能会相差一个数量级，但测试结果只是以定性的方式体现。金属最终会被确定为不同的级别，分别代表着"生了锈"

---

[1]　此处原文为 Street Arab，直译为"街头的阿拉伯人"。

和"非常好"。后一种被简单称为 D.G.S[1]，这也是钢铁加工厂的工人们每天工作的目标，哈里将此牢记在心。

通过这种方式，小哈里掌握了很多实际知识，因此在正式自学的时候，他已经对钢铁加工非常熟悉了。他自儿时起，便将精力贡献给了钢铁，没有因为其他爱好、度假或是去教堂做礼拜而分心；他一生中写下八本有关金属的作品，其中五本书名都带有"钢铁"一词，而这也是他事业生涯的开端；他可以不谈论政治，整晚都为了钢铁加工的问题而辩论；他深深地爱着没有生命的钢铁，甚至超过他的父母和妻儿——是的，钢铁才是他的真爱。

至退休时，哈里·布里尔利已经对炼钢的每个细节都了然于心。在名满天下之后，尽管技术还在不断革新，他却变得有些保守而反动，就像弗兰克·辛纳屈对披头士的流行感到妒忌一样。这种情绪一直操控着他，在生命临近终点时，他渴望成为一名通才，并写道，如果有幸能将各种行业都尝试一遍，也许他会选择成为一名医生，并且不会专注于某一科，这样就可以看遍人生所有的色彩了："没有什么比一串化学元素符号更没有生机，但正是这些元素的活力，生命才得以诞生！"

哈里·布里尔利发现了不锈钢，但他也是个叛逆的人。这倒是与不锈钢的气质很般配，因为后者也是违反一般自然规律的。他出生在一个大家庭，是个常常被忽视的成员，总是被教育要多做家务、不要成为负担，而他最终成功了——他的名字永垂不朽。他是个化学家，却没上过一节化学课或分析课，因此也就看不上官方头衔。

---

[1] Darned Good Stuff 的缩写。

相比于化学家、分析师或研究室主任，他更愿意称自己为"能干的观察者"或"职业观察者"，最多是"实验家"。他是自学成才，因此也拒绝将儿子送到犹如"烂土豆"的正规教育系统中。他从不去教堂，只在跟未婚妻调情起誓时除外。他成长于贫民窟，在工厂车间打拼直到进入董事会，但紧接着又退出了，重新回到他熟悉的车间。

在成为科学家之后的漫长生涯里，他坚持认为自己是位艺术家，因为钢铁存在于他的内心而非脑海。在质疑其他化学家的检测结果时，他用了"妖言惑众"和"虚张声势"这样的字眼。他对现代化颇为排斥，自称是"偶像破坏者和规矩嘲讽者"。他看待事物非黑即白，不能容忍灰色空间。他好奇心重，但固执己见；他做事灵活，但缺乏包容心；他勇于创新，但吹毛求疵；他知识渊博，但也过于自负；他为人果断，但又顽固不化。他对金属充满耐心，却不怎么待见所谓的大师。他甚至可以成为一流的勇士，钟爱像自己一样的失败者，却又有些妄想倾向。这一切都是因为钢铁。

哈里·布里尔利的反叛几乎葬送了自己。他对工业的进步视而不见，对现代化大规模炼钢技术的不悦丝毫不少于对毫无逻辑的传统信仰的批判。他认为这两种方式都不对，因为他能感觉到。他的灵魂深处坚信人类胜过机械，人的灵活与天赋胜过僵化的程序，人的技能与判断力胜过精度，因此任何多余的框架都会让他恶心。他对金相学（通过教授与教材学习）比冶金术（由实践经验学习）更有价值的现象感到忿忿不平。他相信最好的炼钢工人不需要懂一丁点化学。同样，他也很恼火分析师受到尊重而炼钢工人的价值被低估。他认为，在所有的工作中，炼钢是最值得被称赞的。他的知识值得被尊重，但商业天赋却近乎幼稚。在工作上，他是位无政府主义者，对他的老板而言，他简直就是个负担。然而他又沾沾自喜，认为自己具备"无视成规的勇气,在直接通往失败的道路上获得成功……"

这条路确实差点就通向失败,因为不锈钢的发现并非一帆风顺;很多人都错失了良机,布里尔利也差点如此。成功当然不会一蹴而就,"哈里·布里尔利"这个名字即便不必崇拜,也值得尊敬,他承受得起人们的敬意。在不锈钢获得商业成功之前,他只是因为"发明了不能切的刀"而为少数人听闻。他的顽固坚持令他丢了工作,持续了三十年的商业关系也一朝中断,很多人甚至开始重新评估他的信用债务。总之,他几乎快要被击败了。

他为自己的新发现去申请专利时,付出了超乎寻常的努力,商业化则遇到了更多困难。后来他对这段经历记录道:"生活本应该更惬意些,可是感觉整个人都快被掏空了,恶心的事还是接二连三地出现。"另一方面,他发现的不锈钢至少还是得到了推广,这也让他变得富有起来,并获得冶金行业的最高奖项,名字也被刻入历史丰碑中。他是一位功勋卓著、专业精良的工匠,即便他不是第一个创造或发现不锈钢并为之申请专利商业化的人,他也配得上这个荣誉,因为他的坚持和克服困难的精神。

从"地窖少年"到化学家门徒

1871 年 2 月 18 日,哈里·布里尔利出生于谢菲尔德的山丘之间,在拉姆斯登大院马尔库斯街一间狭小的屋子里长大,生活非常贫穷。谢菲尔德是当时世界上的冶炼之都,1850 年,其钢铁产量占欧洲总产量的 50%,英格兰的 90%。到 1860 年时,整个谢菲尔德的车床及钢锯生产商不少于 178 家。整个 19 世纪上半叶,谢菲尔德的发展速度飞快,城市人口增长了五倍,但污染也近乎等比例地增加。当时有个说法:"哪里有大量烟尘,哪里就有钱!"在工业化的谢菲尔德,产生烟尘与废气都是合法的。直到后来,哈里才明白,这是非常不幸的,因为这里的人们都已失去雄心壮志。

这里的人都是劳动阶层,他们是工匠、车轮匠还有铁匠,挤到城市中只为了多挣一点薪水。女人也在辛苦工作,只为贴补家用。整个城市都显得很疲惫,体力劳动者们饱受工伤折磨,还有很多人因每天吸入矿尘与铁屑而患上职业病,例如因长期吸入砂石与铁屑而引起的"磨工病"。布里尔利的母亲简是一名铁匠的小女儿,文化程度不高但性格直爽,棕色的眼珠不停打转,嘴角透露着一股坚毅的神情。她只接受过六个月的教育,从没学习过数学,但能阅读和写作,也会估算,从不浪费任何东西。而他的父亲约翰则是位炼钢工人,高大强壮,有一头棕色卷发和一双蓝色眼睛。有时候他会因为想事情想得出神,看上去似乎有股诗人的气质,其实并非如此。他也是个酒鬼,常常无事可为。

拉姆斯登大院里有八间房,每侧四间,中间是一片硬地广场,地面被煤灰熏得如同夜晚一般黑。大多数房间的门都是常开着的,孩子们到处乱跑。安德鲁家有四个孩子,怀特海德家三个,林利家五个,布雷西奥家也是五个,而布里尔利家算上最小的哈里甚至有九个。院子里还有一位老太太和一个年轻妇女,但几乎没有人见过她们。很多男孩都和他们的父亲一样,弓腰驼背,扭曲着腿,整天坐在工厂里切割着零件。

哈里是母亲的乖儿子,和哥哥亚瑟感情很好。亚瑟很强壮,但哈里却很虚弱,也非常任性,甚至因此常常待在家中而不去学校,跟着母亲学做家务:缝缝补补洗洗刷刷,偶尔去市场买点东西。

哈里成长的房子空间到底有多紧张呢?起居室大约只有十平方

英尺，而楼上有两间卧室。孩子们总是站着吃饭，因为根本没有足够的椅子。屋中没有书籍，没有挂图，没有玩具，也没有放书桌的地方。布里尔利家确实非常穷，虽然还不至于挨饿，但离贫困线也不远了。哈里穿的夹克是拿父亲的旧裤子改做的，他用独轮车帮忙运煤只为换取糖果。放学后，他会去捆扎铁丝，十二捆可以挣一便士。他时常沿着铁路往前走，捡起过路火车掉落的煤球，带回家给母亲。有一次，他从图书馆借了本书，将之全部抄下来，因为他没有足够的钱去买一本。

1882 年，布里尔利家搬到卡莱尔街，就在铁路边不远。这个地方被形容为与地狱之间只隔了一层纸糊的墙，比原来的地方更糟糕。但哈里却很喜欢这个新家，因为这里的色彩丰富，有猪圈与马厩叫以玩耍，还能听到更多成人间的对话。他上学经常会迟到，因为好奇心作祟，常常会被路上的一些事情所吸引。因此，他也经常被体罚：被藤条抽，被湿手袋打，被大脚踹或被关进小黑屋。他的学校生涯也是不堪回首，直到少年时期还不知道莎士比亚是谁，甚至问同学："他是英国人吗？"他十一岁就退学了，因为"脑子不好使，好奇心太重"，然后他可以自由工作了，尽管他还达不到法律允许进工厂的要求。

最初的工作经历让他很不悦。在玛斯兰德鞋底厂，他待了三天，每天从早上八点一直工作到晚上十一点，负责将鞋底涂成黑色，还要搬运货物，他恨死了这份工作。在莫尔伍德铸铁厂，他工作了一周，给锅铲涂上黑色的亮漆，直到因违反劳工法规而离开。他还给一位医生打下手长达六周，但因无法用心满足医生的要求而离开。最后，父亲把他带去托马斯·弗斯父子钢铁厂（Thomas Firth&Sons）工作，成了一名"地窑少年"——在有需要时，在布满黑热煤灰的地窑中搬运黏土，并清除钢锭上的矿渣。每一个人，包括他的父亲都认为他年纪太小体力太差无法胜任这份工作，但他却坚持了三个多月，从早到晚挥汗如雨，直到再次因为违反劳工法而遭到解雇。

接着他被同一家钢铁厂实验室的首席化学家詹姆斯·泰勒(James Taylor)雇用，担任洗瓶工。泰勒的父母都是织布工，家境贫寒，依靠自身努力进入皇家矿业学院念书，获得奖学金。之后在欧文斯学院为一名教授工作，并在海德堡师从德国化学家罗伯特·本森(Robert Bunsen)，又在玻利维亚和塞尔维亚工作了一段时间。当时他已有三十五岁，皮肤苍白，留有一撮散乱的胡须。在此之前哈里从未听说过"实验室"一词，第一次参观那里时，其中的瓶瓶罐罐让他误以为是进了喝酒的地方。最初，他觉得这份工作很无聊，但母亲鼓励他坚持下去，毕竟这里比钢铁厂的熔炉强多了。当时哈里才十二岁，却即将成为泰勒的门徒。

泰勒首先给哈里传授了算术（但哈里需要自己买书），过了几年又开始教他代数（这次泰勒给他买了书作为礼物，哈里带回家炫耀，并永生难忘），还给他买了一套制图工具。泰勒不喜欢应酬，不喝酒不抽烟也不会骂人，甚至不会说谢菲尔德当地的方言。不过他很节俭，心灵手巧，向哈里传授的技能也非常规范。在泰勒的调教下，哈里学到了很多知识：木工、油漆工、管工、吹制玻璃、装订图书，当然还有金属加工工艺。当小伙伴们还在外玩耍时，哈里却在学习新的技能了。（他在十四岁时因为踢足球导致膝盖脱白，从此便对所有运动失去了兴趣。他既不会钓鱼，也不会射击，对所有消遣都是浅尝辄止。他并不笨拙，尽管打碎了实验室里的一半烧瓶和烧杯。）后来这些技能让他得以自己打造家具、缝制凉鞋，甚至尝试写作。他的处女文章投给了《温莎》(Windsor)杂志，其中介绍了很多种墨水的性质，并配了数百个墨水斑点作为佐证；第二篇文章的标题是"像体育运动那样吐泡泡"，总之都是这类爱好。在泰勒的敦促下，他也会去夜校上课，每周花上几个晚上学习数学和物理。

到二十岁时，他已经在很多技艺上达到精熟的水准，尽管他还只是个洗瓶工。他在实验室中如鱼得水，工作时，有位助手时常会哼起歌剧或朗诵诗歌，而泰勒则常常谈论起食品、经济、教育、政治和社会福利的话题。由于身边有这些受过教育的人，哈里得以迅速成长，并将泰勒视作偶像。然而此时，哈里的母亲没有顾及他对老板的崇拜——或许正是考虑了这一点——提出让他去工厂谋份工作，因为那里薪水更高，也更有前途。

成为一流炼钢师

次年，母亲辞世，哈里搬去和哥哥亚瑟一起居住。同一年，泰勒前往澳大利亚工作，哈里晋升为实验室助理。他对未来的人生进行了思考，随后突然改变想法，认为学习更多的技能不适合自己。他发现自己对很多事情都失去了耐性——他正在变得更强硬，硬得像一块钢铁。

他也坠入了爱河，向他未来的妻子海伦表白，在主日学校和她聊天。（尽管回忆起这段时光时，他认为自己的初恋应是分析化学。）二十四岁时，他们结婚了。同时，他也成为实验室的化学分析师，每周可以挣到两英镑，而在此前他夫妻二人加起来的存款是五英镑。在谢菲尔德南部的小村庄里，他们靠面包、洋葱和苹果派度日，但他的自传却从未提及这些经历，包括他的妻子。他也很少提及两年后出生的独子里奥·泰勒·布里尔利（Leo Taylor Brearley，这个名字是为了纪念詹姆斯·泰勒而起）。不过他还是谈到了他的"爱情"："我爱我的工作，没有什么事能比这一生命的基本权利更值得令人坚持。"工作已让他沉迷。

他确实像醉了一样：在接下来的六年里，他读了所有能够找到的冶金学文献。他废寝忘食，从化学方面的杂志开始研究，最多只会因为一顿面包和椰枣的午餐而停下来。接着他开始阅读有关锰的所有资料，以及锰可以在钢铁中检测到的每一个工艺。再后来，其他炼钢元素他都有涉猎，每一本读过的书都留下检索卡，以便查找重要细节。他仔细更新着自己的知识储备，尽可能地积累着。实验室规定任何人在完成工作后，都可以做自己想做的事，他每天只需要几个小时就能完成工作，因此将剩下的时间都用来阅读或做实验。

在快三十岁时，布里尔利开始撰写金属分析化学方面的技术论文，并在《化学新闻》（Chemical News）这类杂志上发表。泰勒从澳大利亚给他写信，并给他提供了一份研究金和银的工作。不过他拒绝了——他正在成为一名钢铁问题专家，并且十分享受这个过程。

出于兴趣，每到周六，他都会去拜访冶金化学教授弗雷德·易博森（Fred Ibbotson）。易博森会给他一些金属样品，让他挑战在三十分钟、二十分钟甚至十分钟内确定其中某种特定元素的含量。还有什么比吹泡泡更有意思的体育运动吗？[1] 周日他会和亚瑟一同在实验室里消磨时光，分析更多的钢铁，让自己变得更熟练，这也是他们兄弟二人一辈子工作伙伴关系的开端。二十年后，他们合著了《钢锭与钢锭模具》（Ingots and Ingot Moulds），哈里自认为这是自己最优

---

[1] 作者此句意在调侃布里尔利之前有关吹泡泡的论文。

秀的作品。又过了两年，当他因在钢铁工业的突出贡献获得钢铁协会颁发的最高荣誉——贝塞麦金奖时，对哥哥的赞扬也是不遗余力。他的第六本书《炼钢师与铁丝卷》（*Steel-Makers and Knotted String*）的献词献给了亚瑟，书中称其为"玩伴、同学兼工友"，并认为哥哥是"比自己更优秀的工匠、研究员和实验家"。

1901 年，三十岁的哈里被凯瑟·埃里森公司（Kayser Ellison&Co.）聘用为化学家，负责跟进高速工具钢项目，这一产品是三年前伯利恒钢铁公司（Bethlehem Steel）的顾问弗雷德里克·温斯洛·泰勒（Frederick Winslow Taylor）发明的。由于一些生产问题的困扰，泰勒将眼光转移到制造飞机、船用铁板车床与加农炮的钢上。理想的冶炼温度仍然要靠颜色判断，而他发现钢在快要被加热到呈暗樱桃色时还非常坚硬，但一旦超过这个临界点，就会变得很脆弱。让他吃惊的是，如果继续加热，使钢锭呈现三文鱼般的黄色时，又会变得超级坚硬，以至于工艺师需要将切割工具速度调快 2 ~ 3 倍，刀片达到 1000℃，显现出红色。这个现象非常奇特，因此在 1900 年的巴黎博览会上，泰勒在暗箱中放置了一台巨大的车床，这样就可以清晰地看到红色的切割刀刃和蓝色的碎片流。

1902 年，哈里与易博森合著了他的第一本著作，书名为《钢铁加工材料的分析》（*The Analysis of Steel-Works Materials*）。同年，他与曾经的实验室合作伙伴科林·莫尔伍德（Colin Moorwood）共同成立了阿莫伽姆公司（Amalgams Co.）。他开发了一种奇特的黏土状材料，并将其销售给本地公司盈利。每个夜晚和周末，他都会和莫尔伍德一起研究新材料，还把家里的房间弄得一团糟。不到一年，他完成了第二本著作——《铀的化学分析》（*The Analytical Chemistry of Uranium*）。

商业上一帆风顺。转眼到了 1903 年，哈里的老东家托马斯·弗斯父子钢铁厂买下了位于俄罗斯第二大港口城市里加的一家炼钢厂。钢铁厂位于波罗的海海边，因而可以打开庞大的俄罗斯市场，而且还不用缴纳关税。在莫尔伍德的推荐下，哈里前去应聘该工厂的化学分析师。或许是因为他推荐的缘故，哥哥亚瑟·布里尔利也加入了该工厂，莫尔伍德则担任总经理。1904 年 1 月，当冬季快要结束时，哈里与莫尔伍德一同前去赴任。

工厂名为沙拉曼达钢铁厂，占地四十英亩，地形开阔，位于尤古拉河南岸，夹在两湖中间。厂区在城镇东北六英里的位置，装备简陋，没有燃气，水还需要用水桶运输。哈里每天都穿着厚厚的大衣和高帮胶靴以御此地的严寒，无论到哪里工作都要带上手炉。

更糟糕的是，这里没有熟练的炼钢工人，没有人懂得如何锤炼、退火或硬化。由于当时日俄战争还在进行，沙拉曼达钢铁厂与俄罗斯海军签约，为其供应穿甲弹。托马斯·弗斯父子钢铁厂派来一位名叫鲍内斯的英国人监管此项目，但他似乎无法胜任这份工作。在圣彼得堡进行实弹演练时，鲍内斯监管生产的穿甲弹一败涂地。根据哈里的记载，鲍内斯这位"硬化专家"如此解释他的大师级工艺：硬化的诀窍就在于"烧去杂质"。哈里随后被安排负责此事，被提升为热处理技师。

于是哈里和哥哥开始着手确定弹壳钢材可以被硬化但又不会损坏的温度范围，通过测试硬化钢中平滑裂痕的方式确定最佳温度。不过一个新问题产生了：厂区没有高温温度计，也没有其他快捷的测量方式。哈里认为他和哥哥可以用肉眼判断，不过他也知道，光靠他们二人不可能做好所有工作。

于是他们开始了"即兴创作"。哈里将很多物质混合，甚至还包括硬币，开发出三种盐基合金，可以在他们需要的温度范围内熔化。他将这些合金熔化后装入小趾粗的圆柱体和圆锥体中，并用棕色、绿色和蓝色的蜡刷涂。他将这种设计称为"前哨温度计"，因为只要将它们放置在熔炉内的陶瓷盘中，工人就可以很容易地判断是否熔化。首先，当棕色"前哨"熔化时，熔炉内的温度仅仅足够硬化钢材；如果绿色"前哨"也熔化了，那么温度就刚刚好；如果蓝色"前哨"熔化了，他们就会知道温度有些过高了，钢材会损坏。通过这些"前哨"，哈里制造出的硬弹壳通过了实弹演练，之后每一款产品也都如此，即便炼钢工人还都只是新手。

他的工作方式比较随意，大家在团队中可以互换角色，也能自由地抒发观点。团队里没有什么组织级别，也没有机械式的精确，更没有什么纸上谈兵的计划。莫尔伍德对这种状态很支持，也无意干预。在这样的管理下，哈里发现自己更喜欢新来的炼钢工人。他们不会因为过去的经验而产生偏见，也不会因为任何先入为主的看法而受到束缚。当时，他非常信任这些技能堪比谢菲尔德同伴的拉脱维亚农民。

他将前哨温度计的制作方法送回家乡，阿莫伽姆公司制造并销售了上千只。就在同一年，他升职为技术总监，并负责建设一座坩埚炉。他制定了一些计划，计划有些瑕疵，但坩埚炉却对了。他还负责销售高速工具钢，但他脱去商务西装并在炼钢炉旁工作的样子还是让很多顾客吃惊，虽说他像其他人一样，只是为了证明他的产品，但人们还是会问：这个哈里·布里尔利到底是谁？技术总监还是工匠？

哈里修长的面庞稚气未消，黑色的大眼睛跟鹰一样敏锐，所以看上去还像个十几岁的少年。他不留胡须，黑色的短发从中间分开，戴着一副眼镜，听力也非常好。此时他已经显现成熟个性了：做事从容，勇于献身；自信却不独裁，一点都不贪婪。他的收入不低，却保持节俭，粗茶淡饭，也不追求豪宅豪车，对政治没什么兴趣，天生不适合当公众人物，甚至形象和气质还不如销售人员。事实上，他几乎没有任何社交技能，比如应邀参加化装舞会时，很多人建议他享受这样的场合，但他完全不知道该怎么做。有一次参加派对时，他远远地站在一边，成了没有舞伴的"壁花"（wallflower）[1]，因为他完全不会讨好女孩。不过他的工作业绩确实一流。

炼钢工艺小史

1905 年，俄国爆发了革命。政治与文化的动荡并没有让布里尔利不安，实际上他也不会被社会主义过分排斥。（在英格兰时，他加入了国际劳动党。）不过罢工让钢铁生产停滞，这一点才是令他烦恼的原因。炼钢炉必须要不停运转或彻底停止，他不可能根据当局要求时开时停。

有一次，一场紧急的公共集会在工厂空旷的车间里召开，两千多人出席。会议开始前，革命者分配了弹药筒。不久后，铁匠领班就在自家的公寓外遭到谋杀。六名工人被指控入狱，工厂里人心惶惶，三名工程师逃离俄国，其中包括莫尔伍德。布里尔利接替他成为总经理，一当就是三年。他坐着莫尔伍德的椅子，用着莫尔伍德那马蹄形的办公桌，穿着莫尔伍德的工服，抽着莫尔伍德的雪茄。这也

---

[1] 在英语环境中，通常是指在舞会中没有人邀请的男生或女生。

是他所做过的最放纵的事了。

布里尔利接管期间，新的设备井然有序地运行着。他购买了显微镜、电流计以及热电偶，在地窖中拿热电偶当玩具玩了几周。地窖也成了周五晚上开例会的场所，只不过讨论的是钢铁而非革命。会议有时会持续通宵，直到次日早班时才休会。罢工期间，因为没有别的事情可做，地窖里的工人们就利用旧式的钟和饼干锡盒制作了一个温度记录仪。他们收集了不同温度下硬化后的钢片，将它们折断进行对比。他们欣赏着这些迷人的样品，在讨论中寻找矛盾，并为之讨论到深夜。

漫漫长冬，从英格兰到此地的补给被切断，他们被迫适应并进行创新，或使用替代材料。他们通过这种方式积累经验，而布里尔利原有的一些教条理论也逐渐被抛弃。

当布里尔利1907年回到英格兰时，他获得在布朗－弗斯研究实验室的职位，该实验室由生产战列舰的约翰·布朗公司（John Brown&Company）和生产装甲板的弗斯公司联合运营。作为研发总监，布里尔利被赋予充分自由，在赴任之前，他和老板达成共识：他可以叫停一切他不感兴趣的项目。更重要的是，考虑到布里尔利在阿莫伽姆的利益，他们也同意拆分新发现的所有权。

研究工作并非总是令人兴奋，多数时候都单调而没有进展。然而当其他人认为没希望的时候，布里尔利却依旧在坚持。他发现了一堆不合格的废弃火车轮，便采用在里加学到的技能对其进行硬化。最终这些轮子的质量远胜过那些被铁路公司认可的。

然而布里尔利也因为炼钢过程中的新变化感到头疼。科学正取代传统技艺，而他认为现代金相学过于关注硫和磷这些微量成分。

后来他这样写道："这些化学术语并不能确保最终论文的质量，就和列举原料目录并不能说明这道菜做得好不好吃是一个道理。"随后他又详细解释："通过显微镜看到的信息少得可怜，因为观察者的视角过于局限，遗漏了大量信息，而这些显然应该通过肉眼对其进行整体观看，并根据经验获得信息。"理论比经验吸引了更多关注，而布里尔利也开始怀念那些逝去的时光，那时人们可以看着钢锭裂痕，然后告诉你某种成分含量不超过 0.03%。他看到一些外行做出的预测，认为这些预测错误且毫无价值。"一位注定要成为冶金界所罗门的人，必定会遇到很多挑战。"他如此写道。最让他烦恼的是，新的炼钢技术不断发展，而精通传统炼钢技术的布里尔利——也许是最精通的一位——所服务的公司已不再是传统炼钢公司了。

自 1742 年本杰明·亨茨曼（Benjamin Huntsman）发明出坩埚工艺后，谢菲尔德的炼钢师就开始采用这种方法炼钢。他们将铁棒放在焦炭熔炉上方的黏土锅中熔化，倾倒后成为铁锭并铸模。

在此之前，唯一的炼钢技术粗糙而缓慢，成本也很高。这一技术被称之为"渗碳炼钢术"，需要将瑞典铸造的铁棒放在满是木炭的石坑中加热，直到其吸收足够的碳。（钢是碳含量在 0.1% ～ 2% 之间的铁。）这需要花费很长时间：加热几天的时间才能达到所需温度，然后煅烧整整一周，再放上几天进行冷却，三吨焦炭才能出产一吨钢材。用这种方法生产出的钢材被称为泡面钢，因为沉积的碳都裸露在表面，看上去就像一些泡泡。仅有的改进大概就是将这种钢多层叠放后再锻锤，成为剪切钢或双重剪切钢，但这需要更多的时间与人力。

与渗碳技术相比，精致又精确的坩埚工艺可谓是重大突破，生产出的钢具有统一的品质。不过它的速度慢，规模小，成本高，也需要很多人力。然而熔炉工、拉钢工、焦炭工、制锅工、转炉工、钳工等职业注定是要消失的。

随着贝塞麦新工艺的发明，坩埚工艺从 1855 年起开始消亡。通过将冷空气送入熔融铁的炉体中——炉体看上去就像一颗巨大的黑色鸡蛋或榴弹——炼钢师得以通过白热反应将碳和其他杂质烧掉。随后他们又加入一些碳，这就可以看到：原来需要一周的工作，他们二十分钟内就完成了，燃料却只需要原来的 1/6；同时，相比于过去的七十五磅来说，现在一次性可以生产十五吨。对于炼钢工厂而言，产量相当于提高了一两个数量级。

贝塞麦工艺的唯一缺点是，大多数铁矿石中的磷含量太高，最终产品较脆，会形成颗粒状的废料，也就是铁匠们所说的腐蚀。二十年后，威尔士年轻的化学家西德尼·吉尔克里斯特·托马斯（Sidney Gilchrist Thomas）开发出了一种让磷酸沉淀的工艺，也就是所谓的碱性工艺（basic process）。1883 年，英格兰东北海岸地区生产的钢材中，3/4 都是采用贝塞麦工艺；而到了 1907 年时，碱性工艺几乎已经取代了它。此时，卡尔·威廉·西门子（Carl Wilhelm Siemens）和皮埃尔·埃米尔·马丁（Pierre Emile Martin）想出一种方法，可以在转炉和平炉中将废气回收并加热铁块。这种工艺比贝塞麦工艺略慢，但炼出的钢却具有更优异的颗粒结构，冷却速度越慢，钢的耐久性越好。

木炭也在逐步被淘汰。气炉在 19 世纪 80 年代被发明出来，这是第一次威胁，而电炉在 20 世纪初被发明出来，随后便终结了木炭的命运。然而这种新的熔炉是在美国被广泛使用，而不是谢菲尔德。这座城市拒绝现代化，尽管新的电炉可以通过焚烧使杂质含量减少，让温度控制变得更容易，并且工厂也可以根据需要随时开工或停工。（里加的革命者们应该会强烈支持这一点。）

到了 1916 年，美国所生产的钢材中，超过一半是由电炉加工，次年达到了 66%，而到了 1930 年，这个比例更是超过了 99.5%。在英格兰，情况几乎相反：直到 1910 年，第一套电炉才被使用，而技术普及速度则相当缓慢，甚至后来还退步了，1930 年英格兰采用电炉生产的钢材尚不及 1917 年时的产量。

到 19 世纪末时，无论美国还是英格兰，只有 1%～2% 的钢材是由坩埚工艺生产的——不过绝对数量也不小了。英国每个月出口价值十万英镑的坩埚法钢材，主要用于设备机械，用其生产的刀刃品质优异，特别受到美国用户的青睐。然而就在英格兰的工厂拒绝革新的时候，弗斯公司没有故步自封。1908 年，弗斯公司开始使用气炉，并在 1911 年装了电炉。1916 年，该公司又新添了七台电炉，以确保生产第一次世界大战中所需的武器装甲。

布里尔利很快就成了"恐龙化石"。不过，作为弗斯的准自由分析师顾问，他的知识还是超过了其他很多同行。其他炼钢厂会将优异的钢材描述成正在生成"躯体"，会受坩埚型号、水源和铁矿产地的影响，所以优异的钢材很神秘，配方需要保密。（谢菲尔德有一种坩埚炼钢的配方中需要"四个白洋葱的汁"。）当一位名叫亨利·西博姆（Henry Seebohm）的炼钢师建议采用彩色标签标记出不同碳含量的钢材，谢菲尔德的炼钢厂都拒绝了，因为这样做太科学了，会让他们的神秘感消失。

在一本厚达 934 页的冶金术专著《矿物中的金属提取技术及各类工业用途的适用性》中，作者约翰·珀西（John Percy）概括了这种情况："炼钢技术仍然很不完美，或许技艺提高之后能够实现"，当时还是 1864 年。同一年，通过一台 400 倍的显微镜，亨利·克利夫顿·索比（Henry Clifton Sorby）观察了抛光金属块的结构，并确立了金相学的地位。二十年后，谢菲尔德技术学校正式提供冶金术培训课程；五十年后，情况并无多大的改变，唯独布里尔利被雇佣的地方是个例外。

布里尔利明白定性描述不过是虚假的错觉，只能在科学尚未发展的日子里留下痕迹。他开始借助科学和技能夺取失地，但也没有排斥经验。他订购了两台最原始的悬臂式凹口冲击强度测试仪，每台都有校准过的砝码，可以对铁匠的臂力进行定量测试。（这种机械如今仍然在使用。）然而他关注的并非身体，而是"克虏伯–康亥特现象"，那是镍铬合金缓慢冷却后的结果，容易在脆弱的晶体面形成裂痕。

布里尔利将自己视作钢铁的救世主和先知。他认为深度比广度更重要，关注细节，追求品质，却忽视了全局。在弗斯公司，他搞错了重点——弗斯公司关心的是规模、产值、利润和市场。

布里尔利很清楚，无论钢材的物理性质如何，一根硫含量为 0.035% 的钢轴与另一根硫含量 0.05% 的钢轴相比没什么区别。但他忘记了一点：有位经理曾告诉他，这一点的区别是每吨两英镑。这是一节商业课，也是一节政治课：钢材品质是否真的更好其实无所谓，只要人们觉得它更好，那么也就愿意为其支付更多钱。

但这种课程并没有让他吸取教训，如果有的话，那只能说现代钢铁市场的商业行为让他增加负担了。他后来很痛惜地说："当时那个时代就是，一个人在炼钢时，确定其应用方向后，应当告知客户如何物尽其用。当时代步伐越来越快时，他就只是炼钢，请另一个完全不懂炼钢的人，分析这个钢材适合用于哪些方面。接着，他需要第二个人，知道如何硬化和回火。再接着就是第三个人，既不会炼钢，也不会分析、硬化或者回火——但他需要在最后对其进行测试，贴上'OK'的标签，将其送到市场上。"这很像是一种羞辱。

对于布里尔利来说，这种进化更像是退化。没有人继续关心D.G.S，他觉得自己是行业中剩下的唯一用心炼钢的人。毫无疑问，他的专业技能非常到位，他的检索卡也不会说谎。1911 年，他写完第三本书《工具钢的热处理》(*The Heat Treatment of Tool Steel*)，并将其献给自己的雇主："献给托马斯·弗斯父子钢铁厂，自 1883 年至今，在这里将劳动和学习完美结合，作者在此表示诚挚的谢意。"但在后来的版本中，这段献词已被删去——恶语相向的征兆已经产生。

"不会生锈的钢"

1912 年 5 月，布里尔利南下一百三十英里，来到位于恩菲尔德的皇家小型武器厂，研究步枪枪管的锈蚀情况。他检查一番后，在6 月 4 日的笔记中写道："也许应当对不同低碳高铬钢的腐蚀情况做些实验了……"次年，他花了大多数时间研究铬含量在 6% ~ 15%的坩埚钢，但都没有结果。直到 1913 年 8 月 13 日，也许是为了赌气，他尝试了电炉。第一次投料效果并不好，而 8 月 20 日第二次投料(1008 号样品)的情况有所好转。钢材的配方是 12.8% 的铬、0.24%的碳、0.44% 的锰和 0.2% 的硅。他铸造了一块 3 平方英寸的钢锭，然后卷成一根直径 1.5 英寸的钢管。卷制过程很轻松，这样他就制成了 12 根枪管，并送到了工厂里。

但它们没有得到工厂的认可。

布里尔利注意到，从这些已经提交的金属上切割下的样品，有着非常有趣的性质。他后来回忆的时候说，因为和妻子的一次约会，他将一些样品彻夜忘在水里，但次日早上发现它们居然没有生锈。他将样品抛光后进行研究，采用硝酸的乙醇溶液进行蚀刻，在显微镜下观察。然而它并没有被腐蚀，或者说腐蚀得非常慢，与醋和柠檬汁的反应过程也基本如此。他对比了碳钢的抛光样品和铬钢的抛光样品，惊讶地发现前者在十二天后出现锈迹，而后者依旧保持着光亮。

布里尔利给他的老板发去了报告，然而大家都只关心武器，因而新的合金并未让任何人兴奋。布里尔利不愿放弃，又写了另一份报告递给布朗公司，着重强调金属不会生锈的特征。结果，他们的反应与弗斯公司如出一辙。他建议说，这种金属也许非常适用于餐具，而当时的餐具主要由碳钢或标准银制造。（前者会生锈，他当然很清楚；后者很昂贵，而且还会逐渐黯淡，实际上是其中 8% 的铜发生腐蚀所致。）然而这次他收到的回应甚至连不冷不热都算不上。

他依旧没有放弃。直到 1913 年底，他都没停止琢磨将新型合金应用于餐具的事。他首先想到餐具其实并不奇怪，当他还是孩子的时候，就帮母亲做过很多家务活，所以他知道清洗并干燥刀叉和勺子是一件多么辛苦的事。而且自 16 世纪起，谢菲尔德也是餐具工业的中心。于是，他将样品递交给两家谢菲尔德的餐具商——乔治·易博森（George Ibberson）和詹姆斯·迪克逊（James Dixon）。几个月后，他收到一份反馈报告：这种钢不能锻造、打磨、硬化或抛光，也不能保持锋利，对于餐具而言毫无用处。易博森在回信中写道："我们认为这种钢不适合作为餐具用钢"，餐具商们称布里尔利为"不能切的刀的发明人"。

布里尔利仍不放弃,他认为餐具商们搞错了,并且言语很不礼貌。他建议他的老板们销售热处理后的刀片,但被否决了;他又建议申请专利,又被否决了。一次次的尝试让他变得令人讨厌。

如今很难想象,但其实不会生锈的钢就是一种矛盾,就像是不会碎的玻璃、不会腐朽的木头、不会沉没的船,或者不会被杀死的人。铁和钢都会生锈,它们的本性就是这样,每个人在成长过程中都会对此有着充分认识,就像布里尔利后来所写:"钢铁生锈已经被大家所接受,就像重力一样,没什么疑问,这就是大家都知道的铁的天性。人们不知道它的拉伸强度,也不知道它的原子量,但都知道它会生锈。"

1914年6月,布里尔利与罗伯特·F.莫斯利餐具公司一位名叫欧内斯特·斯图尔特(Ernest Stuart)的经理接触,两人的耐心可谓旗鼓相当。布里尔利和斯图尔特曾经同校。斯图尔特对于不会生锈的钢是否存在表示怀疑,但他明白这种材料一定值得去尝试。当他在醋中测试样品后,谨慎地确认:"这种钢不会生锈。"斯图尔特是第一个称之为"不锈钢"的人。他带走了一小片样品,一周后又带回一些奶酪餐刀。他宣布这些刀不会生锈,但这些钢实在太硬,他那些磨刀工具全都因此哑火了。他咒骂一阵后,又再次尝试,这次做出的餐刀不仅非常硬,还非常脆。第三次试验时,布里尔利也应邀前往观摩,尽管他完全不懂刀具怎么制作,不过他清楚钢材硬化的温度,还帮助生产了十二把刀。

1914年10月2日,布里尔利确定除了餐具以外,这种新型的不锈钢还可以用于生产主轴、活塞、柱塞和阀门,于是又给他的老板们写了份报告。能在早期的这些发现者中脱颖而出，他凭借的大概就是近乎愚蠢的坚持。

　　同一年，詹姆斯·泰勒从澳大利亚回国，并搬去与布里尔利夫妇住了一年——毫无疑问，这也平息了布里尔利的大部分怒火。

　　此时，弗斯公司认识到，将布里尔利的不锈钢应用于排气阀能产生巨大的工业价值，还能作为 F.A.S.（Firth's Aeroplane Steel，即弗斯飞机特制钢）打入市场。1914 年，该公司生产了五十吨这种钢材，而接下来两年则生产了超过一千吨。布里尔利也购买了十八根钢材，总计支出 125 英镑，其中 6 英镑 15 先令 5 便士由阿莫伽姆公司支付。（这一行为如果发生在两年后就是非法的，英国政府规定，为了应对第一次世界大战，所有铬钢都必须用于军事目的。）他用这些钢材制作了刀具赠送给自己和斯图尔特的朋友，并告诉他们，如果接触食物后生锈了就退还回来。没有刀具被退还，斯图尔特知道他已经看到未来，几周后又订购了七吨钢材。

　　随着成功而来的是敌意，因为布里尔利的观念与弗斯公司背道而驰。弗斯将布里尔利除名，并以不锈钢发现者、发明者的姿态发布广告和海报，钢材的商标上也是如此标注。1915 年发布的一则广告是这样写的：

弗斯公司

"不锈钢"

可用于餐具等用途

永不生锈、永不污损、永不暗淡

—

由此钢材制作的刀具

完全不会被食物中的酸或醋酸影响

是每个家务劳动者的福音

也值得商业领袖拥有

—

购买不锈钢刀具时

请认准弗斯商标

—

刀具架的日常维护

以及清洗机

如今都已不再必需

发明人兼独家制造商

谢菲尔德市托马斯·弗斯父子公司

布里尔利对此多有怨言，他收到了一封满是挖苦的回信。不过他仍然坚持自己的态度。他告诉老板艾赛尔波特·沃斯滕霍姆（Ethelbert Wolstenholme），是他给弗斯公司创造了商业机会，并且早就达成共享所有发明的共识。但他同时也强调，弗斯公司这么做是错误的，迟早会付出代价。然而他被无视了，更别提和高层商谈解决之道了。出于愤怒与怀疑，他给老板写了一封措词严厉的信，由此得以和弗斯公司的三名董事磋商，但他们平静地告诉他，他在这个发明上毫无权利。几天后，也就是1914年12月27日，感觉被愚弄的他，禁不住愤懑以及更为强烈的伤心，同时是为了证明"工人远比老板更有智慧"，他选择了离职。

发明者之争

哈里·布里尔利当时并不知道，1913年8月20日，他在弗斯公司的电炉中铸造出来的并不是什么新东西，在这之前至少有十个人已经发现了类似材料，并且至少有六个人曾经描述过，甚至还有一个人非常合理地解释过。就在布里尔利研究期间，有人为之申请专利并尝试商业化，在英格兰、法国、德国、波兰、瑞典和美国，至少有二十位科学家在研究铬、镍及碳含量不同的合金钢。而法拉第早在将近一个世纪前就开始尝试了，所以布里尔利探索的并不是一片未知领域。他之所以被认为是不锈钢的发现者，很大程度上是因为幸运，而他之所以能成为不锈钢之父则主要因为他的坚持。

不锈钢和威士忌一样，是很多物质构成的混合物。一位名叫利昂·吉约特（Léon Guillet）的法国人在1904年就开发出了五种，却没有注意到它们的防腐蚀性能。1906年他又开发出了两种，同样没能注意到这一点。1908年，德国人菲利普·莫纳茨（Philip Monnartz）投入了更多精力，并在三年后发表论文描述他的合金，宣称在添加了铬之后，腐蚀现象急剧下降，并认为这种现象是钝化。一年后，德国钢铁公司克虏伯低调地提交了专利《高度防腐物品的加工方法》。该工厂有两名冶炼师自1908年起开始测试镍铬钢材，他们制造的一种合金直到现在仍是世界上使用最为普遍的。这种钢材最初叫作V2A合金，后来以"尼罗斯塔"（Nirosta）的商标名打入市场，到了1914年时其产量就以吨计了。但即便如此，也没能让克虏伯成为第一个进军不锈钢行业的厂家。

1908年，克虏伯公司老板的千金柏莎·克虏伯（Bertha Krupp）委托生产了一艘长达154英尺的钢架纵帆船，作为与波伦－哈尔巴赫伯爵（Count Bohlen und Halbach）结婚的嫁妆。她支付了相当于如今四百五十万美元的费用，奢侈地给这艘191吨的"日耳曼尼亚号"装上白松木甲板。帆船的桅杆用的是俄勒冈松木，船首斜桅长达二十六英尺。船帆也是当时最高端的，总面积达到1.5万平方尺，配有一间豪华的宴会厅。帆船的外壳则被漆成优雅的白色，由镍铬钢制造。

在这对夫妇驾驶着帆船结束蜜月旅行之后，来自英国的一个团队驾驶着这艘船在考兹（英国城市）赢得了1908年的"恺撒杯"帆船比赛，比第二名整整领先了十五分钟，并在怀特岛绕圈赛中创造了纪录，平均速度达到13.1节。之后，"日耳曼尼亚号"成了"恺撒杯"的常客，赢得一次又一次的奖杯，直到1915年10月28日在南安普顿，作为第一次世界大战首批战俘之一被虏获。英格兰人并不知道，这艘战利品上有好几吨新型不锈钢。而同时，布里尔利以自己名义申请的专利也获得授权。

早期的合金铁匠很难将他们的发现商业化。罗伯特·哈德菲尔德（Robert Hadfield）第一次将真正具有商业价值的合金生产出来，并称之为"哈德菲尔德锰钢"，但也是直到十年后才开始量产。1882年9月7日，他在实验室报告中描述了这种合金的特殊性能：很软，但也很有韧性，回火后会变得更软，韧性也更强；尽管含有80%的铁，却没有磁性。这让哈德菲尔德非常震惊，并写道："超强的韧性！即便用十六磅的力锤击，也很难将它破坏……太棒了，万岁！"这种钢不适合用于工具或马蹄，也不适用于火钳或车轮，哈德菲尔德在信中和他的美国客户打赌："这种材料用途十分广泛，但人们现在还不清楚，而发明家们又带有很多偏见。"十年后，他最终赢得了赌局，它是理想的铁轨材料。它的耐久性几乎可以达到碳钢的五十倍，并成为重机车铁轨的标准用钢。1884 年，哈德菲尔德又发现了一种硅钢，情况几乎与之前的一样。而这一次，他足足等了二十年才盼来商业上的应用。

商业成功需要科学与市场相结合，优秀的炼钢师不仅需要识别新型合金当下的价值，更需要判断潜在的应用方向。克虏伯公司的本诺·斯特劳斯（Benno Strauss）谈起他的不锈钢，就认为其可以用于管道、餐具、医用设备和镜子。他和布里尔利一样专注，而后者发现自己的不锈钢适用于主轴、活塞、柱塞和阀门。他也知道无法命名为 V2A 合金，因而改称"尼罗斯塔"，其余炼钢师也如此跟风。最初的合金都是用发现者的名字命名，比如哈德菲尔德锰钢、R. 穆希特特特钢（R.Mushet's Special Steel）、弗斯飞机特制钢，后来发现者们在命名时开始在商标中体现其最普遍的用途，如 Rezistal[1]、Neva-Stain[2]、Staybrite[3]、Nonesuch[4]、Enduro[5]、Nirosta[6]、Rusnorstain[7]。在命名自己发现的合金时，布里尔利还真是需要请教斯图尔特，后者命名的 F.A.S 显然胜过 D.G.S，听起来更奇妙，事实上也是如此。

布里尔利辞职后一个月，他发明不锈钢的消息传到了美国。在

---

[1] 词根出自 resist，即耐受腐蚀的，这种钢主要用于抗腐蚀领域。

[2] 即 never stain，即永不生锈的钢。

[3] Stay bright，即保持光亮的耐腐蚀钢。

[4] 意为无可匹敌。

[5] Endure 的变形，意为耐受力。

[6] 德语中 Nichtrostendestahl 的缩写，即不锈钢。

[7] Rust nor stain，意为不生锈、不生斑。

1915 年 1 月 31 日，《纽约时报》刊发了这一发现：

不会生锈的钢
谢菲尔德市发明了餐具专用钢

据谢菲尔德的市长约翰·M.萨维奇（John M. Savage）的消息，这座城市中的一家公司近日宣布发现了一种"不锈钢"，不会生锈、污损或失去光泽。据称，这种钢特别适用于制造餐具，原始的光泽在长期使用后仍能保持，即便是与酸性食物接触也是如此，用完只需简单清洗即可。

萨维奇在《商业报告》中写道："据称，这种钢可以保持锋利的边缘，与最好的双重剪切钢材相当，因为不生锈的性质是材料本身的特性，没有经过额外的处理。因此刀具可以放在一块'钢'上，或直接用一般的清洗机或磨刀石打理，就能重新变得锋利。据推测，它将可能是一些餐具大客户的福音，比如旅馆、蒸汽船和餐馆等。

"这种钢的价格是每磅二十六美分，大约是同类钢材的两倍。它的加工成本也更高，因此这种新发明的研发及实际应用的成本，估算下来是现在的两倍。不过，消费者因此节省的劳动力成本，完全可以在第一年内抵消其总成本的增加部分。"

这也是布里尔利被认为是不锈钢发明人的另一个原因：《纽约时报》的记者并没有阅读有关冶金贸易的杂志，根本不知道莫纳茨和斯特劳斯。

美国的第一块"布里尔利"不锈钢在三十一天后被铸造出来，并直接被送到了刀具加工商手中。

不久后，一位名叫约翰·梅达克斯（John Maddocks）的陌生人出现在布里尔利的门前。七十五岁的他来自伦敦，穿着讲究，他说自己看到了不锈钢的未来前景。他表示自己在申请专利方面很有经验，并许诺让布里尔利获得美国专利。不过布里尔利必须先确定赋予不锈钢特殊性能的化学配方的分量，也就是说他需要一间实验室，而弗斯公司已经不会提供帮助。

1915 年 3 月 29 日，布里尔利提出专利申请，但由于英国至少有七家公司在生产不锈钢，他的申请被驳回了。再次申请时，他特别提出，这是一种"明显提升餐具性能的新型钢材"，金属中含有 9% ~ 16% 的铬以及少于 0.7% 的碳。

这是布里尔利人生中非常繁忙的一段时光。5 月，他成为布朗贝利钢铁厂（Brown Bayley's Steelworks）的生产经理。同一年年底，这家从未成功销售过钢铁合金的公司，开始全力生产并销售飞机发动机的机轴。加入公司六个月后，布里尔利受邀成为公司董事。三年后他放弃续任，以便将更多精力放在比经营更有挑战的工作上，比如研究车轴、弹簧、方钢和曲轴。

1916 年 9 月 5 日，布里尔利的专利获得授权，专利号为 1197256。1917 年 7 月，他与弗斯公司达成和解，共同成立弗斯 – 布里尔利不锈钢联合经营公司。弗斯公司向布里尔利支付一万英镑和一半股权以用于共享专利权。此举获利甚丰，让弗斯公司安然度过了大萧条时期（大萧条时期是 1929 ~ 1933 年，而专利的保护期是十七年，布里尔利在 1916 年获得专利授权，收益期截至 1933 年）。布里尔利还进行了一点报复，要求所有使用这种合金的刀刃都要署上自己的名字，也就是弗斯 – 布里尔利不锈钢。

布里尔利将不锈钢商业化，离不开其努力与他人的帮助。他的一位商业伙伴说过的话非常恰当：布里尔利知道所有关于不锈钢的事，唯独不知道怎么去推广。他实际想说的是，布里尔利知道将不锈钢如何市场化之外的所有事。

1917 年 7 月底，埃尔伍德·海恩斯（Elwood Haynes）告诉布里尔利，让他不要太急功近利。海恩斯是印第安纳州科科莫的一名富商，在政治与公共事务上很活跃，胡子长得跟挡风玻璃似的。他经营着科科莫天然气公司，监督建造了美国第一条长输天然气主管道，设计了美国第一辆真正意义上的汽车，并成立公司进行销售；他还成立了司太立公司（Stellite），专门销售自己发明的合金，并且因此成为巨富。他也参与竞选美国参议员（作为禁酒主义者），并在几年后被选举为基督教青年会（YMCA）主席。海恩斯的目的并非销售不锈钢，他实在太忙了，但他追求这一发现的荣誉。

当十六岁的布里尔利还在学习代数时，海恩斯就已经在研究应用在餐具上的抗腐蚀合金了。而在布里尔利通过显微镜观察并一无所获前的一年多，他就已经用铬钢合金制作出凿子、机械零件和火花塞。此外，他比布里尔利早十七天提交专利申请，也就是说他的权利要求从法律上讲是优先的。美国专利局在 1917 年 7 月 31 日为海恩斯启动了抵触审查程序。

海恩斯的专利最终在 1919 年 4 月 1 日被确认，专利保护的铬含量在 8% ~ 60% 的钢材——范围大得惊人——然而这也没什么关系。相比于诉讼程序，弗斯 - 布里尔利不锈钢联合经营公司更倾向于跟海恩斯还有其他五家美国不锈钢公司（伯利恒、卡朋特、科鲁西伯、米德瓦尔和弗斯 - 施特林，最后一家是弗斯公司在匹兹堡的分公司）合作共享利益，而这是 1918 年发生的事。经过十五年的发展，尽管不锈钢的成本是碳钢的四倍，但商业上的发展还是如星火燎原。自 1923 年到 1933 年间，不锈钢在美国市场上的年均增长速度达到了 28%。

1920 年，当卢德伦钢铁公司（Ludlum Steel Co.）开始销售不锈钢时，美国公司提出了控告，法庭最终查封了卢德伦销售不锈钢餐具的利润。到了 1933 年，当美国罗斯特利斯钢铁公司（Rustless Iron Corp.）开始销售不锈钢时，美国公司再次提出控告，但这次法院却认为没有侵权。法院的裁定具有历史意义："数千次的实验和测试，以及多样化的成就，使钢铁冶炼成为一个高度发展的巨大领域。在该领域的任何方面，任何人都只有列举明确证据，证明某种发现或发明在此之前不存在，才能享有对此技术的独占权。"不同于《纽约时报》，法院知悉吉约特、莫纳茨、斯特劳斯等人，也感谢布里尔利证实了这一点。美国公司继续上诉，但被驳回。这一次，法院的陈词更为直白，其中说到，如果美国的不锈钢公司所拥有的专利，只是保护特殊类型的不锈钢餐具，而不是所有工业的不锈钢，那就太荒谬了。

没有人知道布里尔利是否觉得得到了维护，但他确实很乐意看到弗斯公司的贪婪被遏制的局面。

道成肉身，梦想成真

布里尔利最大的一次辩护，或者说是一次肯定——当然也是他事业的巅峰——在 1920 年的一个钢铁般灰暗的夜晚来临。这是个反常的春天：3 月反常地温和，4 月也反常地潮湿，沉闷的天气持续了好几天，而这是最后一个夜晚；次日，创纪录的冰雹就造访了这个阳光晴好的5月。这一天是5月6日，周四，布里尔利坐着马车前往伦敦，参加第51届钢铁协会年会。

会议前的晚宴在康诺特大楼举行，这是比邻科芬园的一座宫殿式建筑，位于威斯敏斯特区中央。这座大楼有五层，位于大本钟和国会大厦向北大约二十个街区，是这座城市中最显赫的楼宇之一。通过皇后大道的主路口后，布里尔利沿着彩色瓷砖铺设的步道，爬了二十级黄铜镶边的大理石台阶，两边是巨大的柱子，头顶则是奢华的吊灯。他继续通过门廊下的一道双开门，走进一间曾是火车站的大厅，头顶拱形的天花板足有四十英尺高。大厅里能坐下五百人，跟任何钢铁厂相比都很不一样。

晚宴进程与大多数会议相仿，尤其是各种细节。新的成员自我介绍，宣读前一年的年会报告，悼念前一年8月去世的钢铁巨头安德鲁·卡内基（Andrew Carnegie）。一位冶炼师在德国占领比利时期间丢失了奖章，于是大会给他的儿子颁发了新的复制品。最后，即将退休的协会主席向大家介绍了新主席，并宣布约翰·爱德华·斯特德（John Edward Stead）博士已经"通过化学试剂，使破解钢铁密码成为可能"。

在一阵欢呼之后，斯特德带来了当晚的大新闻。他宣布，国会已决定，授予布里尔利贝塞麦金奖，这是钢铁协会的最高荣誉，"他即便不是在钢铁世界中出生的，也是在那里成长的"。

贝塞麦金奖的颁发对象是"在钢铁工业中具有突出贡献的人"，尤其是在生产或应用方面做出变革的人。布里尔利对此渴望已久，因为其背后的意义非凡。艾萨克·贝尔（Isaac Bell）曾经建设了一家炼铁厂和全英第一家铝厂，并成立了钢铁协会，由此获得1874年的贝塞麦金奖。罗伯特·F.穆希特（Robert F. Mushet）经过一万次以上的实验，优化了贝塞麦工艺，并发明了重机车铁轨合金，直到被哈德菲尔德的产品替代，并发明出一种自硬化高速工具钢，在1876年获得此奖。弗雷德里克·阿贝尔（Frederick Abel）研究钢材中的碳含量、枪管腐蚀及爆炸的各种方式，在二十三年后赢得此奖。阿道夫·格雷钠（Adolphe Greiner）作为比利时最杰出钢铁公司的主管，在1913年获奖，后来在纳粹德国入侵期间，他被关入监狱，奖章也因此失踪。

斯特德高度评价了布里尔利，认为他写出了很棒的教科书，也是很多研究成果背后的思想来源。他说，他自己的工作与法拉第一脉相承，但直到布里尔利的新发现才宣告成功。

同时，他也欢迎布里尔利加入贝塞麦的获奖者行列，在他前面是数十位成就斐然的同行。

布里尔利向大会主席、委员会及在场会员致谢，在从斯特德博士手中接过奖章时，称之为意外的荣誉，并用颤抖的声音发表了以下演讲：

我的一生从未缺少良师益友，无论是曾经给予我鼓励还是批评的人，我都诚挚地表示感谢。事实上，我也说不清楚，我的成就究竟更应该归因于支持我的人，还是那些阻止我做某些事的人。在我参加工作的时候，我的哥哥早已是炼钢工人，而自1882年后，我们就再也没有分开过。我们赢得的每一份荣誉，都应当由两人共享。如果这块贝塞麦奖章也能一分为二，我会毫不犹豫将其中一半送给他。从来没有人像我这样拥有一位如此出色的同事，一位严格的评委，同时也是一位善良的朋友。对于那些能够带领实验室成功进行工业研究的人而言，其他人的无私帮忙必不可少。直到现在，很多关于钢铁的问题仍然不能被精确描述，而那些研究并解决这些问题的人，必定拥有最丰富的经验，也许就是某个在一线夜以继日工作的铁匠。对于研究人员而言，最大的成功莫过于激发这些工人的兴趣，并使他们成为自己的科研联盟。对工作的热情，对新发现的渴望，这些都不应当成为白领们的专利。今天，借着钢铁协会颁发的这项至高荣誉，我也得以自豪地承认，是我的诸多朋友成就了我——他们都有着一双粗糙的大手和一张黝黑的面孔，他们都整日在锻冶车间劳作。

毫不意外，这是当晚最深情的一段演说，而且也是最有趣的，因为如果现场有人知道如何将一块奖章切成两半，那只会是布里尔利本人。

随后，斯特德博士宣读了一份长长的报告，内容涉及高炉、搅炼工艺、铸造工厂、贝塞麦与平炉炼钢工艺、电炉、精炼钢锭、冶铁工业中的科学应用，以及金相学的出现与发展等。

这次大会没有留下任何现场照片，这是典型的技师作风，而大会留存下的唯一影像资料，是那些发表在杂志上的合金微观结构、炼钢炉图解、温度相对于颗粒尺寸的函数图……

1925 年，布里尔利退休了。此前一年，他在弗斯公司的继任者威廉·哈特费尔德（William Hatfield）发明了 304 型不锈钢，也就是后来世界上最流行的一种合金。但他依旧坚持工作，甚至比过去更加忙碌。他与布朗·贝利（Brown Bayley）实验室首席科学家 J.H.G. 莫尼佩尼（J.H.G. Monypenny）共同完成了《不会生锈的钢铁》

（ *Stainless Iron and Steel*）一书，并在 1926 年正式出版，这也是全世界第一本不锈钢领域的英文著作。

退休后两年，弗斯 – 布里尔利联合经营公司未经布里尔利允许，擅自删去了"布里尔利"这个名字。这一行为彻底激怒了他，让他掀起一场阶级斗争。布里尔利在撰写回忆录时，对这段苦涩时期依然记忆犹新，但也让他有机会向世界展现钢铁以外的思想。他认为车间主任的住所不应当在工厂半英里以外；他认为世袭制度应当被废除，乏味的工作也没有理由传承；他因草根阶层受到迫害而忿忿不平。受够了被玩弄的经历，他开始幻想精英统治。

他指出，工人有四种类型，而财富也分四个梯次：

工人

1、有热情，也有能力

2、聪明勤勉，但没有上升空间

3、拥有巨大潜力的年轻人

4、半睡半醒、半明半盲

财富

1、贫穷，靠运气活着

2、贫穷，靠意愿活着

3、富有，靠运气活着

4、富有，靠意愿活着

他认为我们首先应当摆脱厄运，尊重圣人和哲人，选择与智者（他自己就属于这一类）为伍，最后还应当鄙视那些奸商。不过，如何实现这一切，他却没有提及——他已不是 1905 年在里加的那个布里尔利了。

他建议钢铁企业主们买下一座位于瑞典的废弃铁厂，并将其改造成培养冶铁行业"明日之星"的学校。学生在这里不需要课程表，而是实行倒班制，学校也是每周 7 天、每天 24 小时不停课。在这里，学生可以销售他们自己生产的钢材，钢材品质决定他们的成绩，而老师们则是来自五湖四海的行业专家。

1941 年，他成立了福来阁信托基金（Freshgate Trust Foundation），并赞助了很多支持社会、教育、医学、艺术、历史和休闲事业的组织。布里尔利希望他所做的一切，能够帮助"跛足的狗过台阶"。然而，很多时候，他似乎更像一位浪漫的理想主义者，如同安·兰德（Ayn Rand）[1] 和布朗博士（Dr. Bronner）[2] 的结合体。他的思想和他炼的钢一样，更像是内心油然而生，而不是在大脑中产生。他追求品质与平等，却不知道如何去实现。

理想终究只是理想。布里尔利对儿子的教育变革算是他最有力的一次行动，然而最终还是屈服了。他曾拒绝将儿子送到学校，认为教育应当也是可以选择的，而不是只能强制推行，并且认为学校的教育体系就是"将知识塞进正在发育的头脑中，泯灭孩子的天性"，把孩子们都教成了学舌的鹦鹉。他跟学校董事会的很多成员都说过，他不会把儿子送到学校，因为他希望儿子成为一位真正的有识之士；而大众教育体制下的"成品"不过是些"只懂得服从，却

---

[1] 俄裔美籍小说家、哲学家、剧作家，其畅销小说《阿特拉斯耸耸肩》（*Atlas Shrugged*）对美国社会产生重大影响，而她本人也因宣扬理性利己主义闻名于世。

[2] 德国肥皂制造商，布朗博士的父母在纳粹屠杀犹太人期间丧生，后来向大众宣传自己对宗教的不满，并在演讲时赠送每位听众一块肥皂，后专注于肥皂生产。

不会创新"的人。校董事会提出，他的儿子必须定期参加测试。但他诘问这些测试的意义何在，并拒绝妥协。这段争吵似乎注定要引来警察调解。就在此时，布里尔利被派往里加，并渐渐变得温和。

布里尔利晚年的兴趣爱好只有打保龄球、抽陀螺、收藏石头以及玩弹球。他和孩子们一起玩弹球，因为赢得太多而不好意思，就会无条件地还给他们，但那也只是为了再赢回来。他从不停止前进的步伐。他曾尝试过从事园艺工作，却无法记住各种作物的名字，即便贴上标签也无济于事。最后他放弃了，转而选择一些放松身心的活动，比如读起了惠特曼和萧伯纳的作品，最后是莎士比亚的。他还听起了韩德尔（Handel）[1] 的曲子，并开始撰写自传，以及一本最终未能出版的儿童读物——《小铁匠的故事》（*The Story of Ironie*）。

实际上，他还做过一件颇有象征意义的事。在他五十八岁享受人生第一次休假之前（离开里加后，他曾去纽约当法庭的证人，并到过柏林参加应用化学方面的会议），他将自己所有的检索卡和上百本书收集起来，付之一炬。或许，这是他向不久前离世的导师——詹姆斯·泰勒致敬的最佳仪式；又或许，这是因为他厌恶了不锈钢发明权归属问题的漫长诉讼，用这种极端的方式表达愤懑。当然，更可能的是，在钢铁冶炼技术日新月异的这个时代，他觉得这些知识已经失去了价值。

他把进行阶级斗争演变成一种偏执行为。就在 1931 年的最后一天，他给谢菲尔德的卡特勒公司（Cutler's Company）寄去一封密信，并交代不到 1960 年不能拆开。里面写的是他对于不锈钢历史的理解，并暗示有些丑恶的内幕他只有等到自己或其他人不会因此受伤时才

---

[1] 英籍德国作曲家。

能揭露。然而，他的这次告密也没有掀起什么风浪，所揭示的内容主要也是人事斗争，跟冶金的关系倒不大。

次年，布里尔利开始考虑青史留名的问题。索尔比的名字通过一项小额的年度纪念奖（十二英镑）而存续，于是布里尔利也打算用同样的方式纪念詹姆斯·泰勒。他用泰勒的名字创立了一项同样金额的双年奖，由谢菲尔德冶金协会发放，用以奖励观点最独特或最有价值的冶金学论文。

他的儿子里奥以及哥哥亚瑟都是在1946年去世，也就是先他两年。金属不生锈也许能够实现，但仍然做不到永远存在。哈里·布里尔利在"二战"胜利后三年离世，这大概也意味着，他希望看到自己创造出的合金能够打赢另一场残酷的世界大战。他锻造出的钢具有惊人的破坏力，对此他没有评论；他曾像一名地道的军火承包商那样为战争服务——他曾改进过穿甲弹壳、战列舰、装甲板、枪管、战斗机曲轴——但他什么也没说。而在他的自传中，除了钢铁，他也没怎么提及他的妻儿，或是什么有趣的事。这位叛逆者就跟钢铁一样冰冷。

像对待其他成员一样，钢铁协会记载了他去世的相关信息。在1948年8月卷中，有这么一段：

委员会沉重悼念：

哈里·布里尔利先生，于1948年7月14日在托尔坎与世长辞，享年七十七岁。

讣告由J.H.G. 莫尼佩尼撰写，也就是和他一起撰写不锈钢著作的那位作家，全文仅有一栏多一点。在这则讣告前面，则是两页会议通知，以及科学顾问委员会、进修课程和学生交换项目的信息。

他写道："随着哈里·布里尔利的离去，钢铁制造工业失去了一位巨匠。"莫尼佩尼回忆，作为学生的布里尔利聪明伶俐，作为研究员的布里尔利敏锐聪慧，"文章写得也是行云流水"。他继续写道："终其一生，他都是一位特立独行者，自认对技术或科研委员会没什么贡献……他对传统主义没有好感，还时常在作品中进行抨击。在他最后一部著作中……他一如既往地用他的方式，抨击了他特别不喜欢的一些冶金学传统观点……"接着，他又巧妙地写道："作为一个善良的人，他也会给那些他认为需要帮忙的人带去关怀。"言下之意是说，布里尔利在大多数时间里都是一副固执己见、桀骜不驯的倔脾气。

不过，这一卷会刊的索引足以让布里尔利感到自豪，涉及不锈钢的索引有多达三十七条，其中有：电弧焊、光亮退火、离心浇铸、特性、分级、冷轧、调节、切割、除锈、拉制和压缩、延展、铸造、钝化、浇注、性能、自动焊接和电焊等，其中还有一条布里尔利也许会大加赞赏的索引："在美国的应用"。布里尔利的事业并未终止，反而更加繁荣。

布里尔利回忆录中有一段话，也许最能表达他的愿望：

手上的技能决定了视野的广度。建设一栋空中楼阁，先要确认通过现有材料技术可以实现的可能性，哪怕只是可能性的边界；或者说，如果有哪个环节所需的材料超出了当下实际情况，那么计划就要等到其他梦想实现后再去实施。如果整个计划奏效，那么想象中的无数种可能，便会化成一股灵感，又集成一道指令，最后成为现实。梦想成真，道成肉身。这是全人类都可以共享、共用、共同开发的财富，新的梦想也会借着它铺就的阶梯诞生。

4

当锈蚀入侵易拉罐
Coating the Can

想要设计出一款完美的饮料瓶，你不希望出现的性能大概和你希望具备的性能一样重要。你不希望容器的味道扩散到饮料中，但你又希望它便宜；你不希望它太重，却又希望它经久耐用，还能堆叠。当然，你一定也不希望这个容器爆炸，尽管发生的概率很低。从这个角度而言，铝制易拉罐远胜于玻璃瓶。

1911 年，家住乔治亚州罗马市的萨姆·佩恩（Sam Payne）因为可口可乐包装瓶的爆炸而失去一只眼睛，法院认定这是玻璃瓶制造商的责任。从那之后，玻璃瓶爆炸事故的潜在受害者涵盖了从婴儿到家庭妇女在内的每一个人。最大的受害群体是餐厅女服务员与杂货店顾客，她们不时地被这些玻璃瓶伤到手脚。至少有一名受害者因此承受着严重的跟腱伤痛，不过更常见也更可怕的还是眼部受伤，至少已经曝光的诉讼案是这样的———一只玻璃瓶爆炸的碎片足以将眼球击飞。而要认定饮料瓶公司在此类事件中应付的责任，甚至无需请法学博士协助。

饮料瓶爆炸后，里面的液体自然会喷得到处都是，而它们原本可能是苏打水、啤酒、香槟、巴黎水（Perrier）[1]、石榴汁、牛奶……爆炸的地点也多种多样：酒吧、餐馆、五金店、药店、饮料店等。一波未平，一波又起，西夫韦超市也未能幸免[2]。但这并非单一事件，爆炸还可能发生在停车场、汽车、厨房、车库，甚至寝室。爆炸可能发生在你回家的路上，又或者是你野餐期间。当你将饮料放入冰箱时，当你将饮料放入储藏室时，当你将饮料从冰箱中取出时，甚

---

[1]　法国的一种发泡矿泉水。

[2]　此处为双关，西夫韦是美国著名的连锁超市品牌，英文名 Safeway，直译为"安全之路"，因此，这家店发生爆炸事故就颇有讽刺意味了。

至当你什么都没做的时候，爆炸都有可能发生。运输的时候可能会出现意外，放上一个月之后也未必能幸免。有一起案子听上去就如同詹姆斯·邦德电影里的情节：酒店服务员给客人递过去一瓶苏打水，谁料对方刚接到手上就爆炸了。还有一个例子听上去跟《洋葱》[1] 报道过的新闻很相似：因为爆炸，百事公司的一名雇员瞎了一只眼睛。爆炸的瓶子发出的声响如同一声枪响，或是灯泡落地，或是爆竹爆炸——受害者们常常如此描述他们听到的声音。

闹到法庭的类似案件至少有一百三十起。一名原告声称，每年发生在碳酸饮料工业中的包装瓶爆炸事件不少于一万起。根据1961年的法庭记录，装满可口可乐的高压玻璃瓶爆炸的危险系数极高。玻璃瓶制造商则想方设法去证明，这些爆炸的瓶子在爆炸之前曾经被摔过、踢过、砸过、掉落过、加热过、碾压过、在夏季的货车车厢中随意乱滚过，又或者是幻想这些引起纠纷的液体正平静地放在在竞争对手的仓库里。

但这些液体并不平静。2008年7月9日，加利福尼亚布莱斯的琳达·莱恩（Lynda Ryan）在打开一罐无糖百事可乐时发生爆炸，导致左眼失明。当天气温高达43℃，差点就破了历史纪录，就连晚上也基本维持在32℃以上。发生意外的无糖可乐已经在莱恩车子后备厢的小冰箱里放了几天，当时车里的温度估计都要接近太阳表面了。百事可乐方当然会说他们的铝制易拉罐即便谈不上完美，在这样的条件下也是十分安全的。最终，莱恩选择了庭外和解。

其他的一些易拉罐爆炸事故虽然没有闹上法庭，但也被收录在

---

[1] 美国一家提供讽刺新闻的组织。

消费者产品安全委员会的手册中，摘录几条如下：

伊利诺伊州乌尔班纳：因冰箱中苏打水饮料罐爆炸，消费者的拇指被割伤。

不明地址：苏打水饮料罐在消费者手中爆炸，所幸无大碍。

新泽西州沃尔德威克：因冰箱中啤酒罐爆炸，消费者手掌被割破。

北卡罗来纳州西布伦：冰箱上部两罐苏打水爆炸，无人受伤。

不明地址：啤酒罐放入冰箱时发生爆炸，消费者的鼻子被割伤。

新泽西州雷德班克：冰箱内部的三罐苏打水爆炸，无人受伤。

不明地址：在一辆正在行驶的小型货车里，一名十二岁儿童手中的苏打水饮料爆炸，孩子无碍，但导致货车撞到了护栏。

饮料都是电池酸液

发生了这些事故之后，世界最大的易拉罐制造商生产的铝罐便增加了"防爆"的特性：让罐体不再破裂，伤害你的眼睛。

设计出完美的易拉罐还需要考虑一点：外来异物进入罐体内部的可能性。从这方面而言，铝罐的表现不如玻璃瓶。两片式易拉罐的压制工序、饮料灌装工序以及最终的密封工序都可能让外来异物进入罐内。这些外来异物也许是豆子、花生、灰尘或松针这类小物件，也有可能是灯泡、电铃、发夹、订书钉、大头针、安全别针、火柴、胶片、5号电池等。这些物品曾在饮料中被发现过，并引起责任纠纷。

跟玻璃瓶爆炸一样，这些事件也有很多闹上了法庭。有时，涉案的异物还包括烟头、香烟、避孕套、卫生棉或者绷带。在一起案子中，同一罐饮料里就发现了一根雪茄和一只昆虫。更多的案子里，易拉罐里发现的是金属碎屑或铁锈。在原告获胜的案子中，这些异物各式各样：蚂蚁、蜜蜂、蜈蚣、蟑螂、苍蝇、蛴螬、蛆、蛀虫、蠕虫、蛀蠓、小黄蜂、蜂巢、黑寡妇蜘蛛以及蛇。

在饮料中，原告们还发现过蟑螂卵、"部分腐烂的蠕虫或茧"、昆虫幼虫、被霉菌覆盖的苍蝇、腐烂的老鼠、老鼠骨架、"毛发脱落的老鼠"、腐烂的肉、"不明来源的血管"。根据法院的庭审记录，含有死老鼠的案子就有三十多起。有的原告因此吐血或便血，有的因此患上溃疡或痢疾。很多人因此连续病了几周，或是觉得自己"病得快要死了"，很多人不得不住院治疗。其中有一人做了胃部手术，还有一人在五周内瘦了三十磅。事故发生后，大多数人都再也不喝苏打水，不管是不是换了安全的包装。

很难说这些案子中有多少是合理、合法索赔的。其中有桩案子，当事人是一位名叫罗纳德·波尔（Ronald Ball）的伊利诺伊人。波尔先生宣称，2008 年 11 月 10 日，他从圣路易斯市郊的一台自动售货机上买了一罐"激浪"（Mountain Dew），打开后抿了一小口就吐了。他将剩下的饮料倒入塑料杯中，发现其中有一只死老鼠。他拨打了罐体上提供的电话号码投诉，并遵照要求将老鼠与剩下的"激浪"一同寄到该饮料的生产企业——百事公司。

根据罐体上的序列号，百事公司确认涉事饮料是在波尔先生开罐前七十四天封装的。为了鉴定这只老鼠，百事公司将它放回"激浪"中，用玻璃罐封好后寄给了盐湖城一位名叫劳伦斯·麦克吉尔（Lawrence McGill）的兽医病理学家。麦克吉尔有过数千例验尸经验，对于老鼠及其他动物的"酸液反应"了如指掌。他收到玻璃罐后将其打开，用福尔马林液浸泡这只老鼠，使其停止腐烂。次日，他开始解剖这只老鼠，寻找有价值的线索。在老鼠的腿部和头部，他发现了骨骼；在老鼠尚未破裂的腹腔中，他解剖出了肝、肠和胃；在老鼠的肺部中，他发现了软骨细胞——这些说明老鼠泡在"激浪"中的时间不会超过一周。由于无法切开老鼠的眼睑，他只能推测称这只老鼠还很小，顶多只有四周大。至于"激浪"的 pH 值，检测结果为 3.4。根据这些无可辩驳的证据，麦克吉尔得出了一个非常直观的结论：在这罐饮料封装之时，老鼠不在其中。也就是说，它在"激浪"中浸泡的时间不超过一周，更不要说七十四天了。2010 年 4 月 8 日，这位病理学家提交了一份署名证词。

三周后，波尔先生再次提起诉讼，认为被解剖后的老鼠（已寄还给他）已经不能用于做进一步测试，并索赔 32.5 万美元。百事公司方的律师援引麦克吉尔的结论辩护，如果波尔先生所说属实，老鼠是在饮料中发现的，那么以"激浪"的腐蚀性，七十四天的时间足以将一只老鼠化成"果冻状物质"，不可能留下清晰可辨的尸体。据此，法官驳回了原告。波尔先生不服判决，继续上诉，但索赔金额降至五万美元，法官又一次驳回。在案件彻底完结之前，这桩奇闻轶事通过美国的各大媒体竞相传播。在《大西洋月刊》的博客上，埃里克·兰德尔（Eric Randall）很好地总结了此事。他写道："（百事公司）赢了一场战斗，却输掉了整场战争。现在舆论的焦点已经转向讨论百事产品的实质——原来竟是一罐黄绿色的电池酸液。"

所以说，要设计出一款完美的易拉罐，其关键问题在于：要么是容器自身难以匹配，要么是饮料给包装过程带来困难。当然，这两个问题同时存在也是有可能的。

就铝制易拉罐而言，上述两个困难都存在，而且还有其他问题。美国最大的易拉罐生产商在澳大利亚的戴林阿普开采铝矿石，在伊利诺伊州的埃文斯维尔冶炼，在科罗拉多州的戈尔登制造，通过精确的锻造工艺小心翼翼地生产出 12 盎司规格的易拉罐。生产机器在此过程中可能会被堵住，并导致一系列灾难事故：易拉罐可能会出现拉伸、起皱、破裂、坍塌、打褶、弯曲或是起砂眼等情况。即便生产出来的易拉罐很正常，也并非万事大吉，因为它们未必能够保护装在其中的啤酒、苏打水、能量饮料等产品，罐体会跟饮料发生反应，并改变其风味。

更糟糕的是，易拉罐似乎总能找到"泄愤"的方式。除了爆炸以外，它还会泄漏，或者发生腐蚀：从内而外、从上往下，或是从下及上，都有可能。锈蚀是易拉罐的头号杀手。生产性能安全可靠的铝罐其实是份颇具挑战性的工作，需要经过大量研究和设计，并借助精密的机械加工，所以很多人都认为易拉罐是世界上最有设计感的产品。普通铝罐其实是件不可思议的工艺品，这一概念是我在"易拉罐学校"学到的第一件事。

我在"易拉罐学校"学到的第二件事，是所有的工艺操作都是为了延缓铝材的锈蚀，并将其驯服以避免成为所谓的"定时炸弹"——不止一名易拉罐生产工人用了这个比喻。与防腐有关的工艺都非常敏感，并且都是在秘密中进行的，所以要想被"易拉罐学校"踹出校门，最直接的方式就是多打听这方面的事。

"易拉罐学校"是由美国最大的铝罐制造商创办的。2011 年的春季，铝罐制造商全公司的工程师、化学家和经理们聚集在此，讨论"提高倾倒速度"、"二次封装"和相关经验长达三天。不过，他们并不会把常规的 12 盎司规格的易拉罐称作"易拉罐"，而是用 202 替代。他们当中大多数人都用手机皮套，还有不少留着小胡子。有人把易拉罐比喻成"阳光"，还有人讨论着"公演"，当然这不是在说歌剧。近六十名参会者从（墨西哥）喜力公司（Heineken）、米勒康胜（MillerCoors）、雀巢（Nestlé）、蓝带（Pabst）等公司赶到丹佛市北部，在一间半圆形的会议室里，围坐在四张长方形会议桌旁聆听。

第一天——就在我差点被扫地出门之前——我的右边坐了三位来自百事公司的女士，说起话来是一口地道的纽约腔。而在我左边坐着的是一位来自安海斯–布希公司（Anheuser-Busch）的男士，他告诉我，每年他都要花十五亿美元在伦敦金属交易所做套期保值。在他左边的那位来自美国奶农公司，我听到他们谈起美国人喝牛奶的一些习惯。我的前方有两位可口可乐公司的代表，后面则他们的三位同事。有位与会者穿了件 T 恤，上面印有"易拉罐独奏"（Can Solo）[1] 的口号。还有一位递给我一张名片，上面印有六罐装啤酒，而他的口号是"易拉罐密语"（Can Whisperer）。

会议室的屏幕上有几个显眼的大字，写着此次会议的主题："吃·喝·想"。房间左侧是一张桌子，上面摆满了各种品牌的罐头食品，从科瑞（Crisco）到柏亚迪厨师（Chef Boyardee），一应俱全；而房间右侧的易拉罐则装着各种饮料：莫尔森（Molson）、拉巴特（Labatt）、福斯特（Foster's）、蓝带。我的座位上有一个黑色的文件夹以及两张介绍易拉罐生产过程的海报，不过没有什么跟锈蚀有关的内容。前方的屏幕旁有张演讲台，左侧插着美国国旗，右侧插着波尔公司（Ball Corporation）标志性的淡蓝色旗帜。

如果你经常喝啤酒、苏打水、果汁、纯净水、运动饮料、咖啡、

---

[1]　此处为双关，字面意思为"我可以享受孤独"。

牛奶等饮料，或是曾经用玻璃坛子保存过水果和蔬菜，想必对波尔公司的名字不会陌生，不信你就去罐装啤酒瓶上找找看。波尔的商标有一条下划线，草体的"Ball"斜向上方，它也许很小，但不容易被忽略。在蓝带啤酒的易拉罐上，位于边缘下方大约一英寸的位置，也就是条形码和最迟销售日期上方，同时也是"可能导致健康问题"这句官方提醒的右边。

不过，不是每只易拉罐上都有这种标志，这取决于食品饮料生产商是否愿意将波尔公司的商标印在上面。比如，你可以在这些产品上找到它：米勒淡啤（Miller Lite）、斯特罗（Stroh's）、喜力、喜力滋（Schlitz）、米勒海雷夫（Miller High Life）、特卡特（Tecate）、科特45（Colt 45）、蓝月亮（Blue Moon）、蜂蜜棕（Honey Brown）、时代（Stella Artois）、胡椒博士（Dr. Pepper）、激浪、百事、可口可乐、玉泉（Schweppes）、易醉（Izze）、星巴克，但在怪物能量（Monster Energy）、百威或百威淡啤这些饮料罐子上就找不到了。

波尔公司每年开办一次"易拉罐学校"，已经持续了二十五年，但真正毕业的从业人员不到一千人，只归因于这门课程很难就有些太轻描淡写了。全世界的人们每年大约消费1800亿只铝制易拉罐，相当于地球上每人每年会喝掉二十四罐饮料。美国和加拿大的消费占到其中一半以上，大约一千亿只，其中1/3由波尔公司生产，剩下的大部分由另外两家公司生产。波尔公司拥有悠久的食品包装生产史，并在欧洲运营着十三家易拉罐生产工厂，在中国和巴西各有五家。此外，该公司还在美国拥有十四家钢合金罐头工厂，另有一家在加拿大。为了生产各类包装罐，波尔公司雇用了约1.4万名员工，美国地区的工厂占地总面积接近六百万平方英尺。在中国，波尔是第三大制造商，在欧洲则是第二大，在美国则是不折不扣的巨头。放眼全世界，波尔公司生产的易拉罐大约占到世界易拉罐总量的 1/4。

20 世纪 80 年代，当波尔正式进军易拉罐市场时，它的市值就已经超过杜邦和美国运通，紧随埃克森美孚（ExxonMobil）之后。自 1994 年波尔首次在易拉罐行业盈利达到十亿美元起，它的综合年增长率都超过了 12%。2002 年，波尔公司斥资 11.8 亿美元收购了施玛巴赫－路贝卡股份公司（Schmalbach-Lubeca AG），一举成为全球最大的易拉罐生产商。2009 年，这家《财富》世界 500 强企业花费超过五亿美元，在美国建了四家工厂，分别位于乔治亚州、俄亥俄州、佛罗里达州和威斯康星州，市场占有率达到了 40%。同一年，波尔公司的铝制易拉罐销售额达到了四十六亿美元，利润三亿美元。波尔公司也生产卫星，但这不是主要的收入来源，真正的业务支柱还是易拉罐，每只价值十美分。只要每年卖掉四百亿只易拉罐（每只盈利为 2/3 美分），就能超越道琼斯工业和标准普尔上市企业。但这可不是件容易的事。

内涂膜——易拉罐的防锈救星？

由于锈蚀的问题，工程师们花费了 125 年研究如何修补钢合金罐头盒，其次才是考虑如何将啤酒灌进去；他们花了 25 年才认识到铝是易拉罐最好的原料，后又花了 10 年才制造出适合装可乐的易拉罐。但它装的可不是一罐简单的可乐，而是锈蚀引发的一场噩梦。磷酸的存在可以让可乐的 pH 值达到 2.75，盐和色素又加剧了腐蚀效应。这样的配方是在 90psi 压力下进行混合的，最终却由不足一毫米的铝片来承受。灌装好的可乐也许会被存放几周、几个月甚至几年，通常是在潮湿的冰箱，或是阴湿的储藏室，或是闷热的车厢，又或者是令人窒息的仓库。从技术层面来讲，易拉罐不发生锈蚀简直就是奇迹，而每年数以千亿的生产量更是令人不可思议——失败率大约为 0.002%。但可乐只是一个开始，近半个世纪以来，我们又在易拉罐中喝到了腐蚀性更强的饮料：圣培露（San Pellegrino）、V8、激浪等，而易拉罐却变得越来越薄，越来越精致。

保护这层铝不被腐蚀的是一层看不见的塑料膜。这是大量研究工作的结晶，业内人士将其称为内涂膜，简写为 IC。这种塑料必须具备高强度，又要有弹性，黏度、稳定性与粘稠度这些流变参数也要恰到好处。这层环氧树脂薄膜不过几微米厚，但缺了它，一罐可乐不用三天就能蚀透罐体。我们的胃固然要比铝强多了，但其他部位就不一定了。这就是食品包装工业拒绝谈论腐蚀问题以及我差点被轰出"易拉罐学校"的原因。

在给易拉罐内部上涂层之前，波尔公司首先需要知道它准备装什么饮料。不管怎么说，环氧树脂不是免费赠送的，在每只易拉罐的成本中，它占 0.5 美分，所以波尔可不想浪费。当然，也有些饮料的腐蚀性过于强烈，没有足够的涂层根本保护不了。波尔公司不会在全世界随意销售他们的产品，以免被用来封装腐蚀性太强的液体，涂层必须在适合的条件下使用。否则，易拉罐更容易爆炸，法律成本便会攀升。

身材高瘦的埃德·拉珀（Ed Laperle）是波尔公司一位腐蚀工程师，他告诉我，直到二十五年前，波尔公司才通过研究测试包装解决这个问题。就在"易拉罐学校"开课前五个月，拉珀带着我参观了公司的防腐实验室，内部称之为"包装服务实验室"。他留着鲍勃·维拉（Bob Vila）[1]式的灰白胡须，告诉我这一流程多年来是如何运作的。20 世纪 90 年代前，他会对客户说："没问题，寄给我一些样品，我把它们装到易拉罐里放上六个月，看看会有什么变化。"样品就这么放着，而客户只能等待。然后需要过很久，拉珀才能确定为了包装这一饮料，易拉罐究竟该穿件风衣还是羽绒服。在漫长的等待中，客户很快就会不耐烦，拉珀手下的一位腐蚀工程师斯科特·布兰德克（Scott Brendecke）讲述了这种情况：客户会引用一些历史参数作为参考，以省去测试流程："他们会想，'不就是沙士啤酒换成了可乐吗，差不多！'"。然而，作为一名优秀的工程师，他对于这样的逻辑颇为不满："所谓的'差不多'会随着时间越差越多，因为缺乏必要的研究，最终肯定会酿成灾难。"他所说的灾难就是渗漏和爆炸。

后来波尔公司尝试在四个小时内完成防腐测试，他们称其为"点蚀扫描"。采用一台台式电脑大小的电位计，再连接一些简单的线框设备——看上去与从无线电屋（Radio Shack）[2]花一百美元买来给高中化学实验室使用的差不多——拉珀实验室的工程师们给浸在受测液体中的铝片通上微弱的直流电，而液体则用玻璃罐进行盛装。四个小时后，电位计输出一幅电流与时间的关联曲线图，看上去像一座金字塔，而峰值代表的是受测液体的点蚀电位（PP）[3]。点蚀电位

---

[1] 全美电视集团节目《鲍勃维拉之家》的主持人，主题是家居的装修和改建。

[2] 美国第二大电器连锁商，1921 年成立，最初的目标消费者是无线电爱好者，因商业转型失败于 2015 年破产。

[3] 点蚀电位研究起源于国际闻名的腐蚀科学家赫伯特·尤利格（Herbert Uhlig），他也留着一撮黑色的小胡子。——原书注

可以揭示从铝片上移除最外层的氧化物需要的电流量。一旦外层氧化物脱落，腐蚀过程就会加剧。

　　将点蚀电位和其他测量值（盐、铜、氯化物、色素、溶解氧、pH值等）代入到一个精确拟合的方程式后，拉珀的团队就可以确定这一液体的腐蚀性了。确定了腐蚀性后，也就能够确定易拉罐该涂多厚的涂层。比如啤酒，腐蚀性不是很强，那么涂层就会非常薄，每只罐子只需90毫克涂层。啤酒其实是可以与铝共存的，因为它的酸碱性比较温和，当然还有些其他特性。可乐的腐蚀性就强很多，也就需要更厚的涂层。对于像柠檬汁这样特别酸的饮料，或是像V8这类含盐的"等渗"饮料，就需要更厚的涂层了，每只罐体的涂层重量高达225毫克。涂层厚度通常用A、B、C表示，但无论是拉珀还是易拉罐行业的其他人，都不会告诉我精确数值是多少，最多也只是透露平均为120毫克。[1]

　　拉珀也曾遇到过不少腐蚀性很强的饮料，无论涂层多厚，都不能存放在易拉罐中。如果饮料的腐蚀性超过临界点——比如说它是一种特别强的"黄绿色电池酸液"——拉珀就会告诉饮料生产商，这种饮料如果想用易拉罐包装，还需要改进配方。遇到这种情况时，他通常都会打电话直接告知对方："试验失败，你们的产品需要改进，我有一些建议。"他通常会建议提高pH值或减少色素用量，而一旦给了生产商具体的建议后，谈话就会非常顺利。"如果你只告诉他们'试验失败'，他们就会闷闷不乐地挂断电话。"他补充道。不过，他

---

[1] 如果你正好有一个通风橱以及半升氢氧化钠溶液，你可以通过溶解易拉罐铝片发现上面的环氧树脂涂层，你也可以向罐体中加入氯化铜溶液，先刮擦内涂层，再煮上半小时，打开易拉罐后就能撕下涂层了。——原书注

也没有和我说起具体的案例。也有些时候，饮料的腐蚀性实在太强，无论拉珀怎么努力也无济于事，最终他只能通知生产商："我们已经尽力了。"没错，易拉罐不是什么饮料都能装。

其实饮料与罐体的关联性是非常清晰的：饮料的点蚀电位越高（可能是从 100 ~ 500 毫伏之间的数值），出问题的易拉罐就越少。还有一些事实也非常明确：苯甲酸钠不友好，铜也是，但糖却不错，因为它可以吸收二氧化碳，从而降低罐体内部的压力，而且还能在涂层微孔处沉积，抑制其他腐蚀反应的发生，因此无糖可乐的表现比一般可乐要低两档。柠檬酸和磷酸也很糟糕，40 号红色素尤甚，氯化物也是如此，而如果把它们放在一起，那简直就是糟糕极了。在"易拉罐学校"，有一张点蚀电位与氯化物的关联曲线图直观地展示了糟糕的程度，随着氯化物浓度的升高，曲线一直向下滑，从舒适区滑到警告区，最后一直摔到危险区。落入危险区就意味着可能会出现破损，易拉罐从内而外发生腐蚀。一旦出现这种情况，就可能发生饮料罐爆炸事故，接着就是诉讼了。

布兰德克后来用了一个非常形象的比喻解释饮料内部腐蚀作用。他一手握着一把锤子，右边是金属锤子，左手则是由充气塑料制作的紫色玩具锤。他挥舞着左手的锤子说："你可以日复一日地用它砸易拉罐，这不会造成什么破坏。当你向易拉罐中添加一些腐蚀性元素，那么不用多久，塑料锤造成的破坏就会跟这只金属锤差不多。"

不过，点蚀电位测试也只能在实验室的反应池里完成，这与现实中密封易拉罐所处的环境有很大区别，所以还不算真正解决问题，这也是为什么工程师们还需要再多做些测试，验证"包装与产品的相互作用"，也就是涂层与饮料之间的作用。和过去一样，他们测试一组需选取八个样品，存放至少三个月，以确认样品是否会溶解金属。

他们用光谱进行测试，而样品中检测出的金属浓度必须低于 2ppm。拉珀和他的成员也会用电化学阻抗谱（EIS）测试涂层。为了完成这一测试，他们会调整点蚀电位参数。这一次，他们将没有涂层的铝片换成了两英寸见方的带涂层铝片，饮料也换成盐水和被称为 85 号的腐蚀性酸液。直流电换成了交流电，有大概四十种不同频率，从 10 万赫兹到 10 毫赫兹不等。最终的电势与电流的关系曲线图需要经过连续几天的测试才能得到，从而揭示不同电化学反应模型发生时的阻抗与电容值。这一阻抗包括了反褶积电势与内外亥姆霍兹平面生成的非法拉第电流，而成功拟合这一曲线需要耗费一位化学博士的大部分时间。计算这一数据需要一台很好的稳压器，而结果可以揭示涂层的强度。

EIS 早在一个多世纪前就被发现了，但直到 20 世纪 70 年代才得到广泛应用，因为直到这时稳压器才能可靠使用。自此之后，这一技术被广泛应用于从半导体到酶反应的各个研究领域。近些年来，这一技术又不断地被优化和传授，比如弗吉尼亚大学的两位教授就在索尔顿大厅开设了一周课程。雷·泰勒（Ray Taylor）打算将其办成年度课堂，仍然采用私教形式，约翰·斯考利（John Scully）则是泰勒邀请的一位讲师。如今，泰勒在得克萨斯农工大学运营着国家防腐中心，而斯考利还在弗吉尼亚大学任教。为了促进防腐技术革新，斯考利还担任了《腐蚀》杂志的编辑。

拉珀没有听过泰勒的课，但他的同事杰克·鲍尔斯（Jack Powers）听过。当时还是 1987 年，他正担任着波尔公司化学事业部的经理。那是泰勒的首期 EIS 课程，三十二名学员中，电池公司员工与易拉罐公司员工差不多。泰勒不知道钢合金罐头盒制造商与铝易拉罐制造商之间存在严重过节，因此同时邀请了他们。不过鲍尔斯还是很开心，因为他与泰勒签署协议，准备共同研究易拉罐的腐蚀问题。泰勒告诉我："人们并不知道，易拉罐几乎是靠着一层内涂层才保存下来的。"他参与的项目旨在开发出一种可以在一周内测出易拉罐耐久度的方法。"这是一个竞争残酷的行业，"他回忆道，"你需要等上十二个月才能得到批量测试的结果。但在这段时间里，你的竞争对手可能已经超过你，而你只能等待。这个行业的利润率也很低，你需要生产出数以亿计的产品，还要确保完美，想想都觉得恐怖。"很快，泰勒就向波尔公司汇报，在一次盲测中，他用得到结果的快检方法完全可以比拟传统方法。如今，二十多年已经过去，他的这种方法仍然是标准手段。

波尔包装服务实验室的员工每个月需要测试五十种新样品，他们的工作量比十年前提升了四倍，主要是因为多了很多拉珀口中的"鲍勃能量饮料"，这类产品的生产者很可能是一些不了解腐蚀的香料商们。根据拉珀的测试，鲍勃能量饮料对瓶子的损坏率差不多是1/7。诸如可口可乐和百事这样的大品牌几乎不会出什么问题，尽管它们的产品也是些"黄绿色的电池酸液"。

在饮料与涂层的相互作用被检测出来之前，波尔不会大批量生产该型号易拉罐。在工程师用化学方法验证了包装与产品相互作用后，他们还要再亲自品尝饮料的味道以作复核，毕竟谁也不希望自己精心设计的容器给饮料掺入了哪怕一丝味道。为了完成这道检测程序，他们建立了风味实验室，在"易拉罐学校"上课期间，拉珀也带我进行了参观。

从腐蚀实验室出门后穿过大厅就是风味实验室了。在这个试验中有一面装着壁橱的墙，让整间实验室看上去更像一间厨房，不过我还需要穿过一扇门才能进入核心区域。那扇门上有个化学危险品的标志，全是代表剧毒级物品的"4"。门后面没有杂物间，凌乱地堆放着各类危险的混合试剂。里面还有一张桌子，上面放着一台小冰箱和四十只棕色瓶子。这些瓶子中含有六种气味，需要有很强的嗅觉才能辨别出，每一种都只是在盖子上用色点进行简单标记。拉珀沙哑着嗓子让我让我描述闻到的味道，于是我抓了一把样品瓶开始嗅起来。第一种气味闻起来有些神秘，我能识别出来，但不能肯定。就在我辨认的时候，拉珀说其实饮料不可能完全没有被容器改变风味。易拉罐、塑料，甚至是玻璃都会对饮料产生一些影响。

就在拉珀说明对风味测试员的要求时，我开始嗅第二瓶样品。气味还是很熟悉，却说不出具体的名字。至于第三种就更熟悉了：是松树的味道，但在我辨别出来前，就已经有人说出来了。

拉珀既没有炫耀也不觉得无趣，他站在墙角处告诉我，如果想胜任风味测评员，我必须说中这十种样品中的七种。在那之后，我还需要接受十八个月的培训。后来他告诉我，那些小瓶里的味道有杏仁、香蕉以及闻起来像创可贴的抗菌剂——我一个都没说中。

拉珀说，波尔的风味测评员先要学习觉察百万分级浓度，接着是十亿分级，最后甚至是万亿分级。所以，如果他这里的测评员尝不出什么区别，就没有人能做到了，除非是猫。考虑到猫科动物极其敏感的嗅觉，猫罐头必须做到"污染程度极低"。（这一点是根据英国易拉罐顾问贝弗的作品《金属包装导论》确立的）。拉珀是个缺少幽默感的人，他说，想要达到猫的水准是异想天开。我敢保证，如果猫会喝啤酒，而且能够与人类沟通的话，拉珀肯定会雇用它们的。

他还向我解释，想要提高嗅觉灵敏度是很难的，因为我们会把闻到的味道和经验联系起来。他说，曾经有段时间，他在家吃完晚饭尝试这么做，结果惹得太太十分不快。"哦，我闻的是丙酮、乙醛和脂肪酸。"他一边说一边瞪大眼睛，他不会做很夸张的手势，动作总是小心翼翼的。他说在餐馆也曾这么尝试过，把样品涂到纸巾上，这样就能让自己随时开合嗅觉，在没有气味因素干扰的情况下享受美食。

1980 年，拉珀从马萨诸塞大学获得微生物学硕士学位，此后加入波尔公司。他建立了这间现在由他领导的腐蚀实验室，但不是出于对腐蚀课题的兴趣。在毕业之前，他曾当过厨师、木匠，也在工厂干过一些杂活。他大学念的是食品科学，因为他觉得以自己的天赋无法成为化学工程师。当他站在墙角时，整个人看上去平和、亲切，就像一位骄傲的父亲。当看到波尔公司请了很多顾问花费数百万美元却迟迟不能解决饮料瓶泄漏和爆炸的问题时，他建议公司自行成立一间实验室。1983 年，实验室成立了，从那时起，拉珀研究了很多气味，尤其是啤酒。拉珀知道自己在说什么，他甚至可以尝出百万分之一的氧。他还担任过美国啤酒狂欢节的裁判。我问过他是否有最喜欢的啤酒，他说他最爱的就是正在喝着的这一杯。

说起无趣的气味，他表示气相色谱的波峰总会把一些问题掩盖住，所以他认为人有时候比机器灵敏。他说，如果与太多涂层相互作用，啤酒其实很容易会发生"气味萃取"的问题。光成本这一个因素就足以说服波尔公司，何况气味问题又戳到了痛处。拉珀进一步解释，啤酒其实非常温和，并不需要涂层。他将其称为"优秀的氧气清道夫"，因为啤酒中的蛋白质会消耗溶解氧，从而避免对铝造成腐蚀。橘子汁也有同样特征，因为维生素 C 也会消耗氧——这也是橘子罐头很早就能被生产出来的原因。所以，不只是易拉罐为啤酒而生，啤酒也是为易拉罐而生。事实上，啤酒易拉罐需要涂层的唯一理由，是防止二氧化碳立即逃逸。涂层让金属表面变得更光滑，气体找不到微孔所以无从扩散，传统啤酒杯的设计也是基于这一目的。没有人喜欢喝淡而无味的啤酒，而涂层的存在正是为了确保其美味可口。

如果"黄绿色的电池酸液"的味道对你来说很有吸引力，那么拉珀在风味实验室进行的涂层检测就更有必要了。

波尔发家史

"波尔"一词本意是玻璃球，大概很容易会让你联想到玻璃坛子，准确来说，应该是梅森玻璃罐，上面印有"波尔"的商标，也许你母亲也在储藏间里放了几只。

波尔的制坛史可以追溯到 1882 年，当时五位"波尔"兄弟——弗兰克（Frank）、埃德蒙（Edmund）、乔治（George）、鲁修斯（Lucius）和威廉（William）——在纽约的布法罗开始了他们的玻璃坛事业。为了营销，他们开始蓄须。最后，这两件事他们都成功了。

五年后，他们每年都能制作出超过两百万只玻璃坛。他们将工厂搬到印第安纳的曼西，并用天然气替代了煤作为燃料，尝试将产能提高五倍。到 1893 年时，他们拥有一千名员工；1895 年，他们生产了 2200 万个果酱坛子；次年，产量达到 3100 万；1897 年，这个数字更是达到了 3700 万；1898 年，波尔兄弟为半自动玻璃吹制机申请了专利，这一机器可以使产能提高三倍。又过了两年，他们发明了第一台电力纯自动玻璃吹制机，这意味着，比起十二年前，他们的产能提高到了七倍，局限只在于将玻璃送到机器中的速度。到了 1905 年，传输也实现了自动化，产能几乎再次翻倍。1910 年，他们年产玻璃坛子达到 9000 万，相当于美国人人手一只。这些坛子储存在户外的场地，斜堆在路边，甚至连迁徙的大雁都偶尔歇息在坛子堆上，因为场地太过宽广，玻璃反射让它们将这片地方误认为是一汪湖泊。

随着生意的兴隆，波尔兄弟的胡子也越发见长。弗兰克的胡子比较浓密，是总统泰迪·罗斯福（Teddy Roosevelt）那样的类型，把嘴巴完全遮住了。乔治的胡子稍微稀疏些，末梢更是修剪得恰到好处，看起来就像是一名法国的鉴赏师。鲁修斯留的是八字胡，一直延伸到耳朵。埃德蒙的胡子使他看上去有一股潘乔·比利亚（Pancho Villa） [1] 般的谦虚气质。威廉的胡子是我最喜欢的类型：髭须相连，加上长而直的络腮胡，活脱脱一副美髯公的形象。当他们在事业上取得成功后，便开始用自己的方式展示气派、勇气、华丽或坚毅的形象了。

他们的事业也是一帆风顺。食品罐头业在 1893 年经济危机期间开始蓬勃发展，大萧条之后更是快速发展，一直持续到"二战"期间，这对国家而言当然是好事。而波尔家族的兄弟所做的坛子看上去是最完美的，各种形状皆有，锥形、圆形、方形、圆角方形、高的、矮的，不一而足；颜色也很丰富，有琥珀色、浅绿色、原色、蓝色、黄色、绿色等。兄弟几个建了一家橡胶厂，还买下一座锻锌厂并将其迁到曼西，使其不断扩张，最后成为全世界最大的辊轧厂；为了运输产品，他们买了一家纸箱厂，后来又买了另外两家；他们还拥有一家铁路公司。兄弟们建立了自己的庄园——威廉的是乔治亚风

---

[1]　墨西哥 1910 ～ 1917 年革命时期北方农民运动领袖。

格，埃德蒙的是都铎风格，而弗兰克的则是维多利亚风格——都位于曼西的同一条林荫大道上。此外，他们还创办了波尔州立大学。

1936 年，波尔兄弟已经拥有 2500 名员工，每年生产 1.44 亿只玻璃坛子，全美一半以上的果酱坛子都由他们生产。波尔在成立后的前五十年里创造出了现象级的增长，足以比肩标准石油或卡内基钢铁。实际上，这也是罗斯福的观点。既然卡内基和洛克菲勒帝国都相继解体，那么波尔的命运也将一样。1939 年，罗斯福政府颁布一项反垄断法案，并指控波尔及其他十一家玻璃生产商在玻璃生产行业存在垄断行为。1945 年早些时候，俄亥俄州北部地区法院发现波尔公司违反了《谢尔曼反托拉斯法》，而最高法院也在几个月后确认了这一指控，这也就意味着波尔兄弟的扩张已到末路——五兄弟的胡子长得有些太长了。

这一法案让玻璃工厂正在进行的现代化改革变得毫无意义，波尔的唯一选择就是多样化经营，是时候考虑如何转型了。这个公司经历了许多时代，包括塑料时代、计算机时代，还有太空时代。他们生产过显示器、高压锅、圣诞节装饰品、屋顶、奶瓶、预制房、电池外壳，以及用于保存黑胶唱片的化学试剂。20 世纪 80 年代前期，波尔生产了一百二十亿枚 1 美分的硬币——更准确地说，是给分别位于旧金山、丹佛、费城和西点的美国造币厂提供了一百二十亿枚镀铜锌制硬币的胚料。波尔公司还为 F-35 联合攻击战斗机供应天线，并为火星探测器提供仪器，而这是基于他们曾经生产过几千台四缸汽车并在"一战"期间生产了六辆坦克。在利比亚，波尔公司建设了灌溉系统；在新加坡，他们建立了石油加工厂。他们给报纸业提供雕刻合金板，协助修复哈勃太空望远镜的模糊镜头。接下来，他们还将进军易拉罐行业。

到了 80 年代后期，波尔的股价大约是 7 美元，然而这只是昙花一现，因为接下来的五年股价开始下滑。这家公司的转型和扩张都获得了戏剧性的成功，销量增长了，但利润却没有增加。到了 1993 年，情况变得更加糟糕：中西部地区的蔬菜农场快速发展，而加拿大的三文鱼捕获量却严重不足，这就降低了对罐头盒的需求。塑料市场严重挤压了玻璃市场，只有斯奈普（Snapple）逆势增长。波尔关闭了位于俄克拉荷马和加利福尼亚的工厂，同时意味着损失了5800 万美元的税款。此外，由于位于路易斯安那的大型玻璃熔炉的建设出现质量问题而延期，公司又流失了不少老客户。最大的问题在于，由于会计实务的一些变化，公司多背负了 3500 万美元的债务。波尔的股价继续下探，每个季度的盈利都低于华尔街的预期。该年年末，波尔公司的年报显示亏损 3300 万美元。次年，公司的分红股息降到不足 4 美分——只有原来的一半。是时候重新调整和巩固自己的业务了。就在当季，由于不满华尔街的投资商将自己看作是在玻璃坛生产以外毫无建树的公司，波尔公司把玻璃坛子生产业务卖给了欧趣特公司（Alltrista）。不过在纳斯达克，波尔公司的代码依旧是 JARS（坛子）。佐敦公司（Jarden）接着买下了欧趣特，在获得许可后依旧生产波尔的坛子。而波尔公司则在考虑如何让易拉罐产能也提高 250 倍，就像他们曾在玻璃坛行业里做到的那样。

卧底易拉罐生产线

如果将每年生产的所有易拉罐垒起来，大概高达 1350 万英里，足够搭出一座通向月球的"易拉罐塔"并复制出另外五十五座。当然，因为一只空罐只能承受 250 磅的压力，而每只罐子是半盎司重，因此你最多只能垒7353个易拉罐，否则自身重量就会将最底层的易拉罐压塌。所以，事实上你只能垒出2757英尺高的易拉罐塔，比世界最高的摩天大楼——迪拜的哈利法塔还要高四十英尺。如果你是要搭建这样的塔，那么全世界每年生产的易拉罐足够你搭两千万座，也就是这些易拉罐足以让你每天建设超过五万座人类最高的建筑。

在"易拉罐学校"的第二天，我参观了波尔公司位于科罗拉多州戈尔登的工厂，这里的产量就够你每天建816座易拉罐塔了。除了圣诞节和感恩节，这间工厂每天都会产出六百万个易拉罐，每22分钟产出的易拉罐就可以堆满一辆拖车。这间工厂位于戈尔登的工业区，沿着一条两边分布着汽车修理店的道路，穿过一家铺路公司即可到达。这是波尔公司在北美最大的生产基地，雇用了数百名员工二十四小时轮班工作。工厂占地十四英亩，朴素的厂房坐落在距离城镇中心仅五英里处。因为康胜公司也在此地生产易拉罐，使得戈尔登成了全球的易拉罐之都。

身材高大的埃里希·埃尔默（Erich Elmer）是工厂的经理助理，时常戴着一副眼镜，很有学者风范，他带领我们小组参观了整个工厂。这种世界上最具设计感的产品从头至尾只需要一个小时就可以完成，包含二十道工序，而我最感兴趣的莫过于第十二道，也就是喷涂内涂层。由于我们要参观众多大功率的机器，也因为曾经有位经理被一辆装有三千磅铝卷材的铲车碾碎了所有脚趾的事故，埃尔默让我们在进入厂区前戴上固定式护耳、护目镜，并穿上了亮绿色的防护背心。

生产线是三重结构设计。所有的机器都被刷成绿色，而机器上的活动机关，如闸门和冲床，都和地面上的警示标志一样，被刷成黄色，地板则是简洁而明亮的灰色。各种标识非常清晰，你可以清楚地知道哪里可去，哪里不可去；哪里可以伸手指，哪里不能。不过由于他们的生产线讲究效率和速度，传送速度很快，因此不可能看清楚。

埃尔默领着我们经过一大片铝片卷材，这些卷材与纸张差不多厚。每一卷大概有十五吨重，宽度能抵一个人的身高，看上去就像是巨型卷纸。打开后，有些卷长达一英里，总共有十多卷，堆在光滑的混凝土地面上，其中有一卷正在向杯形冲压机里传送原料，那是一台一百五十吨重的切割机，一次可以切出十六张圆形铝片，工作时的声音听起来就像传统的火车头。不远处，一条传送带正在将杯型铝材送到制罐机里，那是个三段式的柱塞。另一条看上去就像一辆巨型玩具火车的传送带，再将杯形铝材送入巨大的裁剪机中。

此时，制成易拉罐形状的大部分金属加工步骤已经完成。从裁剪机出来后，杯子会被送到一台六级清洗机中，那似乎是一台巨大的洗车机。当半成品易拉罐经过149℃高温处理后，它们看起来就变得像镜子一般明亮。在此之后，它们被送到印刷工序，每一只易拉罐都被涂上清漆和油墨，再接着被送到底部涂装工序，在底座喷上少量含有特氟龙的清漆，这样可以在它滚动时更好地起到保护作用。在这之后，易拉罐被送入烘箱中，在205℃的条件下烘干一分钟。

由于噪音的关系，我感到有些头痛。这噪音不亚于任何球场的欢呼声，而头痛让我感觉像是在倒时差。两种感受的结合让人难以忍受，即便是戴着耳机，埃尔默讲的话我都有一半多听不懂。与此同时，数百万只易拉罐正歪歪扭扭地顺着传送带继续前进，速度快得完全看不清。

这时，我们到达内涂层喷涂机处了。机器一共有七台，每台每分钟可以处理320只易拉罐。在其上方，有一条传送带将易拉罐送入七个巨大的漏斗中，易拉罐从此处掉落进入机器的玻璃空腔，一次一只。每只易拉罐掉落后都会被装入间歇式旋转的分度轮中。随着分度轮的旋转，易拉罐也以每分钟2200转的速度旋转，每只看上去都像是在完成三周跳的冰舞运动员。在第一个位置，有一支高压喷射枪将液态的环氧树脂喷入罐内。到了第二个位置，另一支喷射枪再用小角度对准罐壁上方喷射液态环氧树脂，这是为了均匀而连续地完成喷涂。在机器腔体内，雾化后的喷射液就像雪花一样，给玻璃壁蒙上了一层油脂状的黏液。一名工人正在用金属铲刀清理其中一台，动作很像在给挡风玻璃除霜。

大概一秒钟后，这些易拉罐被送出来，一条传送带又拽着它们进入另一台烘箱，环氧树脂在199℃的高温下加热两分钟，逐步固化。

在烘箱之后有一些风扇，还有打蜡机、开领机和镶边机。波尔公司有一些机器和工人专门检查易拉罐，以确认喷涂成功。有五台带有探针的数字黑白摄像机跟踪检验易拉罐内部的涂料，其中一台直接指向底部，其他四台指向颈部，也就是最后扣上盖子的位置。一台电脑专门负责记录每只易拉罐的灰度图（每分钟多达2000只），用于确定涂料是否已经足够，判断是否完美。另一项测试则采用光敏元件测定每只易拉罐上是否有孔，因为哪怕是极小的针孔都可能导致灾难性的后果——渗漏或是爆炸。

生产线上的巡检工人会挑选一些样品，更精细地检查内涂层。每隔一小时，他们就会拣一些样品浸没在电解液中，然后测量电流（以毫安为单位）。如果涂层不够完美，电解液就会与铝接触，从而发生电子迁移，读数也就不会是零，他们将此过程称为"金属暴露检验"。生产线工人还采用双粘合测试对涂层进行检验：他们首先对其中一只测定刮开涂层需要施加的力，然后刮开另一只的涂层，并在刮痕处贴上粘合力很强的胶带，然后用力撕开，测定有多少涂层在此过程中被移除了。

如果内涂层喷涂机出了什么问题，通常还是很容易被检查出来的。喷涂机很少会出现局部喷涂，要么是喷不出来，要么是喷得太快，导致涂层无法很好地固化。如果易拉罐不够干净或是表面还有润滑剂，涂层就会无法附着；如果烘箱温度设定不准，涂层可能会因为固化太快而起泡。于是运气不好的顾客就可能发现自己正在喝着的苏打水表面上漂浮着内涂层残渣。不过我宁可碰上这样的事，也不愿意碰到死老鼠。

最终，这些易拉罐被堆放到预先放置好的栈板上，每个栈板可以盛放 8169 只易拉罐，大概有九英尺高。堆放好的产品每两层、三层或四层叠放在仓库中——这仓库的门有三十英尺高，怕是不逊色于除飞机库之外的任何仓库，你都能拉着一栋房子穿过它的前门。

世界上第一只罐头盒是英国人在 1810 年发明的，为了防腐，他们在里面涂了一层锡[1]。这只罐头盒性能很好，因为锡涂层的厚度达到了 1/5 英寸，重量超过一磅。后来有一个叫威廉·安德伍德（William Underwood）的伦敦人来到波士顿，成为美国最早的罐头盒制造商之一，还敲定了罐头盒的美国名字。有一次，他在缅因州哈普斯威尔的海滩上给放在大铁锅里的龙虾罐头盒进行消毒（巴氏杀菌）时，他的一位店长将"canister"简写成了"can"，前者源于希腊语，本意是"芦苇编的篮子"，而后者就成了现在我们说的罐头盒或易拉罐。

制作罐头盒的技术需要进行很多尝试，也会经常出现失误，早

---

[1] 镀锡铁，俗称马口铁。

期的罐头盒也很不安全。它们会爆炸，而爆炸原因主要是罐头盒制造商不愿意为其消毒。把罐头盒放在水中烹煮消毒会导致生锈，这也是很多生产商给罐头盒涂上厚厚一层铅涂料或油漆的原因。尽管如此，罐头盒还是会损坏，运气不好的生产商因此赔上所有家当，运气好的也向伊利运河中投入了数以千计的失败品，因此很多人都提醒贸易商们在销售前应当做些测试。当时，威斯康星州有位商人是销售豌豆罐头的，他的寝室就设在仓库上面的二楼，由于罐头在他楼下发生了爆炸，于是觉也睡不成了。实际上，细菌是导致罐头爆炸的主要原因。于是，在 1894 年，威斯康星大学一位名叫哈里·拉塞尔（Harry Russell）的细菌学教授开始对豌豆罐头进行研究，尝试解决罐头爆炸的问题。罐头制作最终成了科研课题。

与此同时，罐头盒制造商们开始使用搪瓷锡片作为罐体原料，这样就可以将苹果酱、沙丁鱼和西红柿（没有果汁）做成罐头。这时，戏剧性的一幕发生了：马里兰州有位制造商抱怨他的玉米罐头中出现了黑点，他认为是锡片出了问题，但美国罐头公司实验室的首席化学家赫伯特·贝克（Herbert Baker）告诉他并非如此。他证明"玉米黑斑"其实是硫化亚铁，是罐头中的铁与玉米中的硫相互作用的结果，同时他也证明用锌可以避免这一现象。早年生产的罐头盒中，锌也曾被用过，但后来新型机器生产出来的罐头盒就不含锌了。

1911 ~ 1922 年这十多年间，贝克致力于将锌重新带回罐头盒中。首先，他研究了锡的厚度与铁的纯度，但无果而终；接着，他又试着将氧化锌注入羊皮纸中，再垫到罐头盒内层，这确实有效，但效率不高。镀锌确实有用，但锌的味道会渗透到食物中。最后，国家罐头学会的化学家 G.S. 博哈特（G.S. Bohart）博士想出了一个办法——把氧化锌加到搪瓷中。

与现代环氧树脂涂层一样，搪瓷也起到将包装与产品隔离开的作用。罐头盒厂商们经过大量惨痛教训后终于明白：普通马口铁在储存意大利面、桃子、梨和菠萝时都表现不错，但存放草莓、樱桃还有甜菜时就会褪色，根本不会有回头客。豌豆非常温和，这一点小孩子都知道；但蚕豆含硫，会让盒子变蓝，继而变黑。博哈特的C型搪瓷效果良好（相对于普通的R型搪瓷而言），就在于其中的氧化锌可以与硫化氢发生反应，这样就可以阻止其与罐头盒作用。C型搪瓷让厂商们可以将过去被视为禁忌的食物——其实就是具有腐蚀性——都放入罐头中，于是罐头盒公司又开始尝试将火腿、狗粮和橙汁做成罐头保存。有些食物具有强腐蚀性，例如酸白菜、腌菜以及墨西哥胡椒，就需要更厚的搪瓷涂层了。

然而，直至此时，还是没有人知道如何用罐头装啤酒。马口铁会让啤酒变得浑浊，并且破坏口感。铁就更糟糕了：百万分之一的铁就足以破坏啤酒的风味。这其实是因为铁和水的相互作用：它将水分子撕开，释放出氧气，从而改变啤酒的口感，同时还会腐蚀罐头盒，而C型搪瓷不能阻止这一点。啤酒的发酵残渣跟沥青一样黏糊，看起来可以作为备选涂层，只是不能在经历巴氏杀菌后继续存活。最终解决问题的是两种不同的搪瓷，一种由联合碳化物公司研制，另一种则由一家叫威士伯(Valspar)的小公司研制。经过三年的努力，1935年，全世界第一种啤酒罐在美国成功上市。新泽西州纽瓦克的戈特弗里德·克鲁格酿造公司（Gottfried Krueger Brewing）是它的第一家客户，而蓝带也在六个月后加入。到了年底时，罐商们已经向二十三家酿造厂卖出了超过两亿只啤酒罐。

1954年，一位名叫比尔·康胜（Bill Coors）的工程师借了二十五万美元，用于生产铝制罐——他用环氧树脂替代搪瓷以保护金属。他参考了英国科学家丹尼斯·迪金森（Denis Dickinson）在1943年试图对罐头盒的耐腐蚀性进行测量的方法，他称之为腐蚀指数。为了计算这一参数，他从罐体上取下两英寸金属片，在盐酸中煮两分钟，然后测量金属减少的重量。通常，这一数据都在100~300毫克之间。随后他又取下同样的金属片放入食物或饮料中，在25℃的条件下保存三天，再测量金属减重数据。金属在"食物中的减重"与"酸液中的减重"之比，就是这一样品的腐蚀指数。大多数样品的腐蚀指数都小于1，水果通常在2~4之间，任何指数超过6的样品，迪金森都认为其具有异常强的腐蚀性。不过，他对自己的测量方法并不满意，并写道："非常不幸的是，或许最重要的干扰因素尚未被完全搞清楚。"他应该很喜欢埃德·拉珀，并且对"激浪"很着迷。

无论能量饮料的成分如何调整，鲍勃总是无法采用波尔的易拉罐。他必须处理易拉罐中液体上方的那一部分——五毫升体积的气泡，他不希望这里存在氧气，因为它们会渐渐溶解到饮料中，继而对易拉罐产生腐蚀。如果罐内的物质喷出来，也许就会出现可怕的后果。试想，仓库就像是医院，只要一次未经处理的感染就可以传染给整栋楼的病人。

鲍勃尝试在密封易拉罐之前，将二氧化碳或氮气充入这部分区域。如果不这么做，罐体就得不到保护，他也将承担各种责任，因为这最后一步是在饮料加工厂完成的，而非波尔的易拉罐生产车间。监督这一过程的是大卫·舍尔曼（Dave Scheuerman），他的手下有不少业务代表，正在北美地区四处宣传"二重卷边理论"，告诉他们如何分辨质量好的易拉罐，推荐增压器和光学氧传感器，帮助他们更合理地将饮料装入罐内。舍尔曼曾在波尔公司工作了三十年，亲眼看到很多质量好的易拉罐在应用过程中被毁坏。我在"易拉罐学校"听课的第三天遇见了他，并听他用忧郁、缓慢而又严肃的语调讲述易拉罐的故事——在我认识的所有工程师中，他是我最喜欢的一位。舍尔曼是一位博学的食品生物学家，可以称得上是一位"易拉罐国防部"的将军，背心从外套与蓝色衬衫下露了一截出来，没有一处不像是大一号的罗伯特·雷德福（Robert Redford）[1]。他知道，即便采用世界上所有的技术来生产易拉罐，意外仍然有可能发生。

饮料灌装员最容易犯的错误就是过度充气，导致罐体承受的氮气和二氧化碳的压力过大。其他饮料生产商也许会采用更安全的方式，也就是过度灌装饮料，以12盎司的售价卖出12.2盎司的啤酒。这可不是只有新手才会犯的错误。舍尔曼做过计算，评估过工程容差，发现如果厂商可以确保将填充量减少1/20盎司——从12.1盎司降到12.05盎司——那么每100万罐就相当于节省了174箱，相当于4176罐，爆炸的易拉罐也会相应减少。从技术上说，这相当于是厂商0.4%的库存，可以从过量赠送的产品中节省数千美元，还能额外少损失至少17罐。这些都是厂商值得考虑的事：损失的产品更少，来自竞争对手的压力更少，不再需要浪费时间，不会有投诉，也不会有诉讼案。"如果他们失败得太多，我就会告诉他们，把填充量降下来。"舍尔曼补充道。

有时候这些失败品也证明某种饮料在生产过程中的微小变化。一种新的化肥可能成为腐蚀剂，一种新的油墨可能会释放铅，一种

---

[1] 美国演员兼导演。

新的涂层可能会产生痕量的苯，一种从巴西进口的柠檬提取物曾经在铜锅里煮过——少量铜会溶解，而一旦与酸共同进入易拉罐后，便会形成伽伐尼式腐蚀（想想自由女神像吧）：这些铜会在易拉罐上析出，使得内涂层脱落，裸露出来的铝则加剧这个过程。铜也可能用于供水系统，再被加入到苏打水糖浆中。对于这些被铜侵蚀的易拉罐，舍尔曼描述道："你不需要用显微镜就可以看到，罐子上到处都是黑点，可以看得到红色的铜斑。"

舍尔曼之所以会提起过量加气、过度填充以及杂质污染的问题，是因为目前差不多 2/3 的渗漏投诉都是在仓储过程中发生的，由外向内的腐蚀导演了这一切。舍尔曼描述了这样的场景：渗漏形成连锁反应，鲍勃能量饮料的经销商还没得及反应，噩梦就已降临。"一罐饮料在上方渗漏后，"舍尔曼说道，"饮料会滴下来，然后腐蚀相邻的易拉罐，最终就如同色彩斑斓的圣诞树一般。"他停顿了一会儿，又接着说："我曾经见过，满满一仓库的上百万罐饮料，全都成了废水。"在"易拉罐学校"的讲台上，他说起此事时脸上的严峻表情让与会者感同身受。他在讲台上来回踱步，平静地说道："这样下去可不是办法。"

闷热的仓库让舍尔曼尤其紧张。在这样的环境下，合金通常会"放松"，强度下降 7%。所以，阿拉斯加的仓库很安全，而亚拉巴马的仓库就危险了[1]。当它们放在 46℃ 的货架上时，就已经会出现问题；如果放在 66℃ 的车厢里——就像琳达·莱恩那起案件那样——就更是大麻烦了。这也就是南方出现的事故明显更多的原因。更糟糕的是，

---

[1] 阿拉斯加州位于北极附近，气候严寒，而亚拉巴马州位于美国东南部，气候湿热。

在湿热的仓库中，由于货架上的热收缩薄膜会使饮料被挤压到易拉罐最脆弱的部位——罐顶。从技术上说，罐顶开口的凹痕并没有涂层，所以一旦液体在此处富集，你就会看到自上而下的腐蚀，然后出现渗漏，再然后就是大面积腐蚀。（食品罐头有时也会从标签下开始腐蚀，因为标签会吸收潮气。）因此，舍尔曼建议使用有狭缝的热收缩胶膜。此外，他还表示，货车司机在运输易拉罐时会听到"砰砰"的声音。"让人感到痛心的是，他们总会问，'这些东西送到顾客那边安全吗？'"舍尔曼说："这我怎么知道，反正接下来一周会有更多的'砰砰'声。"他认为利用风扇降温可行，但经销商真正应该做的是让产品保持温暖——比露点温度要高一些，这听上去有点讽刺。

舍尔曼在十五年前就注意到了这些，当时波尔公司开始在易拉罐上印刷 800 免费电话，让消费者可以致电投诉。"这些罐子的去向包括超市、加气站、便利店等，我们猜测，后两者应该最容易出问题。"但他错了，大多数消费者的投诉都来自超市，其次是自动贩卖机。他很好奇：为什么这些地方的投诉会更多？如果他们发现了渗漏的罐子，清扫干净后再把其他罐子放进来，情况就会好转。舍尔曼解释："这就像癌细胞的扩散。在自动贩卖机上的问题，处理得及时就不会有大碍，否则，就需要对整台机器进行清洗了。"他在讲述这些故事的时候面无表情，就仿佛在参加葬礼一般。

"当一位顾客拿起一罐饮料，发现罐体被摔过、有凹陷或是渗漏了，他们通常不会说，'是西夫韦超市不小心撞到了罐子'或'是货运公司弄坏了它们'。他们会说，'真不敢相信，居然有人把这样的罐子送到货架上'。"波尔当然不希望发生这样的事情，因此给顾客们做了很多关于腐蚀的宣传和展览。而作为街头演说家的他，可以随时随地做这件事，唯一需要知道的是有多少观众，而他需要用什么语言。舍尔曼平静而直接地平衡着自己的攻防。根据他对这一领域的了解，他给罐商们提了些建议，既提高了效率，也降低了罐商们因爆炸导致顾客眼睛受伤而被起诉的概率。

然而，易拉罐依旧会损坏。波尔公司恳求发现破损易拉罐的顾客第一时间通知他们，并且将反馈整理成报告，试图对所接触到的各种损坏做"根本原因分析"。就在"易拉罐学校"上课期间，拉珀给我展示了他们进行这项研究的地方——他们称为"陈尸间"——这是风味实验室旁边的一间小屋，工作台上摆了十三只因各种原因"死亡"的易拉罐。

拉珀的任务是确定这些问题是否是波尔的责任。有时，罐头食品商、分销商或消费者会因为不明来源的污渍将罐子退回来，而这根本称不上是问题。在这间实验室里，1/3 的设备都是用来揭开这些谜团的。其中有一台傅立叶变换红外光谱仪，可以检测出污渍的成分，并在十万种化学物质的数据库中进行比对；还有一台气相色谱仪，可以从更庞大的数据库中进行分析。污渍可能是洗涤剂、油墨，或是其他一些化学物质，当然也可能是在灌装时洒出来的饮料，还可能是货车或者栈板的一部分，甚至可能是鸟粪、老鼠毛以及苜蓿花粉，后者能够让啤酒变成"激浪"的颜色。

为了确认污渍不是金属杂质，还需要动用隔壁房间的电子显微镜。通过这台设备，来自中西部地区的年轻生物化学家米歇尔·阿特伍德（Michelle Atwood）便可以检测罐子的晶体结构，寻找类似于焊点的斑。当我参观这间实验室时，阿特伍德正将镜头对准"摇滚巨星能量饮料"（Rockstar Energy Drink）标签上的细小标志——背靠背排列的两个英文字母 R。他不断放大倍数，从 100 倍到 500 倍，最后到 1000 倍，字母 R 的那一竖都已经出现了锯齿，像是玫瑰带刺的茎。

很多问题源于顾客对易拉罐弱点无意间的发掘。这类顾客通常是老年人，而且喜欢去佛罗里达过冬。3 月时，这群"候鸟"买上成箱的苏打水，放在拖车的壁橱里带到北方；到了 10 月，他们再次南下。等到打开壁橱，他们会发现一大群果蝇，正围绕着渗漏出来的饮料。不止一只易拉罐喷出了饮料，每年秋天都是如此——完美的生产工艺，完美的灌装工艺，完美的保存过程，却换不来完美的易拉罐。

这些易拉罐的损毁，是因为罐体的两端——在戈尔登的工厂里，罐盖被刻下一道痕迹，用"乐之饼干"那种棕色的巨大包装袋装好，送往饮料商那里。这道刻痕比其他部位更容易发生腐蚀。为了让易拉罐真正做到"易拉"，让儿童和老人都能揭开，刻痕必须做得很精细，大约只有 1/1000 英寸厚，并且没有涂层。刻刀非常锋利，也非常有力，所以原有的涂层也被刮掉了。为了确保刻痕能恰到好处，戈尔登的工厂采用摄像机与压力计来进行测试——所谓"恰到好处"只是保守的说法，助理经理埃尔默曾经指着一只易拉罐对我说："如果误差达到了 50 ～ 75 纳米，罐子可能就拉不开了。"埃尔默在密苏里州长大，常常在他父亲的机械厂帮忙生产飞机工业所需零件。他解释说，易拉罐的生产过程，对误差的容忍度比飞机零件还要小，尤其是两端部位。很多从业人员都会说："易拉罐就像是皇冠的基座。"最神奇的是：只有依靠完美的盖子，你才能喝到风味最完美的啤酒。

但完美的顶端很容易被腐蚀，这也是"候鸟"在迁徙途中出现这么多事故的原因。唯一可以从内部接触拉环的物质大概就是无害的二氧化碳或者氮气了。如果把易拉罐倒过放上六个月，它就会爆裂。"我时常想，"舍尔曼告诉我，"为什么没人在易拉罐上标上'请勿倒置'

的标记呢。"

在遇到易拉罐爆炸亲历者之前，我已经做过两年的调查工作了。这名亲历者并非"候鸟"一族，而是居住在密歇根的伊斯兰提，名字叫作贾米尔·巴格达迪（Jamil Baghdachi），他的遭遇有些不可思议。2006年的夏天，巴格达迪正从肯塔基州的路易斯维尔赶往机场，正巧赶上了堵车高峰。当他驾驶着他的沃尔沃来到一座天桥下时，乘客座位上摆着的一罐苏打水爆炸了，喷得他满脸都是。对于巴格达迪来说，这算不上什么灾难。他是东密歇根大学涂料研究所主任，发表过几十篇有关涂层的文章。正如他解释的那样："那是涂层不完全导致的。"

两百年前，人们发明罐头盒时，裁剪、装配、填充和密封的工序需要足足一个小时。而当时，由于没有其他办法可以打开罐头，人们只能用刀、卡口、锤子和凿子来破坏罐头盒。有时，他们还会用石头砸开或是端起步枪来上一梭子。五十年后，尽管其中的食材经常变质，罐头盒仍然被视为神奇的包装。罐头起子被发明出来，罐头盒也随之备受宠爱。20世纪初，罐头盒加工机可以在一分钟内生产出一百只罐子，巴氏消毒法也开始流行，罐头成了不可思议的食品。又过了一代人，生产玻璃罐的波尔公司也开始生产罐头，你已经可以享受罐装啤酒了。看起来，这种金属包装已经没了进步空间。

又一代人过去，罐头包装开始用铝作为罐体原料。不久后，厂商们已经可以做到每分钟生产一千只罐子，并尝试将罐子做得更薄、更轻，并且装上铆接扣或拉环，这样就可以不再需要锤子或罐头刀也能打开。他们接着又尝试每分钟生产两千只罐子，并通过一种防腐性优良的塑料灌入腐蚀性惊人的饮料。他们给罐子喷上感温变色油墨，用蓝色涂层进行隔离，还发明出可以重新封装的螺旋盖。在生产了数以万亿计的易拉罐后，目前波尔公司已经能够用1.27微米的精度进行生产，并且将出错率降到6个标准方差。

波尔公司唯一做不出的产品是透明的铝片，要不然客户就可以看到他们准备装到罐子中的饮料了。易拉罐的生产技术已经进步很多，所以波尔公司的工程师——他们自称为"洁癖患者"——对他们是否能够继续改进的问题产生了争议。

在"易拉罐学校"的第二天，在波尔公司拥有二十一年工龄的材料工程师玛丽·乔普雅克（Mary Chopyak）拿出一幅五十年来易拉罐重量的变化图，并指着图上的曲线说，我们现在正处在改进的末端。在过去二十五年里，易拉罐只减轻了0.01磅，剩下的进步空间只会更少。作为设计罐体两端的专业工程师，桑迪·德威斯（Sandy Deweese）用轻柔而缓慢的声音说，已经没什么可以改进的了，易拉罐在工程学上已经达到极限。然而，波尔公司的技术顾问戴夫·仁肖（Dave Wrenshall）——身材结实，留着大胡子，总是会让人联想起罗伯特·德尼罗[1]——却认为这是胡说八道，我们还远远没有达到完美的程度。他总是稳稳地站着，仿佛鞋底有磁性一般。"二十年前，人们就已经说过这些话了。"他如此说，没有提及外来异物或爆炸的问题，也没有提及环氧树脂内涂层。

内涂膜的BPA或将致癌？

当我第一次听说"易拉罐学校"时，我给波尔公司的公关约翰·扎

---

[1] 美国演员、导演兼制片人。

尔维希特尔（John Saalwachter）打了个电话。他听说我会参加，表示异常兴奋，并撮合我和他的上司——公关部主管斯科特·麦卡迪（Scott McCarty）见面，当时距离"开学"尚有几个月。随后我作了一些准备，问的问题似乎有些太多了。在给波尔公司总顾问发邮件时，我询问了关于异物及爆炸相关的各种责任问题，这也许暴露了我的意图；我还问了内涂层的相关问题，这就更明显了。在前往"易拉罐学校"的前两周，麦卡迪给我打来电话，明确告诉我不能前往，因为"易拉罐学校"不是给记者准备的，也没有邀请过记者。他认为这对业界很不公平。

我断定，之所以说对这个行业而言不公平，是因为用来保护铝罐不被饮料腐蚀的内涂层就像压裂液那样，是一种神秘而又富有争议的液体。这种材料主要由几家涂层厂商制造：PPG 工业公司、威士伯、阿克苏诺贝尔，细节部分却含糊不清。我试着联系上述每间公司，都没有得到回复。在法律文件中，详细内容被谨慎地标记为绝密且被修订过。在专利文件中，配方并不明确——比如，某种成分的添加范围太宽泛，可以是 0.1% 到 10%。即便是美国食品药品管理局（FDA）的药剂师需要调取资料，也要对厂商作出保密承诺才行。有时这些配方都不会用专利进行保护，而是作为商业机密。

如此神秘的原因显而易见：环氧树脂必须具备较低成本、易喷洒、易弯曲、高强度、高弹性、高黏度等性能，只有硫酸或甲乙酮（MEK）这种强力的溶剂才能使之脱落。生产这样的材料需要交联树脂、固化助剂以及用于改变颜色、透明度、润滑性、抗氧性、流动性、稳定性、可塑性或表面光滑度的各类助剂。这种树脂通常是环氧树脂，但也可以是聚氯乙烯、亚克力、聚酯及油性树脂，甚至可以是聚苯乙烯、聚乙烯、聚丙烯，或是从山毛榉、亚麻籽或大豆中提炼的天然植物油。混合之后还需要添加某些溶剂，这样环氧树脂就可以在烘箱中固化，也可以加入光引发剂，这样环氧树脂就能很简单地在紫外线（UV）的照射下固化。最坚韧的环氧树脂通常会采用双酚A（BPA）作为交联剂，因为BPA可以让塑料具有可塑性。

　　除了根据饮料腐蚀性确定厚度外，涂层工程师们还要关注易拉罐所处的环境。是否需要进行巴氏消毒？能否在高温区域保存？能否在过冷、过热、过干或过湿的地区用摇摇晃晃的火车运输？他们调整了涂层的应用条件，或是根据要求选择了不同原料的涂层。根据威士伯的专利，工程师们需要使用一种含有环糊精的涂层，这是一种分子结构类似于多纳圈的碳水化合物，可以吸附有异味的物质。对于涂层工程师而言，食品罐头则需要更加留意。用于保存西红柿的涂层应当耐污渍，保存鱼的涂层应当耐硫，用于存储水果和泡菜的涂层则应当耐酸，因此就出现了各类专用涂层，一种用于西红柿，一种用于豆角，一种用于土豆，以及用于玉米、豌豆、鱼和虾等的种类。巧克力对于杂质特别敏感，因此还需要专门的涂层；用于保存肉类的涂层需要含有一种润滑剂，被称作"肉类脱模剂"，以便肉可以比较容易地从罐头盒中取出来。含有花青素的果蔬，比如甜根菜、红醋栗、李子等，腐蚀性都非常强。大黄就更是登峰造极了，它是唯一一种需要三次喷涂的食物，保质期比一般食物还要短。目前已知的涂层已经超过1.5万种，尽管多数都是用在食品罐头盒中，但它们在饮料易拉罐中也同样有效。美国一年需要2000万加仑环氧树脂，用于生产大约1000亿只易拉罐。根据涂料专家所说，这其中有大约80%的环氧树脂都含有BPA，其中会有少量进入我们体内——或许，这就是保密的原因。

从生物学的角度说，激素是微量而高效的。我们的内分泌系统制造、储存并分泌出激素，用于控制毛发生长、再生、认知、损伤反应、排泄、细胞分裂和基础代谢率。包括扁桃腺、下丘脑和肾上腺在内的内分泌组织制造出特殊的分子，与细胞上的特殊受体结合，开启了生化反应的链条。少量的激素变化就可能引发突出的病变，比如糖尿病和两性人。内分泌干扰分子，包括那些可以模仿雌性激素的化学物质，可以进入细胞，从而导致真正的激素分子不能发挥作用，这些干扰分子被称作"外源性雌性激素"。有些外源性激素甚至可以很好地匹配，让身体不由自主地产生一些变化。

这些合成化学物质自 20 世纪 50 年代起所引发的各类效应，在蕾切尔·卡森（Rachel Carson）1962 年所著的《寂静的春天》（*Silent Spring*）中，被详细地揭示出来。自 20 世纪 70 年代晚期起，野生动物学家在五大湖地区对鱼类和鸟类进行初步研究，发现这些化学物质正在用一种全新的方式改变动物的细胞、身体以及行为。他们发现了具有雄性特征的雌鱼，具有雌性特征的雄鱼，雌雄同体的鱼以及拒绝抚养后代的鸟类。1993 年，在一次里程碑式的研究中，生物学家特奥·科伯恩（Theo Colborn）与弗雷德里克·冯扎尔（Frederick vom Saal）描绘了"内分泌干扰"的影响范围，而这一术语在两年前才被提出来。

BPA 在内分泌干扰中所扮演的角色直到 1998 年才被发现。当时，克利夫兰州凯斯西储大学的基因学家帕特·亨特（Pat Hunt）注意到，她在实验过程使用的小白鼠似乎有些异样。在她的控制组中，也就是表面看上去正常的那一组老鼠，有 40% 都繁殖出了畸形的后代。她将这件事告诉作家弗洛伦斯·威廉姆斯（Florence Williams），并强调："我们检查了所有问题。"几周后，通过排查包括实验室空气在内的各种潜在"嫌疑分子"，亨特注意到白鼠的塑料笼上有一些污渍和划痕。看起来，有人在清理笼子时，经常用酸性地板清洁剂而非温和的去污剂，某种物质已经污染了白鼠的喂食管，并对其产生了干扰。

这种物质就是 BPA，是一种在 20 世纪 30 年代最先被用于防止流产的人造雌激素。然而，它在这方面没有什么效果——甚至还有反效果——结果，这种分子很快被用于生产聚碳酸酯抗震塑料，后来还被广泛应用。直到半个世纪后，科学家们才开始关注塑料，研究其慢性毒性，而非急性毒性。美国国立卫生研究院（NIH）下属的国家环境卫生研究院于 2011 年发表一篇论文，以"多数塑料制品会释放雌激素物质"一题总结了目前的研究。其中，研究者谈到，超过五百种市售的塑料制品经过检测后都显示为雌激素阳性，其中包括一些广告宣称"无 BPA"的产品。他们认为，在生产过程中的一些工序（例如巴氏消毒）会将非雌激素物质转化为雌激素物质，而阳光、微波炉、洗碗机等会加速雌激素物质的释放。此外，他们还提到，释放雌激素最有效的方式，就是浸泡在极性与非极性溶剂的混合液（在他们的案例中，使用的是盐水和乙醇）中，这说的简直就是鲍勃能量饮料。

根据亨特的研究，她在喂养白鼠时按体重比例投入了少量 BPA，于是观察到母鼠的细胞和行为出现了异常，其子代与孙代同样如此，一点剂量就可以影响三代。这是因为，乳腺是身体中对雌激素最敏感的组织，BPA 会在这里出现，这就意味它还会继续传递给下一代，只有时间能够消除其影响。实际上，暴露于 BPA 中如同暴露于卡森作品中提到的 DDT，而后者是一种会致癌的杀虫剂。研究者发现，在青春期前就暴露在 DDT 中的女孩，比起那些后来接触同样剂量的女孩，罹患癌症的可能性要高出五倍。

亨特、科伯恩、冯扎尔以及全世界其他研究者都已发现，BPA会导致青春期提前、肥胖、流产、少精，还会提高乳腺癌、前列腺癌、子宫癌与睾丸癌的患病率。所有这些问题都已经在啮齿动物身上得到证明，其中一些动物还在母体的子宫就已经暴露在 BPA 下。在其他一些老鼠实验中，产前接触低剂量 BPA 可以引起乳腺机能退化。还有一些研究证明，BPA 会激发乳腺细胞的雌激素接收器，并导致癌细胞开始复制。它也被证明具有和二乙基己烯雌酚（DES）一样强大的威力，后者是一种高效的人工合成激素，由于跟罕见而可怕的生殖器官癌变之间存在关系，自 1971 年起被阻止使用。

所以，这也许就是"易拉罐学校"拒绝我参加课程的原因吧。

就在麦卡迪让我回避之后，我感觉天空都变得黑暗起来。我花了一整个早上，搜索那些曾经的"易拉罐学校"学员（令人诧异的是，很多人都会将此写在简历中），在这一天接下来的时间里试着跟他们联系。我给一位在本地啤酒厂工作的朋友发了封邮件，问她是否有同事前往听课，但没有结果。接到麦卡迪电话的第二天，我接到一封题为"波尔饮料易拉罐学校"的邮件，我猜发件人克里夫·莱夏德（Clif Reichard）是位律师。邮件的第一句写的是："我们确认您已经报名参加我司的'饮料易拉罐学校'。"这句话我读了好几遍，直到确认没有看错，我才继续看下去。后面的内容说的是我应该在何时何地报到，并提醒活动包括了午餐，穿着应为商务正装，不要穿露脚趾的鞋，否则会被禁止进入工厂参观。落款处还附上了莱夏德的电话号码，并感谢我届时光临。我不知道发生了什么，或许是波尔的高层改变主意了，又或者只是他们搞错了。这都不是问题了，总之我还是可以参加——于是，十二天后，我驱车来到了布鲁姆菲尔德。

波尔的布鲁姆菲尔德总部坐落在丹佛和博尔德两市中央。在这里，落基山脉弗兰特岭绵延几百英里的景色尽收眼底，让人心生敬畏，从北往南依次可以看到朗斯峰、埃尔多拉多峡谷、埃文斯山、派克斯峰。开车进入后，我注意到两台监控摄像机，一想到刚刚在道路南侧出现过的"私人车道"标示，我心里不禁有些紧张。律师们会揭发我吗？保安们会来抓我吗？我是该现在离开呢，还是继续前往？

离开停车场后，我经过一条林荫路，来到一扇深色玻璃门前。进门后才发现大厅内阳光明媚，中央摆着十几张沙发。大厅右侧挂了一面巨大的屏幕，上面显示着波尔的实时股价——当时是 36.15 美元。左侧是迎宾台，上方挂着波尔五兄弟的大幅照片，正"注视"着这里进出的人们，他们那还原真实尺寸的胡子显得异常耀眼。于是，我径直走向迎宾台。

这时候我早已浑身大汗，但还是尽可能冷静地跟前台秘书说我是来参加"易拉罐学校"的。前台询问了我的姓名，并登记了我的身份证。但随后他再次询问我的名字，接着告诉我登记失败，于是他又索取了我的驾驶证，并让我将名字填到一张登记表上。随后他递给我一张临时通行证，上面写着"需要有人陪同"。看起来没有正式通行证还更好些，我可以是任何人，也可以任何人都不是。况且，只要我保持低调，就没有人会注意到我的存在。秘书告诉我，顺着大厅走下去就是会议室，让我不要在没有人陪同时随意走动。

我走了进去，坐在第二排靠右的位置，心里很紧张，感觉随时都会被请出去一样。我尽可能不往后看，尽可能听着周边的窃窃私语。我远比自己想象的要紧张得多。十分钟后，一个保安给我拿来了一张真正的姓名卡和我的座位牌。在我的名字下面写有"斯克里普斯",也就是我供职的新闻机构的名称。姓名卡看上去有些模糊,就像被苏打水泡过的标签一般。过了五分钟,克里夫·莱夏德走了过来,对我不住地道歉,说他不小心把我的姓名从报名册上划掉了。我说这不是什么大事,因为我就住在附近。是的,这没什么问题。

在第一场演讲过程中,我尽量保持低调,没提太多问题,以免再生事端。但后来我就忍不住了,跟两位来自易拉罐制造协会(CMI)的雇员聊了起来。梅根·多姆(Megan Daum)是 CMI 终生聘用的主任,理解能力非常强,身体语言也很丰富;约瑟夫·普里奥(Joseph Pouliot)是 CMI 的公共事务副主席,健谈而又聪明。当我指出 CMI 的格言"无限回收"不太突出时,他坦率地承认了:没错,玻璃也符合这一点。

当天结束的时候,我又开始担心起律师的过问,内心的恐惧再次掌控了我。他们会索取我的笔记本和录音笔吗?他们会收回优盘和文件吗?我不想在笔记中记录下这些,于是用西班牙语比平时更潦草地写道:"puso memoria en pantalones,y uso sepañl en mi papel",意思是说,我有些疲倦,将优盘放进裤兜,并用西班牙语掩盖事实。

开发出一种安全的涂层实在太难了,生产并应用涂层所付出的努力不亚于易拉罐制造中的任何一个环节。这并非是"易拉罐学校"给予我的体会。

生产环氧树脂涂层,首先是从埃克森美孚这样的石油精炼公司开始的,他们生产了大量的苯。陶氏化学(Dow Chemical)或迈图特用化学品公司(Momentive Specialty Chemicals)将苯转化为双酚 A，并以 4:1 的比例与环氧氯丙烷聚合。该产品在陶氏化学的牌号是 D.E.R 331 或陶氏环氧树脂 331，而迈图则用 Epon 829 指代。这样的产品有十多种，适用于从易拉罐到汽车以及桥梁的各种防护底漆。接着，一些化学品公司比如氰特工业（Cytec Industries）、沙多玛（Sartomer）或是瑞士拉恩（Rahn），会购买这些环氧树脂，加入 5% 的丙烯酸酯使之成为诸如 Genomer 2255 这类丙烯酸环氧树脂，并将其销售给大型涂料公司。为了使涂层更适用于鲍勃能量饮料，这些涂料公司会加入少量的颜填料、表面活性剂、促粘剂、防腐剂、光稳定剂、增色剂、增溶剂、触变剂、分散剂、润湿剂、染料和催化剂，这些东西通常都由其他化学品公司生产。通过他们的内涂层喷涂机，这些涂料公司先在易拉罐上试用，确保在揭开标签时涂层不会脱落，罐子凹陷时涂层也不会出现裂纹，并且在溶剂中不会变色。这些条件到达到后，其产品每加仑售价二十五美元。

喷涂过程所使用的喷枪，其喷头也就十美分硬币大小，但也是根据实际情况定制并精挑细选的，由俄亥俄州阿默斯特的诺信公司（Nordson）生产。诺信最近公布出来的发展方向与波尔不同，他们的产品囊括各类"喷洒设备"，仅涂层用的真空喷头就超过一千五百种。诺信的工程师最关心的就是湍流和涡流，研究如何使涂料在通过只有几十微米的碳化钨喷头时可以均匀雾化。雾化后的分子可以形成平滑的喷射，并最终得到均匀的薄膜。诺信制出的每种喷枪，工程师都会附上它的喷射模式。通过这种方式，他们也能够保证制罐机的平稳运作。

再说喷涂机，这种重达半吨的庞然大物每台价值高达两百万美元，各项参数都设计得极为精确。波尔的喷涂机是斯托勒精工生产的，这是一家位于丹佛市郊的公司。汤姆·毕比（Tom Beebe）自 1970

年起就在易拉罐制造行业担任销售员，他给我展示了一种可以自动组装的机械。这台机器真是巧夺天工，但我却不能拍摄，因为斯托勒对此很保密，就如同威士伯和诺信对自己的涂料或喷枪保密一样。毕比不会讨论涂料，办公室里两名内涂层喷涂机工程师也是沉默少言。其中一人表示"无可奉告"，并坚持要求我获得高层的授权后才能交流，另一人从旁边走过，一言未发。

波尔公司每年采购涂料所需的经费大约为两亿美元，戈尔登工厂的原料储存在两座三十八立方米的储罐中——直径为八英尺，有两层楼那么高。在"易拉罐学校"上课期间，它们没有被安排在参观路线中。

在"易拉罐学校"的第二天，阴云在落基山脉上方密布，似乎是种不祥预兆。我从易拉罐里吸着番茄汁——这是易拉罐制造业的成就，也符合一位化学家所说的"番茄汁大概是你能遇到的最美味的食品了"。同时，我聆听着很多波尔员工的谈话：销售部副总监、生产工程经理、图形与多媒体服务主管。我听到玛丽·乔普雅克说，她花了两年时间研究不含 BPA 的涂层；我还听到波尔创意总监丹·福勒基（Dan Vorlage）诉说他在无 BPA 涂层方面的困扰。后来到了十一点半，波尔的培训与发展部经理保罗·迪路奇奥（Paul DiLucchio）拍了拍我的肩膀，轻声说有人正从走廊过来，希望见见我。

我拿起录音笔和笔记本，作好不能再回这个房间的心理准备。我猜想，最坏的事情大概要来了吧。走出房间时，我甚至都能听到我的心跳声。走廊上，果然是斯科特·麦卡迪等在那里，但他正在打电话，这似乎意味着找我的另有其人。

就在这个时候，麦卡迪挂断了电话，并问我在这里做什么。我告诉他，也许是他或是波尔公司的某位领导改变主意，邀请我来到这里，同时我也提到了莱夏德的邮件。麦卡迪又问了我一遍，并问我是不是没弄明白他在电话里说的话。我说我明白，但莱夏德邀请了我，于是他一脸怒色。我告诉他，我已经在前台签署了我的名字，如果波尔要赶我走，早就有机会了。

麦卡迪改变了策略，告诉我他觉得以"锈蚀"作为图书创作主题十分愚蠢，并问到怎么会扯到易拉罐。我告诉他，我正在写易拉罐的生产及所有关联工艺是如何针对防锈设计的。麦卡迪说他仍然觉得我写这本书不是个好主意，也不会有人关心易拉罐的事。我心想："这就是我和你的区别！"但口头上我还是说："不劳你费心。"我告诉他，我已经和拉珀谈过了，而且还参观了腐蚀实验室。麦卡迪对拉珀不予理会："他早该退休了，他早就没在我们这工作了。""真的吗？上一次我还确认他是你们腐蚀实验室的主管呢（现在他仍然是）。"交锋持续了足足十五分钟，最后他心不甘情不愿地示弱了。既然我已经参加"易拉罐学校"的上半学期，他表示我当然也就能继续下半学期了。

不过从这时起，我便成了一名不受欢迎的学员。

在饮料商与口渴的顾客之间协调关系的是 FDA 的食品安全与营养中心。联邦食品安全法规早在几十年前就已经颁布，并且不断被修订，任何添加到食品饮料或与其接触的材料都要达到相关标准。因此，当涂料商设计出符合流变学及感官要求的产品后，鲍勃能否将其应用在自己的新品饮料上，就只剩下一个障碍了。

批准上市需经过 FDA 与一些私立实验室建立的一套秘密流程。这些实验室包括：艾维密恩（Avomeen）分析研究室、天祥（Intertek）、

SGS、欧陆（Eurofin）等，它们通过模拟环境，确认涂层是否可以完全固化，并判定稳定性、可能迁移物的毒性等，而FDA则将这些数据收集并进行更深入的研究。简单来说，实验室将这些测试称为"联邦法规21章（21 CFR）测试"。坦率而言，它们也只是对这些接触食品的新物质进行全面迁移研究而已。最终结果在《食品接触通告》（FCN）公布，整个过程通常需要几个月的时间，花费超过十万美元。然而最终形成的文件读起来可不是件有趣的事，那是几百页的专业术语。

以下是具体流程：首先，涂料公司会给艾维密恩寄去一瓶大约一品脱的新型涂料以及十片由其覆盖的不锈钢样板。艾维密恩的化验师在收到后，将带涂层的样板处理成两英寸见方的金属片，并放置在高温的模拟环境中，通常是醋、乙醇或橄榄油。根据FDA一位叫迈克·亚当（Mike Adam）的化验师所说，这样的模拟环境可以精确地复制出包装与食品饮料间的相互作用。每一次测试时，他都会将模拟液体蒸发，并对剩余部分称重，以计算其浓度。

随后，艾维密恩的化验师会检测他们发现的迁移物。在一种新的涂料中，他们可能只分析出一两种，但也可能是五六种。如果这种物质他们曾经研究过，那就可以直接查阅其性质，但如果是未知物质，他们就需要深入研究，研究方式取决于其浓度。不过关键问题在于：如果被检物的浓度不足0.5ppb，FDA就会认为不必考虑。在这一阈值之下，艾维密恩不需要进行诱变性或病变性研究，FDA也不要求进行多代遗传研究。

在律师们起草的厚厚规定之后，才是艾维密恩提交的报告。FDA随后有四个月的时间提出反对意见，而这样的FCN通告他们每年通常需要审核上百份（其中至少一半是关于新型涂料）。自

2000 年起，大约 90% 的 FCN 通告都通过了。公众可以在网络上查阅这些文件，但背后的细节——比如某些痕量的化学物质——却不会公布。

大罐商的潜规则表演

易拉罐制造协会总是热衷于讨论铝的好处，这是意料中的事。对于铝可以无限回收的话题，他们也是不断地在重复。他们也会赞赏易拉罐的其他优点：便宜、可堆叠、易运输、安全——这些都可以在"易拉罐学校"的课堂上得到印证。这一机构宣称，易拉罐可以阻挡阳光与紫外线，这一点比玻璃和塑料更优秀，同时易拉罐比较容易冷却，这也胜过玻璃和塑料，它们还可以很好地隔绝氧气。该机构还指出，每年有超过五千人死于细菌性食物中毒，还有三十五万人因此而生病，相当于每位美国公民为此支出 1850 美元。而这样的案例，三十年来没有一例是因易拉罐导致，这很值得肯定。他们还强调，所有美国人的食物中，有 1/5 都是从罐头或易拉罐而来。当 BPA 所受的关注度越来越高时，他们开始引用自己的研究，以证明易拉罐中的 BPA 是安全的。

北美金属包装联盟（NAMPA）同样对 BPA 的重要性置之不理。在 2011 年的一篇新闻通讯稿中，NAMPA 要求立法者和媒体"注意独立毒理学家已经证实 BPA 的剂量对于人类健康没有影响"。NAMPA 的主席约翰·罗斯特（John Rost）认为涂料非常安全，并建议立法者对立法限用的事不要操之过急。罗斯特是一位老练的化学家，也是一名说客。对于含 BPA 的涂层，他对监督部门说这没有"一丁点健康风险"，并得到一些健康机构的支持；更何况，目前也没有什么很好的替代品可用。

美国化学委员会（ACC）也在试图安抚民众的情绪。在 ACC 注册的两家网站——BPA 网（www.bisphenol-a.org）及 BPA 真相网（www.factsaboutbpa.org）上，该组织揭穿了九个有关 BPA 的谣言，多数理由都是缺少"有力的科学依据"。

然而，波尔公司的雇员们没有形成一致的策略。有些人试图采取轻微欺骗的方式，比如将环氧树脂称作"有机涂层"。很显然，艾氏剂（一种杀虫剂）和二噁英也是有机物，而且很少就可以致死。还有人采用更长的词汇，将环氧树脂称为"水基高分子聚合物"。一旦涉及 BPA，波尔的每个员工都会警惕起来。比如，当我问起 BPA 相关话题时，腐蚀工程师斯科特·布兰德克思维开始紊乱，说话也支支吾吾的。保罗·迪路奇奥称，BPA 完全没问题，只是很多人缺乏真正的了解。还有一位雇员听到这一话题时耸了耸肩，扬起一边眉毛，只说了一句话："喂，你故意的吧？"他意味深长地眨了眨眼睛，然后踱着步子走开了。最后，我听到一位雇员说波尔公司是"解决方案的提供者"，而另一个人则说只不过是提供了选择。

易拉罐厂商们还说，生活在现代社会中，在易拉罐以外，还有大量接触 BPA 的机会；易拉罐中的 BPA 含量被认定是安全的；每只易拉罐所含的 BPA 微乎其微，渗透到饮料中的量就更少了；在身体中检测到的量简直少得可怜，而且即便被吸收了，也会通过每天的尿液排出来。"如果把有效数据放到消费者'实际暴露的低浓度'背景下考虑，渗透问题就不会引发反应过激的问题。"这是易拉罐研究专家贝弗·佩奇（Bev Page）写下的一句话。他们还说，易拉罐中的 BPA 与健康之间没有相关性；而且，应用于白鼠的实验也不能直接套用到人类身上，并且很多研究的结果难以复制。最终，他们表示日本、澳大利亚、新西兰、加拿大和美国的大多数法规都认定现行的 BPA 暴露水平是安全的，而最近欧洲食品安全局还推荐将每天容忍摄入 BPA 的阈值提高五倍。

"赞成"与"安全"这样的字眼，却与美国卫生与人类服务部（HHS）的观点背道而驰。HHS 曾提到，父母应尽可能避免将他们的婴儿暴露在 BPA 中。"已知的 BPA 潜在风险对于幼儿来说是最高的"，该机构警告，"因为他们的身体还在发育早期，用于代谢有毒物质的系统还不健全。"国家毒理学项目组（NTP）也使用了类似的语句："NTP 认为，婴幼儿及儿童暴露在当前人类社会的 BPA 水平下，大脑、行为及前列腺会受到一定影响。"同时它还将影响分为五个等级：可忽视、很小、少许、显著和严重，而目前已经到"少许"的级别。美国医学会也是同样的观点。甚至最近 FDA 也宣布："根据新方法和不同终端得到的研究结果，将相当于人类推荐阈值的 BPA 暴露剂量施加在动物体内会产生影响。这些新的研究评估认为，在标准化的测试中，发育或行为受到的干扰并不是典型的。"

弗雷德里克·冯扎尔研究激素的时间几乎和舍尔曼研究易拉罐的时间一样长，他发现 BPA 的效力与 DES 相仿，可以在比 FDA 规定的阈值低很多时产生作用，甚至比一万亿分之一还要低。2004 年，美国疾病控制与预防中心（CDC）发现在 2517 名六岁以上的受测对象中，可以 93% 以上的人的尿液中检测出 BPA。2012 年，加拿大安大略省进行的一项调查发现，食品罐头厂（不是制罐厂）的工人罹患乳腺癌的风险超出普通人的两倍，绝经前期更是攀升到五倍。无独有偶，2008 年在上海以及 2000 年在不列颠哥伦比亚省进行的调查结果显示，这一数字都是三倍。调查表示："他们因易拉罐内涂层而暴露在 BPA 中的可能性貌似是可信的。"

当美国还在辩论 BPA 对人类健康影响的不确定性时，其他国家已经有了决定。加拿大将 BPA 纳入了《加拿大环境保护法》有毒物质名录；法国经过投票，继续禁止使用含有 BPA 的聚碳酸酯杯子；丹麦则经过投票，继续对给三岁以下儿童使用的食品包装实施 BPA 禁令；日本基本已经不再使用含 BPA 的易拉罐涂层。联合国粮农组织和世界卫生组织针对这一主题，召集了一场为期四天的会议。直到最近，美国流行的观点仍然是缅因州州长保罗·勒佩奇（Paul LePage）接受《班戈日报》采访时所说的那样："我唯一听过的是，如果将塑料瓶放到微波炉中加热，会释放出类似于雌激素的物质，因此最坏的结果是，一些女人可能会长出胡子。"

当"易拉罐学校"课程结束时，迪路奇奥——也就是之前拍我肩膀的那位——感谢我的参与，然后告知现场所有人，我们的结业证书就摆在门边的桌子上。

我一边寻找我的证书，一边跟其他人攀谈起来，也顺便看一眼他们的。桌上有几十本结业证书，按照姓氏音序排列着，其中写着：

兹认证：您在 2011 年 4 月 12～14 日期间，于科罗拉多州布鲁姆菲尔德参加了波尔公司开办的"易拉罐学校"并结业。

在此欢迎您加入易拉罐制造师的队伍，祝贺您完成在"易拉罐学校"十六学时培训，并能享受相应权利，其中包括：更优质的易拉罐以及波尔公司的顾客应答服务。

波尔集团执行主席兼 CEO　约翰·A. 海耶斯

美国金属饮料包装协会主席　迈克尔·赫兰尼卡

我按姓氏发音顺序翻到最后——福尔罗（Vuolo），王（Wang），旺森（Wonson），佐恩德（Zeund），伊夫科维奇（Zivkovic）等——还是没有我的姓氏：瓦尔德曼（Waldman）。最后，每个人都拿到了证书，只有我没有。

饮料行业的"易拉罐学校"培训课程结束后一个月，我又回到波尔公司总部，这次参加的是"罐头盒学校"。我提前十五分钟赶到，但这次却在培训开始前被踢了出来。麦卡迪告诉我是因为"参加人员过多"，尽管当时还有六个空座位。我后来通过邮件质问他："你看起来好像在掩盖什么事。"三分钟后收到他的回复："我就权当你在开玩笑，随便你问什么问题。"之后他没有再回应过我。

半个世纪以前，在《寂静的春天》中，蕾切尔·卡森写道："这是人类历史上第一次，所有人都无时无刻地被迫与危险的化学物质接触，从胚胎形成的那一刻直到死亡的那一天。"卡森认为化学物质会在哺乳动物的性器官中富集；她表示喷撒农药的飞行员精子数量偏低；她谈到化工操作员会因失误碰到不该碰的产品而猝死。她将一些化学物质称作"死神的特效药"。

当蕾切尔·卡森创作《寂静的春天》时，她注意到，每四个美国人中就有一人会罹患癌症，现在这一比例几近当时的两倍。在她1964年去世后，我们的地球又经历了一共1439次核试验，其中一半发生在美国西南部。我们已经禁用DDT，但依旧在很多物品中使用BPA，恐怕列举出不含BPA的产品还容易些。《化学世界新闻》（*Chemical World News*）时至今日还在附和易拉罐制造协会、北美金属包装协会以及美国化学委员会，称《寂静的春天》是"科幻小说，应当用观看电视节目《阴阳魔界》的心态去阅读"。我认为这本书比任何电视节目都要可怕得多。卡森写道:"如果我们一直和这些化学物质亲密接触,比如吃下或喝下它们,将它们吸收到我们身体中,我们就应当明白它们的本质和威力。"她不知道的是,还有很多化学物质具有改变人类激素系统的能力,而我们却能够生产出含有阈值十亿倍以上的产品,并通过自动贩卖机卖给学校里的孩子。

就像弗洛伦斯·威廉姆斯在《乳房:一段自然与非自然的历史》(*Breasts:A Natural and Unnatural History*)中所写的那样:"我们追求更舒适的生活——控制生育、吸烟、喝酒、躺在房间里慵懒地读书——这也让我们陷入困境……我们已经让这台脆弱的生物机器超负荷运转了,正挣扎在无限的欲望与有限的承受力之间。"威廉姆斯洞若观火,她对自己的尿液进行 BPA 测量,结果显示为十亿分之五,处于全体美国人的前 25%,但依旧只有美国环境保护署制定的安全标准剂量的四百分之一。她调整了自己的饮食,并在几天后再测量,这次下降到了 0.759ppb。她是两个孩子的母亲,大女儿已经六岁,而她的尿液测量结果是 0.786ppb。

帕特里克·罗斯(Patrick Rose)在 1999 年一场对波尔的易拉罐爆炸诉讼案中担任原告律师,最终败诉,他对 BPA 的关心甚于爆炸。"我从不喝易拉罐里的饮料,"他告诉我,"我也不会让我的孩子接触它们。我很奇怪这一点为什么没有成为常识。"他说,他认为乳腺癌发病率的大幅攀升与 BPA 有关,"我们正在摧毁女性的健康,而这本来是可以预防的"。

贾米尔·巴格达迪,也就是那位管理涂料研究所的易拉罐涂层顾问,对这一问题也是忧心忡忡。他说:"我担心魔鬼会被我释放出来,我宁可使用玻璃瓶。如果涂层没有完全固化怎么办?如果一些化学物质被萃取出来了怎么办？我研究化学，每天都在研究……我知道我们会犯什么错，知道我们怎么犯错。"他认为易拉罐是"可疑的"，也不再购买罐头食品。他告诉我，他很乐意给《纽约时报》写专栏，跟弗洛伦斯·威廉姆斯一样。"你懂得越少，生活就会越好；你知道的越多，忧虑的也就越多……这不是什么等式，而是一种觉悟。我有此觉悟，是因为我的学识。"

弗雷德里克·冯扎尔是位德高望重的生物学家，他表示不会购买罐头包装的食品饮料，也不允许家里出现聚碳酸酯塑料。2010年，他在接受耶鲁大学在线杂志《环境360》（*Environment 360*）记者伊丽莎白·科尔伯特（Elizabeth Kolbert）的采访时，回忆起行业潜规则的一次表演。1996年，他研究发现很少BPA就能影响婴儿发育，而与此同时，其他人研究的剂量是他的2.5万倍。此时，陶氏化学建议他不要发表这一研究结果。当他坚持发表时，BPA的生产商给他打来了恐吓电话。化学工业也是如此。他说毒理学家会被限制进入某些领域，并分为八种限制等级。对于管理部门，他表达了更大的愤慨，称他们是"在过期几十年的流程上抱残守缺"，不懂现代科学，更不知道怎么运用。他在几十种期刊上发表过内分泌干扰分子的论文，其中包括《自然》、《美国医学会杂志》（JAMA）、《美国科学院学报》（PNAS）等。他认为整个体制已经僵化，处处都是谎言。"这是商业应用中产量最大的内分泌干扰物质，"他告诉科尔伯特，"我们还不知道它存在于哪些产品中，只知道它会对动物造成重大伤害。如今也已经有一整套研究数据显示，BPA对人类的影响如同动物一般。这让我很害怕，这不是杞人忧天，这是一种迄今为止我们所知道的最危险的化学品，除了二噁英以外。同时，它也是如今世界上被研究得最多的化学品。NIH拨付了三千万美元对它进行研究。

如果只是几个危言耸听的人认为它是问题，那么你觉得欧洲、美国、加拿大以及日本会将其作为优先研究的化学品吗？"

迈克·亚当，那位 FDA 的化验师，并没有对所有易拉罐饮料都反感。"我知道我们是怎么评价这些物质的，"他说，"我们有这个星球上神经最紧张的毒理学家，而他们对自己的决定都非常慎重。我没有任何怀疑。"对于模拟实验，他说："我们百分百确信这不会有问题。"至于 BPA 引发的关注，他称为"风声鹤唳"。他告诉我，检测实验室"正竭尽全力地、实实在在地提高分析能力"。

波尔公司的雇员们不是伪君子，他们也会吃自家产的罐头盒装食品，喝自产易拉罐里的饮料。有些雇员们相信，这些罐子还会越来越好，所以有关改进极限的讨论毫无意义，有些则说没有改进的空间了，易拉罐已经是工业上可以实现的最高水平，生产的失败率也已是最低。如今的易拉罐廉价、实用而精致，也许还是很好的捕鼠器。但它还是不完美，因为很多人将 BPA 视为一个商业问题而非健康问题，他们不愿意承认也许"不含 BPA 的易拉罐"是未来改进的方向。

更奇怪的是，波尔公司已经可以做出这一产品了——他们为密歇根州的伊甸园食品公司（Eden Foods）提供了不含 BPA 的罐头盒，用于包装四种豆子和四种辣椒。苏·波特（Sue Potter）是这间公司的市场总监，也是公司总经理的太太，据她说，公司还在尝试将西红柿做成罐头，只是西红柿的酸性太强了。其实，只包装普通的西红柿也是可以的，但加了大蒜、洋葱和罗勒之后就不行了，波尔方面说这只能维持六个月。波特告诉我，不含 BPA 的罐头盒是用一种油性树脂搪瓷（一种天然的油性涂层）制作的，比一般标准的罐头盒贵上 2.5 美分。"我觉得每个公司都应该这么做，光靠我们可不行。"她说。

如何称呼这种腐蚀抑制剂的内涂层？所有人都犯了难。FDA称之为"树脂状的聚合涂层"；波尔称之为"有机涂层"，或"水基高分子聚合物"；美国环保局称为"化学污染物"；健康研究人员称为"内分泌干扰分子"以及"慢性毒素"。大家都在讨论，正是因为我们大多数人都已沉溺于易拉罐，因此才让我们戒掉易拉罐比戒掉啤酒还难。

位于旧金山的乳腺癌基金会已经鼓励他们的成员使用不含BPA的罐头盒，其中包括德尔蒙特食品公司（Del Monte）、通用磨坊（General Mills）和康尼格拉食品公司（ConAgra）。美国有一半州的立法机关已经提出禁用BPA产品的法案，但大多数法案最后都无法通过，通常是因为商业委员会的反对。美国每年会生产数百万加仑的BPA，利润高达六十亿美元。很少有已当选的官员能在美国化学协会、食品制造商协会和美国商会面前昂起他们的头颅。

在酒精类饮料的外包装上，官方提醒修正为："根据美国外科医生总会的意见，怀孕期间的女性不适宜饮用酒精或易拉罐包装的饮料，以免影响胎儿。"我问起贾米尔·巴格达迪对此有什么看法，他说："现在很多人都会看标签。但是，这有用吗？还真有用，这至少前进了一步，就好像全球变暖问题一样，我们越早开始讨论，无论用标签、书籍、论文还是别的什么方式，都会对整件事越有利。"不过他也强调，只有外科医生总会这样权威的部门才能促成这一改变，他个人不会提出这样的修正意见，因为这样会受到行业的排挤。

在参加"易拉罐学校"之后很久，我无意间发现两位将易拉罐视作完美包装的崇拜者。这两位都生活在罐商依赖含BPA的环氧树脂之前，也是在《寂静的春天》出版之前；这两位也还没看到行业近来变得愈加隐秘，游说、不认账、拖延和欺瞒等把戏还没上演。从这层意义上说，他们都显得有些天真，因为当时还不需要考虑成本与健康之间的平衡，也没有觉察到要在产量和质量之间找平衡。

装满啤酒、激浪或是鲍勃能量饮料的金属易拉罐，总是存在着生锈的可能，但对于他们来说，这种威胁只是微乎其微的黑点，或是一丝不太可口的异味。在内分泌干扰被发现之前，他们对这种简单而完美的熵增控制方式感到自豪。我们中的大部分人从来没有注意到基座上的皇冠，而这两位却留意到了。

第一位崇拜者是美国国防后勤部的陆军上校威廉·格鲁夫（William Grove）。1918 年 2 月，在波士顿举行的全国罐商协会年会上，他朗诵了一首诗：

> 我们可以不穿鞋跋涉；
> 我们可以不用枪战斗；
> 为了越过匈奴人的头顶，
> 我们也可以不用翅膀飞翔。
> 我们可以不用伴奏唱歌；
> 我们可以不带标语游行；
> 然而现代没有哪支军队，
> 可以不吃罐头食品。

第二位崇拜者是美国制罐公司的总裁威廉·施托尔克（William Stolk），他也是第一只啤酒罐的发明人。1960 年 4 月 21 日，他在纽约如是说：

如今，全世界都在流行一种趋势——用规模和壮观程度来衡量物质文明。比如不发达的国家相互之间会比较：谁拥有最大的炼钢厂，谁拥有最高的大坝，谁又拥有最具价值的精炼厂。比完这些后，它们又开始比导弹、火箭和航天飞机。我们美国制罐公司从未参与过这些炫耀比赛，无论是比规模还是比速度。我们旗下的120家工厂多数规模很小，产品也是今天打开明天就被丢掉，而我们最值得称道的成就却默默无闻，人们甚至完全看不到。然而，它们和电话、汽车和电灯一样，是现代社会变迁的标志；它们让无数家庭妇女的家务劳动变得更轻松；它们给农场主们打开一片即食食品的广阔市场；它们减少了像坏血病和糙皮病这类因食谱不全导致的疾病；它们让超市、自助食品店变得有可能，也让人们不需要雇用仆人来干家务活。实际上，无论是大城市还是小城镇，都缺少不了它们的身影，没有它们，我们的人口会分布得远比现在更分散。

我想成为他们那样单纯的人，我想成为易拉罐的信徒。但这已经不可能，因为我也有一天也会抚育孩子，我希望我的孩子不要因为我追求方便而被暴露在内分泌干扰物质中。我也希望自己能够对工业和政府多些信任，而且就在"易拉罐学校"培训课程的第二天，也就是我被排挤到一边之前，我觉得自己似乎做到了：当我用纸杯喝咖啡时，居然在想：这咖啡为什么不是罐装的？

5

一座炼钢厂的慢性死亡
Indiana Jane

美国生锈最严重的地方并不对公众开放。这片区域被一圈高高的铁丝网包围，每天都有私人保安和城区警察巡逻，外面还挂着警示牌，上面写着：

私人财产

不得擅自进入

违者将被起诉

注意：

本区域有监控

请远离危险

佩里格罗

这个地方就是位于宾夕法尼亚州的伯利恒钢铁厂，曾经的世界第二大炼钢企业。自从南北战争期间第一次生产出钢铁以来，这里就开始生锈。直到 20 世纪 70 年代中期出现滤尘器之前，伯利恒的铁锈已经严重到甚至开始污染周边的城市。它们落在城市的玻璃和窗台上，居民也因此不敢晾晒衣服。对于老一辈的炼钢工人来说，对锈蚀的记忆比炼钢本身还要深刻，他们声称自己可以根据铁锈的厚度算出当月能领多少薪水。1995 年，美国钢铁行业摇摇欲坠，随着最后一座高炉被关闭，他们也跟着失业了。自此之后，这个地方再也没有进行生产，只剩下生锈的建筑。如今，从空中鸟瞰，这个废弃的工厂就如同一座棕色的古堡，坐落在绿意盎然的城市中。

生锈禁地大冒险

一位名叫阿丽莎·伊芙·苏克（Alyssha Eve Csük）[1] 的女士对这里特别熟悉。她是一名炼钢厂工人的孙女，如今是一名摄影师，拍摄的对象正是铁锈。迄今为止，她是唯一一个我认识的懂得锈蚀之美并以为谋生的人。也正因如此，在 11 月底一个下雪的日子里，我跟随她一同探访了她口中的这座"游乐场"，去看看她平时做的事。

我和苏克约在伯利恒市的一家咖啡馆。她已年近四十，穿着牛仔裤和棕色毛衣，挑染的金色长发披散到肩膀以下。她身高中等，看上去有些禁欲，还有些心不在焉。在她的建议下，我用棕色纸袋打包了一份松饼和一份百吉饼，放到外套口袋里准备当点心。随后，我们穿过街道，前往她的工作室。在那里，她先回复了几封邮件，然后带上待在钢铁厂一整天所需的装备。在她准备期间，我欣赏起她的作品，继而感到不可思议，亲眼看到这些照片比在网页上看到的还要生动。有些照片悬挂在工作室前门旁的墙壁上，很多都选自她的影集《钢铁剪影》(*Abstract Portraits of Steel*)、《钢铁工业》(*Industrial Steel*)、《后院》(*The Yards*) 和《场记》(*Slate Abstracts*)。还有一些叠在柜子顶上，更多的则是放在抽屉里。厨房的餐桌上有一小叠照片，书桌上则放着一张蓝色的照片，看起来似乎同时用了远焦镜头和近焦镜头。一只差不多二十岁的棕色斑纹猫一直在我脚边转悠，苏克管它叫"甜豆"。

除了三幅小小的罗丹素描外，工作室里的所有物品几乎都和

---

[1] 这一少见的姓氏与 book 一词押韵。

苏克的摄影事业有关。在书架上，我看到很多有关摄影的著作，像亨利·卡蒂埃－布列松（Henri Cartier-Bresson）[1]、玛丽娜·阿布拉莫维奇（Marina Abramovi）[2]、玛丽·艾伦·马克（Mary Ellen Mark）[3] 的都可以在这里寻到踪迹。在一张空白的任务单旁，我看到一句话，像是从什么诗集摘抄出来的：“你是狂野的宇宙之神，你的艺术属于一个拥有万千梦想的世界。”这与事实相去不远。她的作品多次发表在各种摄影杂志和《纽约时报》上，也常见于很多画廊、私人住宅或是公司大厅。在苏克眼里，锈蚀不是沉闷的棕色，也不意味着老化和腐朽；它充满生机，意味着生长，比银白色更令人兴奋。尽管她的一些作品看上去有波洛克的风格（Pollockian）[4]，但大多数都异常炫目，像是某种野生动物的毛皮，又像是西部砂岩上的铜绿，又或者是极光与火舌。当对着金属调焦时，她捕捉到了红色的斑点、黄色的波纹、绿色的波峰、蓝色的锯齿，还有橙色的斜线。有些作品像日本的水彩画，有些又像书法。其中最令我想据为己有的一幅，就像是一条悬挂在一片黑色约塞米蒂花岗岩上的蓝色瀑布。

　　最终，苏克穿了条乐斯菲斯（North Face）的滑雪裤，套了件圆领毛衣，又披了件黑色的长款风雪衣，脚踩一双灰色登山鞋，迅速戴上一副红色半指皮手套，背了一只黑色双肩包和一只绿色帆布单肩包。当然，包里装的都是相机。随后她又拿上一副碳纤维三脚架，

---

[1]　法国著名摄影家。

[2]　南斯拉夫著名行为艺术家。

[3]　美国著名摄影家。

[4]　20 世纪美国艺术家杰克逊·波洛克的绘画风格，其主要特点是抽象表现，没有特定形状。

带我坐上了她的越野车。

干艺术这行总需要打破常规，苏克的锈蚀艺术也不例外。虽说她也拥有进入废弃钢铁厂（现在所有权已经归属于伯利恒金沙博彩度假村）的许可证，但严格来说，她只能待在地面上。她肯定不满足于此，因此经常偷偷溜进去探访。而这次她还是如此，只不过还捎上了我。

苏克向南行驶了一英里，过了利哈伊河后把车停在了新街大桥旁。在桥下，我们翻过五条铁轨，爬上长满青草的河堤，到里面一看究竟。我尽可能地抓紧三脚架，以防被别人发现。就在前方半英里处，五座高达两百英尺的高炉依稀可见，苏克径直走向它们。她沿着河堤上的石块往前走，边走边观察，但大雪让道路变得极其难行。杂草丛生的堤岸上，积雪刚刚没过我们的脚。前往钢铁厂的路走到一半，一辆白色的敞篷小货车沿着铁轨边的石板路从后面慢慢驶来。司机是个大胡子，或许是铁路公司的员工吧，超过我们时还挥手致意。我们没有其他选择，只好也冲他挥了挥手。后来，我才想到也许他是想让我们搭便车。

五分钟后，在钢铁厂的阴影下，我们的道路上出现了一些障碍。首先是一台摩托车突兀地停在中间的铁轨上，还有一堆两层集装箱，意外地挡住了我们的视线。苏克看了看两条不同方向的路，二话不说就从滑溜溜的堤坝上滑了下去，而后翻过堤坝，我只好紧跟在她身后。眼前又出现了两条道路，她再次毫不犹豫地跑向第二道障碍——铁丝网篱笆。她忽然想起雪地上的脚印会暴露我们的踪迹，于是又跑回来，想将脚印擦掉，但结果却变得更糟糕。随后，我们踩着鹅卵石路面沿着篱笆走，这样就不会再留下脚印了。我跟着她走了很长一段路，然后看见了篱笆上"禁止翻越"的牌子。时近中午，我们终于翻过了篱笆。苏克在前，我殿后。

在随后的五个小时里，我跟着苏克在这座迷宫般的庞然大物中闲逛，里面混乱的程度堪比撒哈拉以南的市场，而苏克就在这里小心翼翼地寻觅那些容易被人忽略的美学细节，连一张地图都不用。为了占据有利地形，她爬到一座三十英尺高的大烟囱顶部，然后沿着巨大的吊车攀到更高的位置，架起三脚架拍了六十九张照片。整个下午，她只有一次感到紧张，但不是因为恐高：她先是跑进了一座被灌木和藤蔓深深覆盖的院子，地面上铺满了玻璃碎片和旧铁桶，巨大的棕色油罐还隐约可见，而她之所以紧张，是因为担心在空旷的地方可能被人看见，这让她很不自在。她找到了前往4号高炉的路，而那也是她最喜欢的地方。在那里，她爬了几级锈迹斑斑的陡峭台阶，巨大的燃气炉炉壁上也布满锈痕。就在这里，她有了新发现：一段金属管从高炉上脱落，落到地面上后碎成一堆，新的锈蚀表面也因此露了出来。

她说："这里好美，但不知道这符不符合我的格式要求，看来要先用相机观察一下。这应该要用素描构图。"她把三脚架打开，放在金属格栅上，然后装上相机——配备35毫米镜头的佳能 EOS 1D Mark IV。她半蹲在镜头后，左膝在下，右膝在上，右肘架在右膝上维持平衡，姿势看起来很像罗丹。透过相机，她看了看拍摄对象，又将三脚架后移了两英尺，然后说道："这镜头用不了，画面太扭曲了。"边说边将35毫米的镜头放进外套的右口袋里，换上了24～105毫米的镜头。她将焦距调到100毫米，并将三脚架抬高了一点："跟我预想一样，这真的不符合我的格式要求。应该还有调整空间，现在画面还是方的，我再调整一下……嗯，试试再往后移一点。"

苏克花了近四十五分钟调整位置，但其实她也不知道这么做是否值得。收拾器材时她问我："你听到什么声音了吗？"我告诉她，似乎是城里什么地方的摩托车发出的声音。她解释说："经常这样，这里的很多零件都会掉落，然后发出一些类似的声音。"后来，她告诉我，这里经常会有重达三四十磅的物体像下雨一样掉下来，简直就是空中杀手。

　　她爬上另一段台阶，走到高炉上光线更充足的位置。她走得很慢，头微微斜向左边，自顾自地说道："我希望我们能够多拍一些，拍出一整个旅的照片。你看这里多美，我要把它们都拍下来。"我无法理解她的话——哪有什么一整个旅？我连一个排，一个班都看不到。她继续说道："我从没见过这些东西，因为它们以前都被盖住了。现在算是露出来了，但以后还会继续风化。"她又将三脚架后挪了几尺，双膝一起蹲下去，头还保持着歪斜的姿势，很像算命先生。接着，她又把三脚架移动了几寸，然后透过取景框观察，接着又再调整了几寸。这一次观察后，她把相机朝右掰了一点，然后又往后拉了几寸，再抬高一点，然后再向右一点，接着又向上提了一点。最后，通过一根三英尺的电线，她的右手按下了快门。她靠了回来，头倚到一根生锈的扶手上，喊道："简直完美！"

　　在高塔的另一侧一处朝南的拍摄点上，苏克又一次开始了调试："好像有点震动，我要连拍了。"震动是因为脚下八十英尺处刚刚通过一列火车。不过即便没有火车通过，她可能也要拍上几十张，却未必能找到一张满意的。这片景致她大概探访了五次，包括白天、黑夜以及各种各样的天气，但还是没有拍到满意的照片。然而这一次，她似乎有了灵感。"这片风景似乎蕴藏着一些真正的美。"她调整镜头曝光时间，从 0.8 秒到 2 秒不等，然后将三脚架向左移了几尺："这可不仅是有趣。"拍下一张照片后，她把三脚架向左移了几尺，又拍了四张。然后心满意足地站起来，眺望着铁轨，仿佛在倾听周遭的声音。这时她才注意到一些从未见过的青苔，"拽"着她向前走去——为了探访这些金属，她已经忘记了脚下的路。

就在此刻，我听到了一些异响。我的心跳随之加速，甚至整个人都僵住了。

在这座废弃的钢铁厂里，苏克早已身经百战，经常可以遇到各种流浪汉或探险者，而且总能在被他们发现之前先发现他们。她曾经在一辆只有一个出入口的吊车上，听到脚下的房间传出一些声音，于是她一动不动站了整整半个小时，直等到那些人离开。还有一次，她差点就和一个来自西彻斯特的疯子撞上了，那家伙不久后就被逮捕了，并被发现身上带有许多把枪。2005 年，在两百英尺高的地方，她踩在一段缺了四块横板的楼梯上准备对焦时，经历了一次生死劫。当时，她和另外一位摄影师在 5 号高炉撞到了好几个人，于是两人一起跑到 4 号高炉的一个黑暗角落躲了起来。在通过一个洞穴般深的房间时，她从一个方形洞口掉了下去，下面曾是熔化的铁水流往下方轨道车时穿过的砖制隧道。根据另一位摄影师的描述，苏克前一秒还在那里，后一秒就消失了。"看不到她的双肩包，也看不到她的相机或三脚架，她就那样突然消失了。"他告诉我，"那次她差点就死了。"苏克摔落的地方足足有两层楼高。那位摄影师用胳膊托起苏克，把她拉了出来。在那次事故中，一只昂贵的林好夫（Linhof）镜头被彻底摔碎，苏克的左腿也被割伤，幸亏再没有其他伤。这件事之后，她再也不敢在这座炼钢厂内部乱跑了，同行的那位摄影师如今还经常和苏克一起回到这里，并称她是女版"印第安纳·琼斯"（Indiana Jane）[1]。

苏克重新出现后对我说："这里的一切都充满了神秘，到处都是这样的色彩。"为了掩饰紧张，我只好不提听到异响的事。随后，她让我紧跟着她，并带着我顺着角落走下幽暗的阶梯——她的表现一点都不像熟悉这个地方，所以我肯定这是一条新路。然而，当我走出建筑时，却看到了来时的脚印。我感到很惊讶，苏克却告诉我，她经常发现自己在绕圈子，因此干脆就像个瞎子一样，跟着直觉走。她相信自己的直觉，也经常为偶遇的美景感到震撼。谈起拍摄锈蚀时，苏克承认："从如此萧瑟的事物中寻找生机，的确很有意思。"她看起来一下子就成了生物学家或登山探险家。

她在起伏的斜坡上爬上爬下，钻过铁丝网，沿着弯曲平台上的高架栈桥走到一处分岔口。她停下脚步，回头让我紧跟着她，因为这里可能会被人看到。随后她又钻过一片铁丝网，顺着一段斜坡来到另一栋建筑。

站在这座建筑的横档上，她朝西望去，指着钢梁上一只巨大的排气阀说："真希望我能把它拍下来。"阀门起码有六十英尺高，悬挂在一片混乱的庭院中。"我真的很喜欢这个地方的一切，红与黑的杰作都很迷人。但我拍不到它，在这里你会慢慢地习惯这种纠结的情绪。"之所以拍不到，是因为她的三脚架需要固定在平地上，这里无法满足条件，而且也太危险了。"这里就是丛林般的景象，很像原始部落。"她一边说话一边来回走动四处查看，但最终无功而返。"哎，

---

[1] Indiana Jones 是"印第安纳·琼斯"系列冒险电影的主角，苏克是女性，故称 Jane。

你说，为什么就够不着呢？"接着，她仿佛在对下面的庭院说，"你还不如杀了我呢！"

苏克想办法继续往上爬，来到一片视野开阔的高地。她向外望着那些被白雪覆盖的屋顶，对以不同角度和形态落到不同表面的积雪赞叹不已。有一处地方的积雪因为部分融化而滑落，留下一道条纹；又有一处地方，雪花上溅了水滴，于是就多了些斑点。在一个弧形截面，积雪慢慢变薄。此时，苏克注意到一根她以前从未见过的电线挂在下方，便说道："我想把这些都拍下来。"正如她后来告诉我的那样，她可以站在一个地方就这么看着，一直看下去。她很有耐心，说话不快，走路不快，吃饭不快，打字也不快，干什么都慢条斯理，除了开车。她偶尔喝咖啡，但拍摄前绝对不会喝，而我早前还误会她慢吞吞地来咖啡馆的事：原来她为了能够专注于拍摄。我看着苏克，一如她看着这里的景色，久久都没有将视线转开。忽然，她跪在地面上，然后又猛然跳起来。"不知道那辆车为什么停下来了。"随后她让我找个地方藏起来，要在窗框边缘以外，不能被人发现。同时，她也定住身形。"他们没有看咱们这边吧？"

苏克第一次去上摄影课只不过是觉得好玩，当时她还是一名不太得志的医疗转录员，在利哈伊谷医院旁的一家医药公司为一些血管外科医生服务。当她意识到自己想做更多的事，朝九晚五的生活根本无法满足时，她决定进入心理学或设计领域。在权衡了几个星期后，她最终决定在北安普敦社区大学学习设计。一开始，她的课程是学习绘画，然而自长大后她就再也没有画过画，即便是小时候也不算真正画过。她的父母让她在一面墙上涂鸦。她哥哥在墙上画了些人物、房子和树木，而她却画了一些抽象的形状。她的母亲曾在艺术学校里学习过绘画，而且还拿过奖，但她没有强迫苏克进入艺术领域。不过，苏克多多少少还是能从家庭中感受到自己在艺术天赋方面的压力。自此之后，她便有些惧怕绘画和艺术。在北安普敦社区大学，她尝试过学习绘画，但发现自己患有一种被老师称为"艺术阅读障碍"的病症：她会将灯光画成暗色，而黑暗的物体却又被画成高光——她画出来的是相机底片。发现这一点后，她选了一门摄影课程，并很快就沉迷其中。之后，她就如同拿到了一把开启密室的钥匙。

当她二十多岁时，一位男性朋友带着她去参观博物馆和画廊，去歌剧院听菲利普·格拉斯（Philip Glass）[1] 的音乐会，而她也因此决定在摄影专业方面走得更远。于是，她申请了罗切斯特理工学院，并在 2003 年 11 月成功被录取，可以在次年开始的新学期入学就读。当月月底一个微风习习的日子，她在前往佩里街的途中，被这座炼钢厂废墟反射出的微弱光芒深深地吸引了。她骑着自行车凑上去，却被铁丝网拒之门外。她透过铁丝网往里看，然后彻底为之震撼，只想立即回家把数码相机带过来。两天后，她没寻找更好的方式，而是选了我们走的这条路，也没有事先调查警察巡逻的情况。当时，一名警察从警车里钻出来，冲着她喊："你进入了私人领地。"她只好回到桥上，沿着利哈伊河在河滩的岩石上走了半英里才接近钢铁厂。她朝堤坝那边看了一眼，然后穿过铁轨，钻进了这片美国生锈最严重的地方。此时，她的心仿佛提到了嗓子眼，恰好一辆火车经过并拉响了汽笛，她便迅速地跳了进来。

---

[1] 美国作曲家，在电影《楚门的世界》中担任配乐并荣获金球奖最佳原创配乐，代表作有歌剧《沙滩上的爱因斯坦》等。

从此，她的好奇心成就了她的职业，而且看起来这是一个很有价值的拍摄主题，她可以在前往罗切斯特理工学院之前完成。她原来预估，这个计划可能会花费三十天，但在接下来的八个月里，她有四十六天都待在这座工厂里。而新学期开始后，她甚至想不去上学，继续在这拍摄锈蚀。

在罗切斯特理工学院，苏克开始学习新闻摄影，但这不是她想要的。她真正想学的是尽可能多的技术手法，因此她又换到了广告学——这意味着她有更多时间待在摄影棚里，对此她感到很满意。毕业后，一位教授问起她的理想，她表示想成为一名优秀的艺术摄影家。教授笑了笑，说了一句："你知道这有多难吗？"苏克对我说："没有人鼓励我，我选择去的，是一个冰冷的魔鬼训练营。"

如今，距离那一天过去了差不多九年，她作为美国最卓越的锈蚀摄影师，依旧奋战在这座废弃工厂——这已经是她来这里的第 377 次了。

锅炉上的"彩虹"

那辆汽车开走了，苏克也"解除"了定身状态。她沿着回旋阶梯走下来，然后爬上斜坡，从铁丝网钻了回来，看了看岔口，再沿着升降梯通道下降了差不多一百英尺。停下来后，她又钻过左侧的铁丝网，顺着另一条斜坡走下去。

直到这时，我才开始观察苏克四处探访的方式。我发现头顶的管道上形成了漩涡状的水滴，苏克已经见过它好多次了，而且至少六次尝试将它拍下来。"它很迷人，"她说，"我希望我能拍到，但我爬不到那么高，这太折磨人了。每次遇到好的目标却拍不到，都会觉得特别纠结。"为了捕捉这些水滴，她说她必须在下雪天早一点赶到，这样就可以借助反射的光线，而不需要打开闪光灯。她的语气非常坚定。这根管道也不会突然消失。

顺着斜坡走到一半，苏克捕捉到了锅炉上的一处"彩虹"，在十五英尺高的位置上闪烁着光芒。"太漂亮了，但我只能正面拍摄。"她赞叹道。她把头低下来，在肩膀的高度扫视了一遍，又有了新的发现："哇，真是太漂亮了。只需要调整一下角度，你就能看到各种颜色。"她把三脚架拉高了四英尺，同时说道："太有意思了！我觉得我就像一只雄鹰，要不哪里还有人会看到这种美景？不过我也不知道能不能拍到。"她找了个位置放下相机，尝试了几种构图，然后说："很多人都喜欢说，'我抓住它了！'，我就从来没有这种感觉，我总是感觉跟它之交臂。"

她继续往上爬，跨过一些锈蚀的零件，攀上锈蚀的格栅，穿过锈蚀的铁门和门框，靠在在栏杆和横梁上，这些东西看上去似乎随时都会断开。松脆的地面上到处都是嘎嘎作响的碎片，她却能安静地通过。穿过一扇弹簧门，她在确保门不会重重关上后继续前行。即便是打喷嚏时（只有一次），她也能保持安静。整个空间就如同处在一面鼓里：紧绷、喧扰、漆黑，到处都是回声。她回到地面后，又爬上了另一段阶梯的平台，说："我喜欢这里出现的一切，水，还有这些绚烂的红色，但是这里的构图不够好。"她一边走一边回头看："我喜欢那边的红色区域。"

她很快又爬了两段楼梯，在一处铺了足有一寸厚铁锈的平台上停下来——她正在找寻更好的角度。在那上面，她指着一面橙色与棕色交错的墙说道："颜色变化真是太神奇了！它们有一天还变成了蓝色，就是那种会发光的蓝色。"然而此时站在平台上的我，却听到下面似乎传来了一个男性的声音。我将这个发现告诉苏克，她立即躲到一间暗室，安静地站在那里，并冲我说道："完了，是乔！"

那天上午的早些时候，苏克曾和我说起过乔。他全名是乔·科赫（Joe Koch），在钢铁公司担任安全员长达二十六年，如今则在这里担任保安。他曾多次将苏克挡在门外。上一次撞见时，他还给她做了四十五分钟的思想教育，说盗铜贼可能会杀了她并就地掩埋，到时候就只能通过寻尸犬才能找到她了。苏克看着我严肃地说："下面那个肯定是他。"

苏克第一次被允许进入这座钢铁厂是 2004 年。当地的开发者与她签署了保护条约，她必须站在地面上，远离高炉这些危险设施，以确保安全。当金沙度假村买下钢铁厂之后，她的准入许可也随之转移。尽管如此，保安们——许多人都曾在这个钢铁厂工作过大半辈子——还是经常阻止她进来。他们向她索要每小时三十美元的引导费，声称此地对年轻女性而言很不安全。然而，苏克有一位朋友在拉斯维加斯的金沙行政部，发现她的许可证其实是永久有效的。而就在同时，金沙度假村的一位设计师提出要与苏克接触，看看她这些年都拍了什么。

看过苏克展示的照片后，他被彻底打动了，其他新来的老板也不例外，很多保安（那些钢铁公司的老员工）也无话可说。"他们从来不知道锈蚀可以这么美，"苏克说，"他们说，'我之前从没这么看过铁锈。'"

在认识到自己的场地原来如此迷人之后，度假村开始邀请苏克担任他们重新开发计划的见证人。所谓重新开发，也就意味着那些吸引过苏克许多年的地方将会被破坏。从 2007 ～ 2009 年，所有围在高炉旁的建筑物，除了一座之外，其余全部被掏空、破坏或铲平，包括研磨车间、铸造车间、锻造车间、工具房、机械房、碱性氧气转炉、平炉、电炉、酸性转炉以及销售部办公室等。原有的位置都被改建成停车场，并构建了一些景观。对于苏克而言，唯一保留下来的就是庄严的高炉了，它们被竖起来的铁丝篱笆保护着。

苏克记录了这一壮观的变迁，并准备将之集结成册出版。她觉得这就像是看到了一个慢性死亡的过程。在她的影集《钢铁工业》中，很多照片看上去都透着一股虔诚，仿佛这片钢铁庭院是一座标志性的山峰或是一座原始大峡谷。这里的环境和内在构造都非常清晰，无非是墙壁、房间、吊车和线圈。但它们在照片里却像是一些地理景观，或沐浴在朝阳晨光下，或徜徉在落日余晖间，或流淌在月色朦胧里，或迷失在雾海雪山中。苏克说，她常常会花上几个小时，观察厂区里的光线变幻，然后用相机记录下来，就像人们在美国西部拍照那样。

记录这座让她成为摄影师的工厂的变迁，实在不是件容易的事。她不仅需要专注于钢铁和锈蚀，还需要关注石板、废料场和树木，这么做也是为了让工厂的灵魂不至于死去。后来经济衰退，金沙度假村也就把出版这本书的计划抛到脑后了。

如今，这些高炉仍然保持着原样，但表面多少有些损坏。窃贼在其中肆意劫掠，尤其是盗铜贼。电影《变形金刚2》的布景师也让这里的一部分变了形。就像诗人华莱士·史蒂文斯（Wallace Stevens）写的那样，死乃美之母，但这有时间限制。几个小时前，苏克爬上4号高炉的第四层时，发现炉子上的金属管道已经被扒下来，她看着下面的我说："天哪，看看这一堆，这就是被狠狠掏出的内脏啊，太惨了。"她希望钢铁厂可以自然地死去，不需要人为的加速或帮助。

其实，苏克在车上就跟我说过，如果她有一台时光机，她一定会让时间倒流十年，来到这座工厂刚刚被废弃时，也就是仍然开放、真实、原始而有序的那个时候。当时我不理解她的意思，然而当我身临其境时，才真正明白这一切。正如现在她所说，能够重新感受那个时代的气息的唯一途径就是偷偷溜进来。至于夜间探访，她觉得"是提供了纯粹体验的最好机会"。后来她告诉我，如果买彩票中了奖，她一定会用那些奖金买下这座废弃工厂并保护起来的。

漫长的两分钟里，我们就像石头一样僵硬地站在暗室里。我想知道，那个开着卡车的大胡子铁路公司员工是不是真的想让我们搭便车。苏克紧张的时候一般都会沉默不语，她默默走到有光亮的地方，脚下的锈渣发出嘎吱嘎吱的声音。她警觉地四处张望，随后爬上另一段台阶，在那里她看到一些管子闪烁着绚烂的绿色或红色，于是打算拍下来。

"就是这个时候，它们的颜色让人感到惊艳，"她说，"简直是完美。我是说，看着这些色彩，感觉一切都那么富有生机。我之前曾到过这，但这样的景色还是第一次见。"她把三脚架设置到五英尺高，按了几下快门，整个人兴奋至极，说道："哦，我知道我们该去哪儿了！"在准备去其他地方之前，她站到三脚架前，踮起脚尖，头向左边倾斜，呼吸凝结成一股上升的蒸汽。快门线左右摇晃地悬挂着，而她却一心想着照片。随后她将三脚架后移了几尺，一直靠到栏杆上——如果从栏杆翻落下去，相当于从五层楼上摔下来。随处都可以听到水滴的声音。

"我经常会心猿意马，"她说，"我要拍这个，但这个景色还只是不错而已。我今天很开心，应该又能获奖了。"她所说的"获奖"，其实就是指能拍下她很喜欢而且还能卖出去的作品。她之前拍摄的

28093 张锈蚀的照片中，只有 113 张获奖，而仅仅今天一天，她就收获了 3 张。

根据不同的尺寸，苏克的照片可以卖到从 800 到 3200 美元不等。而就在 2012 年，她卖出的照片大概有一百多张。有一张印刷在金属上的照片，尺寸为 46 寸 ×96 寸，售价三万美元。大多数照片她都是印在哈尼穆勒（Hahnemühle）水彩纸上，选用的是档案级颜料。当我第一次在她的工作室中看到时，我甚至以为这是三维照片，否则立体感怎会如此强？照片中的细节也处理得非常好，以至于我经过激烈的思想斗争，最终才克制住拿走一张的冲动。我坦诚地跟苏克说，我希望这本书可以快点出版，这样我也算可以买得起一张了。

"这会让你联想到风筝，因为风筝也是这样的色彩，这样的形状。"她说，然而我并没有想过什么风筝。她取了十几个景，最后又放弃。她解释说，她总是避免表现得太过明显，并且一直在追求美以外的东西："很多人看到我的作品，知道这是铁锈，却从来不会觉得它们是。所以，不能太过浮于表面。"

曾经有人跟她说，她有一幅作品看上去很像心脏瓣膜，但她自己却觉得像是一颗地外星球。还有一幅，她认为看起来像大象，但有人说是山脉，有人说是"老人与海"，有人说是花瓶。她还经常听到别人这么评价她的照片：纳瓦霍（Navajo）鸟喙、雪豹、罂粟种植园、森林、雪中树叶、星云、阿米巴原虫、抽象的裸体画、世贸双子楼……我得承认，有一张照片看起来很像爱因斯坦。有一些照片她也不知道该怎么描述，就直接用了原始风、未来风、史前风或时空交错风这样的词语，或者是水泥厂、洞穴、死亡谷这样的地名，听起来似乎不属于我们这个世界。她在距离她家一英里的地方已经拍到最棒的作品，所以现在希望能去 NASA 的发射平台上拍一拍锈迹。在我们的对话中，她喜欢用优雅、神奇、超凡、饱满这样的词汇，却很少发誓要做什么事。她接受卡尔·荣格（Carl Jung）的意识流理论，并信奉《侘寂之美》（*Wabi-Sabi*）里的哲学思想与见识。如果不是轻微的新泽西口音，她也许可以很容易地融入博尔德或旧金山。

苏克对于升降井下方一处洞穴般的狭长空间有种特别的喜爱，因为到了冬天，这里就成了巨大的冰柱乐园，所以她选择从这条路走下去。快到最后面的台阶时，她提醒我："你要小心，别人可以看到你在这儿。"我有些迟疑，因为在这里只看到一些巨大的齿轮，却没看到她所说的冰柱。为了不暴露自己，我迅速爬了上去，同时注意到苏克正在拿她的三脚架当作登山杖。

就像一位年长的贤者那样，苏克随意地走过一间暗室，暗室里黑色油漆正在从栗色和黄色的金属层上脱落。"这里曾经是钴蓝色。哎，迷人的钴蓝色，这些年的变化真是太惊人了。"她围着一只炉子走了一圈，来到巨大的炉渣车后面——如今这台车里满是黄绿色的废水。她从三英尺高的横档跳下，走到庭院里，抬头观察这座建筑的侧面。"上一次我在这里拍照时，这一整面都是蓝色，这一次却成了黑色，不过我们还是要试试。"一群大雁这时正好从天空飞过，沿着河流的方向飞去。过了一会儿，它们的尖叫声传来，有几分像是人在唱歌。

伯利恒的挽歌

有一段时间，伯利恒钢铁厂看起来就像是一处世界奇观，一座像金字塔那样令人印象深刻的历史建筑。一两百米外矗立的是 1 号高炉，这也是美国矗立的同类高炉中最古老的一座。1914 年它刚刚落成之时，伯利恒钢铁厂每天可以生产 2.5 万枚炮弹，被称为"美国的克虏伯"。再往前推十六年，伯利恒钢铁厂也是弗里德里克·泰勒开发出高速工具钢的地方，其切削速度比其他任何产品都快了三倍不止，这也引起了不锈钢之父哈里·布里尔利的注意。20 世纪初期，钢铁厂的总裁查理·M. 施瓦布（Charles M. Schwab）常说，他不是在造钢铁，他造的是钱。的确，这家工厂挣了很多钱，但它也会生产银行金库、战列舰、枕木，以及法利士摩天轮上的十四万磅重的巨轴。这家公司还建造了美国第二艘航空母舰——"列克星敦号"。在那张拍摄于 1932 年的标志性黑白照片中，十一名工人坐在伯利恒钢梁上，在纽约上空 800 英尺的位置悠闲地吃着午饭。

给伯利恒写来挽歌的人不在少数。《锻造美国：伯利恒钢铁传奇》（Forging America:The Story of Bethlehem Steel）一书的作者称，这座钢铁厂"沉寂"、"封闭"、"荒凉"、"空无一人"。而《伯利恒危机：大钢铁险中求存》（Crisis in Bethlehem:Big Steel's Struggle to Survive）一书的作者则说它是一片颓败的废墟，感慨那些闲置的滚轮车正在被鸽子粪覆盖。当我和苏克谈起这些哀悼词时，她说，这些背景只会让她的相册更可爱。作家和历史学家只是将目光聚焦在表面，苏克却在两个世界里来回穿梭。"很多人都将这些地方视为废弃建筑与生锈金属的垃圾场，"她随后解释道，"我却在这座黑暗而神秘的工厂里发现了一座宝石之城。"

《泰晤士报》似乎也同意这一观点。在 2011 年 5 月 15 日的那个周日，他们出版了一期印有八幅照片的增刊，其中有一篇题为"铁锈地带寻找美"的文章，作者写道："随着美国钢铁工业的衰落，伯利恒钢铁厂也未能幸免，结局也许很萧瑟，但并不无趣。"

苏克继续向前走，看到了一些金属，这让她想起了一片森林。

于是，她放下三脚架。我没有看到树，只看到一些水滴，以及她忙前忙后的背影。水滴落到她的目标上，滴落到她的外套，也滴落到了我的笔记本和她的镜头上。她不禁喊道："别滴到我身上！"

此时已是四点半，还够时间再拍一个场景。她朝之前曾是钻蓝色的墙边走去，因为拍摄的最佳位置令人捉摸不透：她爬上一段楼梯，又顺着爬下一处十英尺高的梯子，走过格栅，来到一段四英尺高的风管上方。在那里，她走了大概四十英尺，拿一根细管当作手杖，又顺着管道向上拐了三十度。我跟在她身后，从梯子顶端下到底部，把她的三脚架递了过去。这硕大的管道不禁让我想起了阿拉斯加输油管道，同样的管径，同样被积雪覆盖，只不过眼前这一段在钢筋混凝土的建筑上方三十英尺，而非只在冻原上方四英尺。站在巨大的管道看过去，那面墙呈现出斑驳的灰色。

"太妙了！"苏克不禁赞叹道。我是第一次看到这一切，坦率地说，我不知道她指的是什么。"你看到了吗？这多美啊！"

她拍了些照片，而三脚架一直在往下滑。

"我很喜欢，这比我之前拍到的都要好。"

她又继续往高处爬了一小段距离，拍了另一张照片，并试图将三脚架固定在这根被积雪覆盖的光滑圆柱体上。随后她说，天太黑了，我们往下走吧。

于是，她依旧在前面带路，穿过坑洼不平的庭院，走向我们翻过篱笆的地方。行至半路，她被一些生锈的东西绊了。这还是我第一次见她被绊到，不过她居然稳稳地站住了。

此时已近黄昏，但还没有黑到可以随意走动而不被人发现的地步，所以出去的路注定比来时更加艰难。

我先翻越了铁丝篱笆，苏克给我递来三脚架。恰在此时，她看到了几束来自东面的灯光，而且越来越靠近。

"快走！"她叫道。

"去哪儿？"

"只管走！"她的声音依旧镇定，"走！去哪儿都行！"接着她便折回了工厂的庭院。

我想翻过篱笆回去找她，但又不确定自己的动作能否那么迅速。于是我只好快速躲开这些灯光，沿着铁丝篱笆一直走，希望能寻个藏身之处。然而什么也没有，路边的树都太细，也没有树叶覆盖。我回头，看到那三束灯光已经很近了。我琢磨着要不干脆躺下装死算了，却碰巧看到钢梁上的一处扶壁可以容身，于是便藏到那后面去。我觉得自己好像某个卡通片里的人物，藏在几片树叶后就以为把自己藏好了。不断接近的火车拉响了汽笛，声音越来越大，影子在地面上不断地变换。随后，这辆双引擎火车很快就过去了。

我慢慢跑回去，在刚才的位置找到了苏克。她也没有说什么，把身上的双肩包递给了我，然后翻了过来。走了两三米，她问我："你听到了吗？"之前我确实听到了什么声音，但感觉还很远，经她一问，才听出那是一辆行驶在碎石路面上的汽车——是巡警！尽管在那个传出声音的方向苏克什么都没看到，但她还是决定赶紧跑。她顺着篱笆一路小跑，穿过铁路上停着的火车来到堤坝上，而我一直紧紧跟着她。

利哈伊河的景色还是那么恬美。我松了口气，同时一股倦意袭来。我的脚浸出了水泡，湿透的裤子紧贴着膝盖，双手也冻得通红。当我跟着苏克走过那半英里路时，脑子里想的只有舒服的热水澡，这也是唯一能将铁锈从我头发中除掉的办法。接着苏克又站住了，那辆刚刚通过的火车在桥下停住了，正好挡住我们准备穿过的路，火车旁边有两名职员,正在指挥其入轨。"呸,好事全让这帮人搅和了!"
苏克抱怨道。

阿丽莎·伊芙·苏克,这位善于从遗忘之地发现至美的艺术家,
在这一刻认为最明智的方案,就是硬着头皮向前走。她顺着积雪的
草地滑下去,穿过铁路,看着面前的两条岔道。

然后,她头也不回地向前跑去。

6

防锈大使
The Ambassador

The Ambassador

丹·邓迈尔（Dan Dunmire）赶到基西米的时候，时间已经很晚了，看起来他似乎遇到了什么可怕的事。那是万圣节前夕，时间是上午十点，邓迈尔把他的福特"远足"皮卡车停在了布鲁诺·怀特（Bruno White）工作室的停车场。他戴着一顶匹兹堡钢人队[1]的队帽，虽然遮住了脸庞，却掩不住满身疲惫。他的眼睑下垂，稀疏的灰色胡子显得很没精神。他的步态蹒跚，与其说是在走路，倒不如说是在打醉拳。总之，他身上看不出一丝五角大楼官员的气质。他的黑色休闲裤眼看就要因太宽松而滑落，卡其色的衬衣在腰间鼓出了一个大包，而薄薄的尼龙材质钢人队服则加剧了这一"鼓包效果"。印有钢人队队徽的尼龙搭扣鞋和白色运动袜更是让他的凌乱形象显露无遗，但六十岁的他性格古怪，颇为自负，因此似乎对这也并不在意。他是匹兹堡钢人队的狂热粉丝，身上的衣服总有至少一件与这座城市相关。他的动作迟缓，看起来筋疲力尽。他已经驾驶了十五个小时，穿过了飓风"桑迪"，而这也是造成他原计划从匹兹堡所乘坐的航班延误的原因。他穿过横飞的暴雨以及时速高达八十英里的大风，穿过七个州（其中有三个宣布进入紧急状态），穿越了一场让罗姆尼、拜登、奥巴马和希拉里都暂停总统选举活动的自然灾害。他一路往前开，直到华盛顿郊外才停下稍作休整。这位五角大楼的官员之所以要驱车前往佛罗里达的阳光地带，是因为不能错过当天的拍摄。对于丹·邓迈尔这位国家"最高防锈长官"来说，除了匹兹堡以外，能吸引他的也就只有《星际迷航》了；而此刻，列瓦·巴顿（LeVar

---

[1] 一支位于宾夕法尼亚州匹兹堡市的职业美式橄榄球队，是美国美式橄榄球联盟中美国橄榄球联会北部分区的成员。

Burton），也就是《星际迷航》中乔迪·拉·福吉中尉（Lieutenant Commander Geordi La Forge）的扮演者，正端坐在化妆间里，等待着讨论锈蚀问题。

刚刚跨进前门，邓迈尔就迫不及待地从餐桌上抓起一瓶水，然后走进导播间，准备录制节目。他先是找出一把药丸，就水服下。"我感觉很难受，"他的声音有些嘶哑，"有些恶心。'5 小时能量'[1] 真爽，不到十五个小时我已经喝了三瓶！"此时，导播间里的巴顿起身和他打招呼。巴顿身材高大，谈吐自信，穿着海军连帽衫，下面是休闲牛仔裤，脚上蹬着一双黑色的皮革运动鞋，鞋尖处还有一抹银色。他围着围巾，两撇胡子看起来比别的工程师还要光滑两分。"我亲爱的丹！"他们热情地握手拥抱，邓迈尔的疲惫瞬间烟消云散。

邓迈尔的官方头衔是"国防部腐蚀政策与监管办公室主任"，不过他更喜欢自称"锈蚀沙皇"，或者更直白点——"锈蚀大使"。在和工业界、学术界以及军方的合作中，邓迈尔提出了几百种防治锈蚀的方案，很好地诠释了他的职责。为了能够启发和教育普罗大众对锈蚀问题的理解——这也是他一贯以来想做的事——这位锈蚀大使在列瓦·巴顿面前做出了不少让步。巴顿担任儿童节目《阅读彩虹》（Reading Rainbow）主持人二十多年，算得上是锈蚀大使中的大使了。他也是五角大楼的熟面孔。

美国公敌

从 2009 年起，巴顿拍摄了四集有关锈蚀的节目，每集

---

[1]　一种在美国热卖的能量补充液。

30 ～ 45 分钟，也就是五角大楼赞助拍摄的《理解锈蚀》(*Corrosion Comprehension*) 系列片。第一集是《与无处不在的威胁作斗争》(*Combatting the Pervasive Menace*)，这也对国防部甚至整个国家都面临的挑战作了定义，同时意味着，锈蚀是个"目中无人的危险敌人"，是"无声、永恒又无情的灾难"，是"真实存在的危险"。巴顿发出警告："这是我们看不见却极度棘手的问题。"他和邓迈尔以及国防部的其他人都已经看到锈蚀导致的各种麻烦：德拉姆堡基地飞机库的生锈铁管、诺克斯堡锈迹斑斑的大桥、红石兵工厂生锈的蒸汽管道、基拉韦厄兵营生锈的屋顶、华楚卡堡生锈的水处理系统、路易斯堡生锈的水箱、波尔克堡生锈的水泵、布拉格堡生锈的柴油箱、斯图尔特堡生锈的砌体带、冲绳基地生锈的武器库、生锈的消防栓、生锈的空调线圈、生锈的吉普车、生锈的坦克、生锈的喷气式飞机、生锈的直升机、生锈的导弹、生锈的巡洋舰、生锈的航空母舰……这一切都让他们头疼不已。

在第二集和第三集，巴顿着眼于高分子与陶瓷防治锈蚀的方法，揭示了一系列事实，但其充满术语的解说令人昏昏欲睡（"这里所说的连续基质是类似于环氧树脂或聚脲这样的高分子"），让人感觉这就是医学期刊或《星际迷航》的有声读物。系列片的第四集，主题又重新回到地球上，谈的是军队如何应对各种腐蚀环境，可以看作是"十大锈蚀盘点"。考虑到无论对于大众还是军队，这些节目都非常有价值，邓迈尔便将它们放到腐蚀政策与监管办公室的网站上。邓迈尔一直在进行剧本写作，他尽量将它们做得迎合大众口味。巴顿的自我介绍（"嗨，我是列瓦·巴顿，我将带你们踏上一段旅程"）和结束语（"要记住，锈菌从未睡去"）都有点俗气。与《星际迷航》和《阅读彩虹》有关的那些玩笑让节目变得轻松起来，但背景音乐却显得很枯燥，配上巴顿平淡无奇的嗓音和正弦曲线般的声调——很像是公共广播电台的播音员——很有催眠效果。节目的曝光率很高，但效果一般，邓迈尔本想通过这些视频引起民众对锈蚀这一乏味主题的关注，现在看来并不十分成功。无论如何，邓迈尔还是驱车来到演播厅，录制锈蚀系列节目的第五集——《政策、进程与计划》（*Policies, Processes, and Projects*），他私下将之命名为"列瓦5"。"列瓦5"的主题是介绍"腐蚀政策与监管办公室"及其针对锈蚀的作战计划。换句话说，邓迈尔赶到基西米，是为了制作一部有关他自己的电影。

十几名工作人员已经准备就绪，但巴顿还在换衣服，邓迈尔和执行制作人劳瑞·尼科尔森（Lorry Nicholson）打了声招呼。围在她身边的有音响师、灯光师、摇臂机械师、化妆师、台词提示员、摄像师、筹备员、两名摄影师以及两名跑来跑去的助理制作人，地板上则满是缠绕在一起的电线。邓迈尔的两条腿前后摇动，似乎是为了跟上尼科尔森的节奏，而后者的冷静更衬托出邓迈尔的疲惫。每当邓迈尔兴高采烈或筋疲力尽时，他的腿都会不由自主地晃动。因为这两种状态占据了他大部分清醒的时间，所以邓迈尔看起来就像个怪人。他的头微微倾斜，眼睛死死地盯着某处，两臂向两边打开，就像跷跷板一般，这让新来的人感到不太适应，不过认识他的人却早已习惯。史黛西·库克（Stacey Cook）对此就见怪不怪，她是个性格活泼的制作人，热情地和邓迈尔打了招呼；打招呼的还有谢恩·罗德（Shane Lord），她是个温柔而又富有创造力的导演。罗德穿着破洞牛仔裤，梳着马尾辫，穿着菱形图案的花袜子却没穿鞋，这样就可以安静地在演播厅里走来走去。而库克为了这次活动，穿了一件短袖衬衣，上面别着一枚巨大的邓迈尔办公室徽章，不过那并非官方的，徽章上写着"锈蚀防护与控制"。

邓迈尔从提词器旁慢慢走过，接着又走过麦克风、两盏聚光灯和三台摄像机——其中一台挂在摇臂上——最后在绿色屏幕的边缘处停下。他在折叠椅上坐下，戴上耳麦，拿起文件板，开始审阅长达二十五页的脚本。他必须这么做，以确保列瓦·巴顿说的所有台词都符合国防部的要求。国防部其实并不想快速推进此事，所以还没有批复"列瓦5"的脚本。桌上的这份脚本是洛杉矶的一名男子所写，里面有不少瑕疵。邓迈尔从里根总统的第一任期时开始在五角大楼供职，审阅脚本时也仍按照国防部的标准。现在，他仍然是锈蚀大使，但同时也是执行制作人。

十点整，库克喊道："所有人员注意，关掉手机！"她关上门，打开灯光，演播厅的室温开始上升，每个人都各就其位。此时，巴顿穿了一件黑色外套，里面是一件解开了纽扣的条纹衬衣，没有打领带。他走进演播厅，与罗德讨论有关僵尸的电影，于是大家首先听到的就是："僵尸给我们的启示就是，远离该死的旧金山。"[1] 对于那些听着《阅读彩虹》节目长大的人而言，这番话一定让他们颇感意外。他走到绿色屏幕前，站到罗德示意他站的位置。邓迈尔的左手拿着脚本，提醒巴顿："我们要努力帮忙做宣传。"巴顿于是说："哦，对，是 STEM。"他所说的 STEM，其实是科学（Science）、技术（Technology）、工程（Engineering）和数学（Math）四个词语的缩写。随后他问罗德："你真的确定僵尸不喝汤吗？"

一名助理制作人用黑色电工胶布盖住了巴顿的银色鞋尖，巴顿

---

[1] 列瓦·巴顿曾参与拍摄一部名为《僵尸崛起》的电影，故事背景发生于旧金山。

本人也随手将外套上的一根线头扯掉，并试着按照提词器练了一下声调。邓迈尔坐在十英尺之外跷着二郎腿，手上端着一杯咖啡，目不转睛地盯着巴顿，这纯粹是出于对偶像的崇拜。他是婴儿潮时代出生的人，曾经也和所有同龄男孩一样，迷恋过迪士尼乐园。

摄像机的胶片开始滚动，巴顿正式开始录制节目："美国在世界舞台上扮演着令人自豪的角色，"他说得极为流畅，"熙熙攘攘的城市、川流不息的高速公路、引以为傲的军队、壮丽宏伟的景色，江山如此多娇。然而，一个细小而无声的敌人却时刻威胁着我们。"紧接着，他的声音变得有些启发性："每座光鲜亮丽的大桥背后，都会有一座濒临倒塌的危桥。建筑在腐朽，输油管在爆炸，路基在粉碎。这个敌人就是铁锈。"他的话锋一转，声音变得充满好奇，走过几步又继续说道："这是一种破坏性的力量，每年让我们损失超过 5000 亿美元。在这危急关头，华盛顿正在酝酿一项新的计划，向锈蚀发起全面战争……你可以看到，无论是对于铁还是其他金属，生锈的进程从未停止过。当锈蚀发生时，我们可以修理，也可以尝试着预防，但我们做的所有事都不过是延缓这一进程而已。这也是我们为什么称之为——"这时他的声音变得有些低沉，"无处不在的威胁。"

罗德看着邓迈尔问："这样可以吗？"

邓迈尔叫道："等一下，我们要改改。"

巴顿有些急了："什么？"

邓迈尔说道："是大约五千亿美元，不是超过五千亿美元。如果我们说超过，那是不对的。"

巴顿只好重新录制，在说完"无处不在的威胁"之后，等了片刻后又说道："我是列瓦·巴顿，现在跟我一起去认识一些人吧，他们已经做了一份新颖而成功的计划，准备向这个邪恶的敌人宣战。

一起来看看，他们是如何采用这种前无古人的策略来对付锈蚀的。"录完这一节，他转头看着邓迈尔说："妙！简直无敌了！"

为了确保无误，巴顿又录制了第三遍。当说完"为了保护美国的国家安全"时，他突然停下来，因为说少了一个"的"字，用他的话来说就是："我之前两遍是怎么念下来的？"

邓迈尔身体后倾，做了个鬼脸，修改了脚本，并让台词提示员在提词器上重新编辑。当巴顿在练习下一节内容时，化妆师也忙前忙后，帮他把脸上的汗擦掉。

很快，巴顿开始录制下一节内容。"国会派遣了国防部来领导这场抗锈战争。"他说，"其中一个原因是，陆军、海军、海军陆战队以及空军最容易遭到锈蚀攻击。"邓迈尔突然打断他："停。不对不对，海军陆战队不是一个部门，他们只是一支部队，应当放到最后。"巴顿同时扬起两边的眉毛，经过修改后他又重新开始，而摄像机则一直在运转。他接着讲道："陆军、海军、空军以及海军陆战队……"

这一次顺序对了，他也就继续往下讲。

军队锈蚀年损耗达210亿美元

1998 年，应运输部的要求，NACE 开始评估锈蚀造成的损失。2001 年夏天，NACE 指出，仅仅是军队的损失就达到了两百亿美元。在 NACE 公布这一研究结果前，他们派遣协会日常事务专员克里夫·约翰逊（Cliff Johnson）前往华盛顿寻求解决方案。后来，NACE 对这一问题的处理方式得到了采纳，如今我们知道那将能挽救其中的六十亿美元。在美国参议院军事委员会上，约翰逊针对战备与管理附属委员会的工作人员做了发言。参会的两名工作人员，一名负责军队建设，另一名负责其他杂事。后面这位刚刚进入国会山的工作人员名叫玛伦·莉德（Maren Leed），虽说只有三十多岁，却曾在顶级智库兰德公司任职，拥有量化政策分析博士的学位。在此之前，她也在国防部长办公室（OSD）担任过分析员，而此时正在为参议院军事委员会的副主席寻找一些有价值的线索。副主席是来自夏威夷的参议员丹尼尔·阿卡卡（Daniel Akaka），众所周知，夏威夷州因军队面临严重的锈蚀问题而饱受困扰。

深入调查军队锈蚀问题时，莉德发现这是"巨大的损耗，但国防部却无人过问"。她确信国防部的激励机制有问题，制度上的偏差导致这一问题几乎无法解决，也没有得到应有的关注。在对国防部采购、技术与后勤办公室（AT&L）进行询问时，她也没有得到答复。在她看来，国防部针对锈蚀的反应简直是一团糟。当五角大楼在处理锈蚀问题时，总是将工作分配给四个不同的办公室：后勤、研究、工程与基建，部长办公室几乎不参与其中，于是整支部队在这项任务面前就是一盘散沙。一片海域的海军长官不知道另一片海域的长官在忙什么，水手们做着差不多的事，互相之间没有沟通，更别说其他分支机构的类似问题了。海军甚至都觉得，陆军大概也拥有航空母舰吧。

在一次委员会扩大会议上，围坐在圆桌旁的参会代表都在谈论着采购制度改革以及阿富汗战争，莉德站起来，抛出了锈蚀的问题。阿卡卡对此很欣赏，立刻附议。2002 年 3 月，阿卡卡正式上交提案，建议从国防部长办公室分离出专门的防腐办公室。在提案中，他谈到，防腐办主任应该是公务员，由参议院任命，并直接向副部长汇报；同时，主任还需要负责编写全军工程与施工的数据库，以便跟踪工作进度。参议院在讨论这个提案期间，莉德的同事对此冷嘲热讽。

在参议院这么做当然不合适，但他们在散会还用双手在头上围了个圈，代表皇冠——挪揄莉德是"锈蚀皇后"。这一切，都被有线卫星电视（C-SPAN）拍了下来。

消息传得很快。拨款委员会的成员坐下来讨论此事，其中包括：参议员萨德·科克伦（Thad Cochran，密西西比州）、丹尼尔·井上（Daniel Inouye，夏威夷州）以及众议员贝蒂·苏顿（Betty Sutton，俄亥俄州）、比尔·舒斯特（Bill Shuster，宾夕法尼亚州）、鲍勃·波特曼（Bob Portman，俄亥俄州）。他们也能很好地代表"铁锈地带"，当然还应该加上加利福尼亚州。

然而，在五角大楼，这一轰轰烈烈的提案并未获得通过。分管AT&L办公室的国防部副部长迈克尔·韦恩（Michael Wynne）认为，提案上的条款会导致财政负担过重。他和国防部其他高层一致认为，这一防腐提案纯粹是一些年轻工作人员的乌托邦幻想。他们指控莉德犯了严重的人事错误：越权。莉德回忆说，当时韦恩"气得直冒烟"，甚至充满敌意。他本想去找阿卡卡谈谈，但同样在气头上的阿卡卡不愿意见他，于是他便约了莉德。莉德只好忍受他的雷霆之怒，至今对当时的景象记忆犹新，"他说，'我在这里管着两亿美元的项目资金，根本没空管这些扯淡的事'"。她对此很不解："谁会忙到没时间去节省几百万美元？"于是在莉德和韦恩之间，负责给测试办公室写简报的邓迈尔就成了调解人。

整个夏天和秋天，邓迈尔都在武装服役委员会与副部长之间奔波，复审那些对双方都可行的法律表述草案。在国会年度国防授权法案的第二百页——由于"9·11"事件的影响，该法案经过修正，多达三百页——他要找的东西出现了。法案规定，国防部高层应对军队设施与基建的维护保养负责，减缓其锈蚀。

最终白宫与参议院同意在 11 月就此法案召开会议，并在感恩节前两天整理成报告提交到布什总统的办公桌上。一周后，该法案签署生效，然而鲍勃·斯坦普（Bob Stump）的《国防授权法案》并没有为这项新的防腐政令安排一间办公室或一美元的经费，而让韦恩在九十天内安排工作人员的要求则更进一步激怒了他。

邓迈尔显然不想要这个职位。尽管他认为这会引领一场巨变，但还是为入选者捏把汗。在他看来，这是个不可能完成的任务。他可以想象，很多人不适合干这份工作。鉴于长期在 AT&L 担任最高长官的里克·西尔维斯特（Ric Sylvester）总是对他的想法冷嘲热讽，他也知道将来这项工作展开之时会遭遇多少困难。他从没想过自己会成为其中一分子。

韦恩认为他可以扮演好副部长兼防腐办主任的角色，于是申请了这一职位。为了能够管理好项目，他决定任命一名特别小组组长。在五角大楼，他召集了他的职员，但没有选用任何人，除了邓迈尔。

在头一年，邓迈尔作为新成立的防腐"办公室"唯一成员，在弗吉尼亚州北部四处忙碌：从五角大楼到亚历山大港，回到五角大楼，再去克里斯特尔城，再回到五角大楼，接着又前往克里斯特尔城。没有经费，甚至连个电话都没有，他所有能做的就是制定一份战略计划，一份抗锈战争的战略。邓迈尔过去并非工程师，现在也不是：在肯特州立大学，他学的是通信技术；到了阿拉巴马大学，他取得了公共管理硕士学位；目前他正在弗吉尼亚理工学院攻读公共管理博士。他需要有经验的工程师帮忙，因此找了迪克·坎齐（Dick Kinzie）担任他的首席技术工程师，并三次审查空军的防腐花费，最终得出结论：空军全军的防腐支出差不多是九十亿美元。到了 2003 年，因为邓迈尔的努力，韦恩批准了几十万美元作为运作经费，邓迈尔用这笔钱雇了一些兼职员工。再后来到了 2005 年，邓迈尔拿到了一笔经费，尽管不是从国会所得。韦恩给邓迈尔分配了 2700 万美元，而他用其中一部分对锈蚀导致的真实损失进行了详细调查。此外，他还提供资金，将整个防腐项目拆分成小组，进行细化研究。邓迈尔还记得，分管维护政策、项目与资源的副部长行政助理罗伯特·梅森（Robert Mason）完全不相信这些努力可能成功，也不相信这些结果会有价值。然而，结果却成功了，而且很有条理。梅森去世后，国防部一项评选在维护基础设施方面有突出贡献的奖项用他的名字命名，邓迈尔常常仰望着天空说："嘿，兄弟，我做到了！"（当然，军队考虑的防腐问题是广义的，是所有材料的腐蚀老化问题，而非只是金属，包括紫外光、模具、发霉或降解等各种因素。）LMI 公司承包了分析工作，从前到后，从上到下进行了彻底的调查，并将其汇总。

2006 年，邓迈尔办公室公布：美国地面部队的 44.6 万辆机动车，每年因锈蚀导致的损耗达 20 亿美元；美国海军拥有的 256 艘舰艇，每年的锈蚀损耗为 24 亿美元。次年，邓迈尔办公室再次公布：因为锈蚀，海军陆战队拥有的地面机动车，每年损耗约 6.7 亿美元；陆军拥有的 4000 余架飞机和导弹，每年的锈蚀损耗为 16 亿美元；国防部的设施与基建中，每年损耗达到 18 亿美元。又过了一年，邓迈尔办公室再次公布：海军的 2500 架飞机和海军陆战队的 1200 架飞机，每年的锈蚀损耗为 26 亿美元；海上保安队的飞机与舰船，每年损耗为 3.3 亿美元。最后，该办公室宣布，空军的飞机与导弹因锈蚀导致的损失每年大约为 36 亿美元。如此一来，所有的损失总量达到 150 亿美元，几乎正好是之前预估的两个数字的平均值。

邓迈尔办公室里的工程师们认为竞争激励机制是导致大多数锈

蚀问题产生的原因。主管新武器系统的项目经理的绩效考核标准是性能、工期与成本。如果一个人知道，花费五亿美元建造一枚导弹，在 2015 年前可以飞抵火星，那么建造成本、导弹性能及完工日期就是对他的工作进行考核的因素。但假如这枚导弹在 2016 年彻底锈掉，那就不是他的问题了。与此同时，船长或上校需要的只是他们肩章上的星星，如果按工期完成且不超预算，他们就有可能得偿所愿。为了节省经费，他们会采用便宜的铆钉和低廉的涂料，并嘲笑那些新型但昂贵的涂料华而不实。"等到维修清单出来的时候，"他们会想，"我早就已经被调离了。"其实战胜锈蚀没那么难，但长官们只顾肩章上的星星，这些资产就成了无人呵护的孤儿。

国会也试图对此进行修正。2009 年，他们在每个军队部门都设立了防腐办公室。

在 LMI 进行第二轮研究分析后，邓迈尔办公室于 2011 年提出，全军因锈蚀导致的直接损失达到 210 亿美元。报告中提到，锈蚀损耗大约占到全军维护成本的 1/5 到 1/4。在 162 种型号的陆军飞机、102 种海军飞机、56 种空军飞机以及 31 种海军陆战队的飞机中，这项支出占据了大量维护成本。他们进行排名后发现，C-5 与 C-130 是最容易锈蚀的，而 C-21 的表现最优异；直升机中 UH-1H 在锈蚀问题最严重，而 UH-60L 则最轻微。在海军陆战队的车辆中，锈蚀正破坏着交流发电机、发动机、液压管和底盘。（它唯一不会做的事就是让静止的车辆起火。）空军的大部分服役机器也在老化：轰炸机的机龄已经有 35 年，空中加油机更是有了 45 年。整体而言，机队服役的平均时间达到了 25 年。

锈蚀也会干扰军用设施的有效性。腐蚀预防办公室确认，由于锈蚀的影响，空军每架飞机每年的"无力执行任务"的时间达到 16 天；

而对于陆军而言，飞机不能执行任务的时间是 17 天；海军与海军陆战队的时间则更长，达到了 27 天。即便是在图森，飞机也会因为晨间的露水而生锈。

还有一些更严重的事故：F-16 战机的电气接触设备因为生锈而意外关闭燃料阀，并导致了至少一次坠毁事故；F-18 战机生锈的起落架导致其降落到航空母舰时被卡住；一架休伊武装直升机由于旋翼系统故障而坠毁，并导致机长死亡，这一事故也被认为是由于生锈的螺栓所致；还有一起事故是由于电箱生锈，一名水手被电击身亡。因此，空军计算了每架飞机的锈蚀成本，甚至是每架飞机重量的单位锈蚀成本。

在舰船方面，所有舰船的问题都出在船舱：压载舱以及燃料舱。无论是腾空、清洗、检查、准备还是涂装，工作量都会大得惊人，无休止的敲凿和喷涂，再加上远赴重洋，很多水手忙得大脑一片空白。不过，他们的努力也得到了证明，"航空母舰就是一枚巨大的电化学电池"，这句话出自海军防腐办专家史蒂芬·斯帕达弗拉（Steven Spadafora）之口，他留着一撮山羊胡。邓迈尔常说这个问题"巨大无比"，没有哪个海军上将敢对此否认。研究锈蚀造成的损耗，只不过是他的一次"鸣枪警告"。

抗锈战争打响了

在演播厅里，邓迈尔请巴顿再来一遍："有点突然，感觉有些地方不对劲，您要不再来一次？"于是巴顿从第三页开始念起："所有铁和钢都必须加以保护，以避免生锈。"

又录了几节，就在巴顿准备再开始的时候，音响师举起了手。

一辆卡车在演播厅外停了下来，传来发动机的轰鸣声每个人都听得到。罗德说这应该是联邦快递的卡车，并让大家等它过去。巴顿坐了下来，一名助理制作人跑出去查看，回来报告说那是送水员。库克只好说："让他快点吧。"与此同时，罗德决定让摄像机继续运转。

巴顿接着演练："我们要直面这一切。锈蚀可以在任何地方发生，并影响到每个人。有些东西彻底坏掉之前，我们大多数人甚至都不会注意到。等到真的出现问题，紧接着的也许就是灾难了。现在我要说的就是锈蚀导致的最糟糕的情形。1967 年，跨越俄亥俄河、连接俄亥俄州与西弗吉尼亚的银桥垮塌，四十六人因此死亡，事故元凶是一道生锈导致的裂痕，虽然只有 2.5 毫米。国防部正酝酿着一场针对锈蚀的战斗，其战火将会蔓延至整个国家。"

"非常好！"罗德说，"我们再来一遍。"

邓迈尔点评道："你加了一个'甚至'，加得好，列瓦。"

巴顿接着开始录下一节："国会选择了国防部来指挥这场抗击腐败的战争——"他停住了，并走出表演区，指出此处应该是"腐蚀"，而非"腐败"——尽管它们都是很可怕的敌人。罗德说："对于它们，我都恨透了！"

当巴顿回到舞台表演区时，卡车重新上路了，像刚才一样发出隆隆声响。巴顿停了下来，并低头看了一眼，邓迈尔则摘去他的耳麦。音响师举起一只手，用另一只捂住右耳，并保持这个动作好几分钟。每个人都一动不动，接着又有一架飞机飞过上空，他们只好继续保持静止。最终，巴顿才又重新开始。

"现代史上有很多锈蚀引发的灾难。"他说。罗德在旁边喝彩："对，就是这个感觉。"然而这种庄重的情绪没有打动现场的任何人，这个环节显然不够好。巴顿的故事虽然与其他锈蚀的故事一样令人信服，但也不过是另一种广告词，跟这间演播厅之前制作的电视购物节目没有两样。

如果脚本听起来像是晚间新闻、《今夜娱乐事件》(*Entertainment Tonight*) 以及《国家地理》(*National Geographic*) 的杂糅版本，那也并不奇怪，因为脚本的创作者达瑞尔·雷尔 (Darryl Rehr) 就同时为上述三个节目工作，他还报道过罗德尼·金和 O.J. 辛普森等人物，以及龙卷风、火车相撞、天然气爆炸和伽玛射线暴等事件。

为了引起更多关注，巴顿继续说道："每年美国因锈蚀而导致的损失，大约占到国内生产总值的 3.1%。2011 年，这部分损失大约是 4800 亿美元，相当于国内每个人，无论男女老少，都因此损失了 1500 美元，对于四口之家而言就是 6000 美元！我的天呐！"他在说"我的天"时特地加重了声音，邓迈尔对此很喜欢，情不自禁地附和："我的天呐！"

当化妆师擦掉巴顿脸上的汗水时，后者趁机对邓迈尔说，这脚本写得真是棒极了。邓迈尔笑了，巴顿在听他重复"棒极了"这个词的时候也笑了。在第八页的顶端，巴顿开始介绍 2002 年通过的那份让邓迈尔办公室得以成立的法案。"国会……在《美国法典》中增加了这一条……是全新的一条……以一个简洁的短语开头，'成立腐蚀政策与监管办公室'。"巴顿对此又强调一遍，仿佛他可以批准这一法案似的。接着多加了一句："这也得到了全世界的响应。"他看了看邓迈尔，两人会心一笑。在罗德喊"卡"之后，他又念了一遍，看着邓迈尔说："简单，但很有力！"巴顿是在打趣这份脚本和邓迈尔，但后者并不介意。

还是在同一页，巴顿又练习了接下来的部分，他用洪亮的声音解释新法典："防腐项目计划从全局出发来解决这一问题，这样每个人都知道自己应该怎么做。从现在起，所有事情都会变得不同。"他在念到最后一部分时有意加重了语气，并加了一句调侃："从现在起，镇上又多了个新的狗屁长官。"

随后他开始正式录制，当然省去了"狗屁长官"那一句。

巴顿问道："我们这节目是分为两幕吗？"

罗德答道："有五幕。"

库克很快纠正："是六幕。"

他们才刚刚结束第一幕，剩下的脚本还有不止 2/3。

巴顿感叹："到底是谁写了六幕？啊？"

自从邓迈尔开始正式向锈蚀挑战后，他就列了一张实现终极目标的日程表：他需要军队从现在这种"头痛医头，脚痛医脚"的维护方式中走出来，变成有预见性的管理方式，让美国大兵可以获得实际利益。这是他的首要目标，也是腐蚀研究教父弗朗西斯·拉奎在几十年前制定的日程，当时他还在理查德·尼克松政府担任商务部部长助理，负责制定产品标准。与很多工程师不同，邓迈尔认为，对抗锈蚀的新方法更多是文化上而非技术上的转变。他将锈蚀的防治视作社会问题。我第一次见到邓迈尔，是在弗吉尼亚州诺福克举行的一次海军防腐会议，主题是"非常锈蚀"，他告诉我有关改变美国海军及市民文化的事情，当时还是 2009 年。"制造商们希望产品损坏，"他说，"他们在设计时就考虑到了损坏的情况。然而在海军部队，我们不希望产品出现问题，所以我们是从两个不同的立场来看待锈蚀问题的。"

他继续说道："这就是美国的现状，我们是资本主义社会，我们不能让国防部因腐蚀而沦为他人的盈利中心，我们负担不起，我们必须打破这个循环。我可以为此付出代价，但不能一而再再而三地付出代价。第一次就该给我最好的产品，确保它能运转，而且是持续地运转。"他告诉我有关发展全国抗腐蚀文化应着眼于预防，并训练出更多的工程师及科学家，所以他也会更关注 STEM 计划。他希望孩子们都能对防腐感兴趣，或至少对工程感兴趣。"腐蚀问题暗中为害，而且极为普遍，但也不是不可避免的。它可以被预测和预防，也可以被检测和处理。"他说，能节省 30% 还不够好，"我们希望能从目前查漏补缺的方式转变为预防和管理，否则这每年 200 亿美元的损失，实在让我寝食难安"。

他的感受似乎也感染了一些海军上将。凯文·麦考伊（Kevin McCoy）是海军海上系统司令部一位令人敬畏的中将，曾就读于麻省理工学院，并成为一名机械工程师。他在"非常锈蚀"会议上发表演讲，认为锈蚀可能会毁了美国海军。国会最近同意让舰队的舰船增加到 313 艘，但麦考伊认为此举断不可行。"购买新舰艇当然是好事，但我们不能用原来的方式凑到 313 艘。我们准备保留其中的 3/4 的老舰。"他最担心的问题是，锈蚀也许会让美国海军的舰队数量下降到 200 艘，他还认为海军现在驻扎的位置也不好："我们现在就像瞎了一样。"托马斯·摩尔（Thomas Moore）少将对此也表示赞同，他是舰队战备处副主任。詹姆斯·麦克马纳蒙（James McManamon）少将是水面战争副指挥，他说道："我希望军舰的退役时间由我决定，而非它自己。"而美国舰队作战指挥约翰·奥扎里（John Orzalli）少将则认为："如果我们今天做得比过去多，我们可能只是面临着经费吃紧的情况。但如果我们维持现状，这些舰艇很快就没用了。"当被问起如何向水手们传授有关锈蚀的知识时，他说："我们需要学会质疑。"锈蚀这个向海军挑衅的家伙，最引以为傲的就是它盛气凌人的刚性指挥结构，每个人都不得不屈服。而邓迈尔打响了这场向它挑战的战斗。

邓迈尔的固执与武断也是公认的，他对拥有大无畏气质的领导总是充满崇高敬意，从不在意他们的政治立场，比如开发出核潜艇的海军上将海曼·里科弗（Hyman Rickover），从纳粹分子转变为NASA 空间工程师的火箭科技之父韦纳·冯·布劳恩（Wernher von Braun）。他也钦佩那些劣势方，比如南北战争时美利坚联盟国指挥约翰·辛格顿·莫斯比（John Singleton Mosby）以及北方军准将约书亚·劳伦斯·张伯伦（Joshua Lawrence Chamberlain），同样在他的钦佩名单上的还有乔治·巴顿上将与埃尔文·隆美尔。在这场抗锈战争中，邓迈尔不断地将战线向前推，自始至终都保持着超强的忍耐力，因为他知道这是在和"热力学第二定律"作战，而战局也持续胶着。也许正是他的固执让他始终保持斗志，换作其他人大概早就放弃了。他曾说："这是一种与上帝对抗的乐趣"，但随即又澄清这只是个玩笑。他还曾说："在这部新《新约》中，我们需要谈谈锈蚀的事。我想对上帝说：你赢了，但我们也需要点喜剧来调剂一下。"

不过他也会说："我们应当继续打这场漂亮仗。"他所谓的漂亮仗，是要让"锈蚀"的概念深入到军中每一名士兵的脑子里：从最高决策者国防部长到一线士兵，还有各类文职人员。不过这场战争打得很艰难。邓迈尔知道，接受他的日程表不是件容易的事，但他也说过，这至少比禁枪或反恐要简单。他告诉人们，不要将抗锈看作是一次消极的行动，这其实是在延长材料的使用寿命。"我们正在播下种子，"他说，"在我的余生里，我不知道是否会看到成功。"他总说自己壮志未酬，因为项目的规模正随着锈蚀问题的恶化而扩大。

实际上，比起针对飞机、军舰和基地的工作，处理人的问题需要更多耐心。他说物理学上的问题非黑即白，但人的问题"顶多算是准科学"，他们就仿佛一艘航空母舰，需要很大的空间才能转过弯来。在发现人们心理上的斗争需要逐个击破时，邓迈尔便开始满世界游历，用他的话说，就是把各地的每个点连接起来。自2005年起，他的足迹遍布关岛、日本、韩国、菲律宾、澳大利亚、德国、英国、意大利、阿拉斯加、夏威夷、得克萨斯、内华达和佛罗里达。他是希尔顿酒店的钻石会员，而在基西米附近的那家分店，酒保们甚至都已经认识他了，不等他点单就会为他倒上一杯苏格兰威士忌，并加上冰块。在过去的五年里，每四周他都会抽出一周从那个五边形的建筑（也就是五角大楼）中走出来，定期造访卡德洛克、帕图克森特、诺福克、阿伯丁、匡提科、贝尔沃堡以及安德鲁斯等军事基地。

在这些基地的工作人员面前，他从不忌讳地告诉他们，事情被他们弄砸了。他也想过说得委婉些，但最终还是选择了直率的表达。"把自己的观点说出来，如果对方不同意，你知道你会怎么说？你只会说'是的，长官'。"后来，他又通过电话和他们联系。"但你不能在办公室处理好所有事情。"他说。他的办公室每年会举行三次锈蚀会议，并模仿"超级碗"进行命名，称为"超级锈"。在"列瓦5"之后的一个月便是"第31届超级锈"了，他希望也能吸引锈蚀界里的几十位"运动员"。不过政府并不喜欢这样的名称。

2010年10月，美国总务管理局（GSA）——美国政府的采购部门——派遣了三百人前往拉斯维加斯参加为期四天的西部地区会议。与会人员居住在四星级度假村，吃的早餐价值四十四美元，晚餐更是达到九十五美元，并观看了小丑和读心术的表演。一行下来，总共花费了八十万美元。2012 年 4 月，这次奢侈的活动被发现并公开后，该部门的正副主管均被开除，局长也引咎辞职。此后美国行政管理与预算局便收紧了政府培训会议与座谈会的规定。在"第 31 届超级锈"召开前半年，任何超过两个人的约会都会被视为会议，会议成了禁忌。

邓迈尔打算面对面地探讨锈蚀问题，他将这次锈蚀会议重新命名为"第 31 届锈蚀论坛"。与会的嘉宾有二十多人，比预期少一些，邓迈尔干脆称为"小论坛"。论坛期间，邓迈尔宣布，他将在 2014 年启动一项实践活动。由于既没有登记也没有花费，国防部便认定这不是一次会议。退一步讲，即便是一场会议，其经费也已经控制到极限：所谓"会议室"，也只是环城路办公园区内一栋办公楼三楼的一间空房。没有小丑和读心术的表演，也没有豪华餐饮，有的只是几张椅子，不停的幻灯片演讲和自助餐。

在这场被人指指点点的集会上，邓迈尔感到十分愤怒，他不满所有政府机构都因个别人犯的错误而遭到惩罚。说到制定政策的人时，他更是暴跳如雷："你不想召开视频会议，只是希望能够面对面地交流，这居然就违反联邦政策了。我真是太嫉妒那些能开会的人了。我们需要跟法律总顾问和华盛顿总部服务处一起开会，才能确保我们能开会。这不是说我们想到外面工作，只是我们不能在办公室完成所有事情。不说了，真是谢谢你们！"

第二幕即将开始，巴顿抓起了一块铁疙瘩，卖力地解释着熵增原理。罗德拿着这个二十五磅重的生锈道具调侃道："这块石头从哪弄来的？他屁股里吗？"巴顿笑得前仰后合。罗德接着说："它能放在凳子上吗？不要放在这坨屎上？"[1] 这时巴顿才说起，前一天"大鲨鱼"沙奎尔·奥尼尔（Shaquille O'Neal）[2] 造访了演播厅，给他的排泄物拍了张照片，还给每个人传阅了。

有关粪便的典故总是会保持新意，其实邓迈尔早在几周前就跟我说过了。当时是在内华达，邓迈尔参观加速腐蚀设备时，手机不小心掉到便池里了。由于这属于政府资产，他只能把手机捡起来交还给五角大楼，负责回收的人不知道是有意还是无意，在袋子的标签上写着"邓迈尔／便池"，因此邓迈尔自己也免不了开些玩笑。比如他看到"设备与基建锈蚀评估研究"的简写是 FICES，便故意说成 feces，也就是渣滓的意思。"基于渣滓的这些研究发现，你们可得用心咀嚼挺多东西了。"在第 31 届锈蚀论坛上，他就这样跟与会者打趣。类似的还有，海军的"船舶锈蚀评估训练"正式的简写和发音都应该是 S-CAT，而不是 SCAT（粪便）。邓迈尔总是能逮到各种机会开玩笑。早先他的办公室只有他和两名助手，他便自嘲他们团队是"锈蚀三剑客"。他总是在尝试开玩笑，但也会小心地确保不冒犯别人。在 NACE 的 2012 年锈蚀年会上，他告诉我："我的笑话从不会停，我只能说，'我刚刚开了个玩笑'。"

正在此时，又一辆卡车在门口发出轰隆声，大家只好又停下来休息五分钟。这次的卡车上装满了包装箱，里面都是焦糖布丁——东西价值可不低呢——因为尼科尔森还在做着食品生意，于是一半的工作人员都去帮忙把货卸到避光处，尤其是罗德，脚上只穿着袜

---

[1] 原文中的 stool，同时有凳子和粪便的意思，此处为双关，后一个 stool 实际是指下文所说的粪便照片。

[2] 美国职业篮球联盟著名球星。

子就干上了。

巴顿没参与这项体力活。他走出舞台表演区，在导演席坐了下来，盘着腿，抓了一把"土耳其产喇叭手"烟草，卷了他今天的第二根烟。卷完以后，他走到门外卡车的阴影处吸了起来，我在一边问他，邓迈尔到底是用什么方式说服他录制这些锈蚀宣传视频的。"其实当我知道他不是那种光说不练的人，就不需要说服了。"说完之后他又加了一句，"这个军队和工业的跨界男对《星际迷航》着迷得不行"。

防锈护卫队与他们的终极目标

邓迈尔进入国防部部长办公室工作的最初几年，国防部长还是弗兰克·卡卢奇（Frank Carlucci），而他当时还只是行政9级小职员。那年他第一次参加了《星际迷航》影迷会，带着太太一起，穿着也很朴素。在会上，他遇到了詹姆斯·杜汉（James Doohan），也就是《星际迷航》系列电影中工程师史考特（Scotty）的扮演者。2006年夏天，随着公务员工资上涨，邓迈尔觉得可以再参加一回了，而这次正逢《星际迷航》四十周年庆。多达1.5万名"星航粉"涌向拉斯维加斯，沉迷于科幻小说中长达四天。这一次邓迈尔的太太待在家里，而邓迈尔带上了他十四岁的儿子，两人都装扮成《星际迷航：下一代》中的让-吕克·皮卡尔（Jean-Luc Picard）船长。

他们住在云霄塔酒店，而活动在拉斯维加斯的希尔顿酒店举行，就在他们南边不到一英里处。这位身负绝密任务的五角大楼官员——其上级的上级直接对总统负责——每天都会沿着天堂路走两趟，胸前还有象征星际联邦星舰指挥官的徽章。

影迷会上，邓迈尔坐在舞台左边，位置算不前不后。他旁边的小伙子说自己是从加利福尼亚骑车过来的，没带换洗衣服，更别说戏服了，他身上的味道足以证明。第二天，当沃尔夫（Worf）[1]出现在舞台上时，坐在满身汗味的小伙子另一边的女士（装扮成贝弗莉·克拉夏医生）突然冲着邓迈尔说"闭嘴"。邓迈尔这两天时不时地插科打诨，那位女士早就很不满了："喂，大叔，你喜欢基洛斯人随你便，但他们只不过出现了两集，我还要看我的沃尔夫呢！"邓迈尔记得她当时大概是这么说的，而他则回应道："错了，不是基洛斯人，是锈蚀[2]，您听错啦。我说的是我的职业！"他们就此谈起了他的工作——抗锈战争。这位女士正是史黛西·库克，她说自己其实是一名电影制作人。邓迈尔这说他正准备制作一部有关锈蚀的片子，库克从肩膀上解下三录仪，取出医用扫描仪旁的一沓名片，和邓迈尔交换了。没过一个月，邓迈尔便给她打了电话。

次年，库克给邓迈尔的办公室制作了一些短视频。作为办公室主任，邓迈尔还是很有天赋的，很快就进入角色。在一段视频中，他突然出现在屏幕中，嘲弄般地抽搐着脸部肌肉，像是要给摄像机出什么难题。他也会跳一些舞蹈。在另一部视频中，五个"邓迈尔"穿着不同的衣服坐在一起，

看着另一个"邓迈尔"在屏幕上谈论着锈蚀。还有一部影片，他借用奥森·威尔斯（Orson Welles）的手法，思索时举起了地球仪，并说道："我该如何把这条信息弄清楚？"这个场景融入了一场梦中，接着出现了五角大楼的即兴表演之夜，而邓迈尔正表演着独

---

[1] 《星际迷航》中的克林贡人。

[2] 基洛斯人的英文为 Kyrosian，锈蚀是 corrosion，两者读音类似。

角戏。他手里夹着一支点燃了的香烟，拿着提示卡，谈论着国会的防锈计划。邓迈尔介绍这些播客时说道："我们就是想让气氛轻松一些！"他接着补充道："这是一种自贬的幽默，但可以吸引更多的人观看。"它们都是用纳税人的钱拍摄的，只不过花费的形式特殊了些。

不过，邓迈尔还想把规模做得更大些。他希望可以制作出一部片子，能与1954年那部经典但有些不合时宜（也很无聊）的教育片《锈蚀进行时》（*Corrosion in Action*）相媲美，不过其中有关腐蚀电池的动画却有些粗糙，并且不准确。邓迈尔并不想向拉奎支付五万美元以获取使用权，毕竟这些钱都足够给飞机刷油漆了。于是拍片子的想法就被搁置下来，直到次年邓迈尔与库克相约回到拉斯维加斯参加《星际迷航》影迷会。这一次邓迈尔穿的是詹姆斯·T. 柯克（James T. Kirk）舰长最初的金色制服，而库克则装扮成克莉丝汀·查培尔（Christine Chapel）护士的模样。劳瑞·尼科尔森作为她的老板也随同前往，尽管心里觉得这两个人都是怪胎。她的想法没错：邓迈尔居然知道詹姆斯·T. 柯克舰长名字中间的那个字是什么意思，还时常念叨。在拉斯维加斯，邓迈尔听说列瓦·巴顿正在找工作，于是二人一拍即合。因为曾主持过《阅读彩虹》，巴顿所拥有的威信与声望也正是邓迈尔所需要的。而尼科尔森和库克曾经和列瓦·巴顿一道给迪士尼以及NASA制作过电视节目，因此对列瓦也很熟悉。两个月后，邓迈尔通过他的代理人给巴顿寄去一封信。又过了四个月，就在"列瓦1"准备开拍的前一个晚上，邓迈尔与巴顿终于在佛罗里达见面了。酒酣耳热之后，邓迈尔跟着列瓦·巴顿去了洗手间，于是便有了巴顿嘲笑邓迈尔是跟踪狂的笑话。

在邓迈尔看来，《星际迷航》这一系列影视剧的寓意堪比莎士比亚或希腊先哲的作品，但对于那些有过长期军旅生涯的人来说，它更像是一部领袖狂想曲。没了官僚主义与臃肿机构的掣肘，"进取号"星舰在外太空自由翱翔，应对着各种挑战。他们不用等待授权，也不用打报告，更不用追求所谓的政治正确，舰长决定的任何行动都可以立即执行。在邓迈尔最喜欢的情节，也就是《星际迷航》第五部中的"黑暗镜面"上下集中，这一点更是展露无遗。故事讲述的是，当帝国岌岌可危之时，一名热血沸腾而又雄心勃勃的反叛者仓促间组织了一场草率的计划，以拯救帝国；情节发展到高潮时，这位新的指挥官说："一直以来，我都是一名战士。几个世纪以来，这些人一直在压迫着我们的帝国，我绝不能坐视不管。"同时他单膝跪地，继续说道："现在，我请求你们，你们所有人，跟我一起抵抗！"

"我的任务就是让无聊的事变得有趣，"邓迈尔有一次跟我说过，"锈蚀不是一个性感的话题。"他的观点没有错，但至于《星际迷航》是不是比军队更"性感"就值得讨论了。一直以来，很多人也只是迷恋那些星舰制服里的身体而已。"你得穿上制服。"他说，"你一定得穿上制服。当我们成功之时，一切都会很完美。"用邓迈尔的顾问格雷格·雷迪克（Greg Riddick）的话说就是："他们都认识他，一定会熬夜看下去的。"史黛西·库克对于列瓦·巴顿的加入说得更直接："他所能传达的，也正是我们需要的。在观众看来，这就好像有人在聊着锈蚀技术的话题，而不只是在说教。这就是一种软宣传。"当巴顿念旁白时，他的嗓音很迷人，不像是一般书呆子那样刻板无趣。

在佛罗里达，巴顿站在卡车旁，我问起他："你后来是怎么跟洛杉矶的朋友解释的呢？"

"我没跟他们说过。"他回答，"没解释什么，只是说我正在给国防部做点事情，然后他们都惊呆了，而我继续往下说。"哎，可怜的西海岸书呆子们。他停顿了一下，又加了一句："我们开始只是想拍一集片子。"而之前当一名助理制作人在擦拭有机玻璃镜头时，巴顿正准备开始拍摄第五集，邓迈尔已经在邀请他拍摄第六集，两人的对话差不多是下面这样的：

邓迈尔："你知道'列瓦6'的事吗？"

巴顿："6？"

邓迈尔："库克没跟你说吗？"

巴顿："我要退休了。"

邓迈尔："诶？拍第六集吧！"

巴顿："就拍到第五集，我不行了。"

邓迈尔："第六集！"

巴顿："好吧，第六集，有始有终。然后我就真退休了。"

邓迈尔："哦耶，第六集！"

巴顿："行吧。这个真的会大获成功吗，丹？"

邓迈尔："那当然。"

巴顿："那太赞了，值了。"

邓迈尔："我很兴奋。"

巴顿："我也是。"

在思考了几分钟后，巴顿说："丹啊，这也是我遗产的一部分。"

我曾经问过巴顿："你的其他工作也是这样的吗？"他不假思索："没有，只有和丹一起的工作是这样的。"

狂热、思维发散、不拘小节，这些都是邓迈尔流传在外的名声。记不住办公室的电话号码和地址，总穿着花哨的衣服——企鹅队球服、海盗队球服、钢人队高领套头衫、钢人队卫衣、匹兹堡主题的领带，层层衣服搭配起来显得有些讽刺，连他在国防部的工作证也是用钢人队的系带挂着的。他习惯驾驶的克莱斯勒 PT 漫步者被喷涂成了钢人队头盔的模样。他自嘲地称自己为小丑，别人却说他是名流。在社交活动中，他总是有些笨拙，似乎对此一无所知。当他站在走廊上，与包括奥兰多一所博物馆的馆长在内的三名工作人员讨论时，他的身体前倾，双腿一前一后站着，双臂张开，一只手伸出一根手指，而另一只手则握成了拳头。他的头一直侧向一边，眉毛上扬，前额贴向身边的人，瞳孔深邃而有神。这是个令人不安的侵略性姿势，仿佛你所看到的是个精神错乱的人。如果他是在玩看手势猜字谜的游戏，我会猜他是在指挥一场音乐会，或是在旧金山金门公园跳着嬉皮士舞。再看那位博物馆馆长，他站姿如松，一动不动，双手时而紧扣，时而插在口袋。其余两人的上身也都没有移动，只有脖子微微扭动，面部表情也鲜有变化。一个小时后，当邓迈尔无意间遇到一位打扮成柯克舰长的来访者（毕竟这是万圣节）时，他直接站起来，摆出一个恰当的姿势打了个招呼："干得不错！"他用"长官"称呼这名化装男子，但很快就解嘲般说，也许他小时候吃了太多含铅的涂料。

邓迈尔的声音有些嘶哑，话语中充斥着五角大楼的行话，比如"部长办"（国防部部长办公室），语速快而模糊，不时加重语气。这也是其他人对邓迈尔的另一个印象——充满激情。和他聊天，有时很像是在被教练训话——他是个容易生气的人。他常常会过于兴奋，以至于内容凌乱，甚至离题万里。在我采访他期间，这样的情况就不止一次发生，而我会说："他真不是个会讲故事的人。"如果你事先准备了日程表，恐怕会极度失望。如果你需要了解细节——比如《理解锈蚀》系列节目的制作费用——他的话会让你想把头往墙上撞。如果你只想听故事，那就需要全神贯注了，因为有太多的即兴创作需要你去辨别。在第 31 届锈蚀论坛上，幻灯片上充斥着各种数字、缩略词以及流程，邓迈尔讲到一半时干脆停下来，拿起麦克风指着屏幕说："我何必要用什么图表？直接讲就好了。"于是他开始天马行空地讲故事。他斜倚在讲台上，时而挠头，时而低头看看地板，时而抬头望着屋顶，可谓出尽风头。然而没有人会指责他缺乏贡献精神或责任心。

除了迷恋匹兹堡和《星际迷航》之外，邓迈年还有一个令人困扰的怪癖：不喜欢山羊。有一次，当他在调查夏威夷考艾岛上广播天线的生锈问题时，他了解到闯入的山羊将植被啃食殆尽，并导致腐蚀加快。这些政府设施的基础面临着严重威胁，因此邓迈尔说道："我们必须阻止它们！杀了这些山羊！"有位同事送给他一件海军制服，上面写着："提防山羊。"其他人也提了很多处理山羊的方案。每当看到"山羊"这个词的时候，他都不由自主地闭上眼睛，一副很紧张的样子。

回到演播厅后，巴顿又抓起那块铁疙瘩，说道："我们第一次将它挖出来时，它看起来就是这样的：一块铁矿石。"多亏了邓迈尔的首席技术工程师坎齐，这块铁疙瘩比先前可小多了——因为他把它砸成了两半。坎齐有四十年的腐蚀研究经验，获得了很多专利，拥有化学工程师的头衔，这也是他能帮助邓迈尔的原因。他总是安静地坐在角落里，只有遇到技术问题时才会站起来。如果有人觉得，让邓迈尔兴奋的事恰恰也是让团队其他人情绪低落的那些事，这样的印象也应当被谅解，毕竟在他的团队里，他是社会性动物，而其他人却都是技术人，但他们都是他的安全保障。

当迈克尔·韦恩挑中邓迈尔负责防腐办公室时，他很清楚自己在做什么。他需要一名项目经理，也就是一名引导者。他知道，像达塔（Data）[1]这样的怪咖只会是一名糟糕的舰长。韦恩需要一个可以和工程师们争论的人，但一开始工程师们对此很不理解。里奇·海斯（Rich Hays）如今是邓迈尔的助手，他曾在位于马里兰州卡德洛克的海军水面作战中心负责一间防锈实验室。他毕业于弗吉尼亚理工学院，并获得材料工程专业的硕士学位，曾在海军陆战队所辖的潜艇上研究螺旋桨因生锈导致的裂痕，也研究过远征战车（EFVs）上的生锈问题。他对邓迈尔的第一印象就是："这个长得像扑克牌小丑的家伙到底是谁？"当邓迈尔出现时，他甚至笑了出来，认为这个人肯定难当大任。

海斯身材高瘦，戴着一副眼镜，为人严肃、细致，性格直爽，从不绕弯子。他回忆道："我一直觉得，解决生锈问题是个技术活。但如今我的想法已经改变很多，我留在这里的主要原因就是想弄清楚他究竟是如何做到这样，而我却不能。我们也在发明很多新奇的东西，有的是某种技术，有的是新涂料，但很快就会发现这些都不是出路。"谈到邓迈尔时，他说："丹是个梦想家，和我刚好互补。丹的出色之处在于引领道路，而我就会接着想怎么去实现梦想。如果没有这个办公室，我们肯定做不到这样，这也是为什么我对这些政策感到兴奋的原因。"换句话说，他作为团队的一分子，可以确保邓迈尔向前走的时候不脱轨。在过去的许多年里，他一直很抗拒邓迈尔，但最终还是屈服了。如今，他开玩笑说，要在他老板的体内植入个 GPS 跟踪器。

海斯并不是第一个加入邓迈尔团队的人，也并非"锈蚀三剑客"

---

[1] 《星际迷航》中的角色。

之一。第一名成员是拉里·李（Larry Lee），一位出生在菲律宾的空军上校（现已退役），为人谦和而勤奋。在取得化学工程学位后，他于1977年加入空军，负责维护飞机以确保其正常飞行，二十年如一日。因为检修并参与设计战斗机的发动机引擎，他从一名空军列兵晋升成上校。2001年夏天，他被调到五角大楼，在采购、技术与后勤办公室工作，紧挨着邓迈尔的办公室。又过了一年半，邓迈尔聘请他担任副主管。七年后，当邓迈尔最终"收服"海斯时，李已经是邓迈尔团队的主任了。

拥有"砸石头"技能的迪克·坎齐，也是从一开始就加入了邓迈尔团队，是第二名成员。他从事腐蚀研究相关工作已有四十年，其中一半时间是在空军的锈蚀预防与控制办公室担任材料工程师。他主要负责设计新型战机，并对既有战机进行改进，评估锈蚀造成的损失。在邓迈尔聘用他之前，他已升至办公室副主任，并且已经退休。和大部分人不同，他熟悉陆军、海军、海岸警卫队以及航天局的防锈对应机构，这也让邓迈尔的工作变得容易很多。在锈蚀预防办公室的前几年，很多人都和海斯抱有同样的印象，是坎齐用他那南方人特有的温文尔雅和冷静气质打消了他们的疑虑。对于邓迈尔的成功概率，他当然也曾怀疑过。如今他依旧还是首席技术工程师，成了邓迈尔的技术后盾。

邓迈尔核心团队的成员们都与邓迈尔有着天壤之别，他们冷静、直率、沉着，与"正常人"更接近，技术精湛。当邓迈尔在一些细节上犯错，比如搞不清简写是C&O还是O&C，或是弄错了示意图上的曲线方向，以及不小心给自己挖坑时，同事们都会纠正他。他们足以确保这一项目不至于沦为一纸空文，日程总会有边界，工作也会按照计划的时间节点完成——当然这里说的是地球时间。邓迈尔从不做笔记，也不会跟着日程走，但其他人会。邓迈尔会开玩笑，但他们会等待。正如拉里·李所说，他和海斯会待在厨房里，坎齐会待在车库里，而邓迈尔却在外面某个地方晃悠。但他们相处得很好，十年里没有人退出，也没有人被炒鱿鱼。"我的团队绝不是牛粪，"邓迈尔有一次这样跟我说，"也许我自己是，但我的团队不是。"他认为他们都是天才。他们平时总是穿着锈蚀预防与控制办公室（CPO）的制服，橙色、卡其色或者蓝色的，但可以很明显看出哪一件是邓迈尔的。在第 31 届锈蚀论坛上，与会者都认为邓迈尔离经叛道，不像是寻常五角大楼的员工，但他们同时也认为，他有超凡魅力，诚实而高效，是个很棒的人。其中一个人简洁地总结："我们所有人都一直在从事着防锈事业，但从没有一丝进步，直到丹的出现。他很有趣，也很有活力，他的每次出场都自带圣光。"

当巴顿念到第十一页时，一阵声响让他不得不停下来，每个人都在等着音响师的信号。这声音听起来像是俯冲轰炸机，但其实只是一架飞过上空的轻型机而已。

邓迈尔说："等一下，这里不能跳过去。国防部所做的是推动文化改革，我们不能说需要文化改革，这无法通过安全审查。"他对库克解释："不是改革的文化，而是文化的改革"，接着又对台词提示编辑解释，再对巴顿说的时候，后者笑了。他重复了邓迈尔的话，对其在细节方面的坚持有所怀疑。看起来巴顿开始对国防部的审查方式有些不耐烦了，他认为华盛顿政府在官僚主义、机构臃肿低效以及吹毛求疵方面已经无药可救。接着邓迈尔又发现了一个问题："严格来说，副部长（under secretary）是两个词，需要大写。"接着也没有特别对谁说："我就是被选中的那个。"巴顿对此没有反应，只是说："我会把这两个字记在脑子里。"言下之意就是：谁会关心这个？

不过巴顿对邓迈尔的项目还是信任的，否则也不会答应继续拍摄该系列节目，并且在酬金上还打了折扣。2011年，在邓迈尔于加利福尼亚州棕榈泉举办的锈蚀会议上，基于同样的原因，巴顿在作主题报告时盛赞了邓迈尔，并在贡献精神和权威性方面跟他所认识的最伟大的人对比：亚历克斯·哈里（Alex Haley）、吉恩·罗登贝里（Gene Roddenberry）、弗雷德·罗杰斯（Fred Rogers）。1977年，哈里创作了短剧《根》，捧红了巴顿；罗登贝瑞是《星际迷航》电视剧的创作者，而罗杰斯则创作了美国公共电视网（PBS）很受欢迎的儿童节目《罗杰斯先生的邻居》。巴顿说邓迈尔非常聪明，为人诚实守信，想象力十分丰富，是大自然赐予人类的力量。巴顿还承认，正是因为邓迈尔，他才成了抗锈的传教士。

在确认脚本已经被纠正之后，巴顿重新开始表演。"现在他们需要的，就是一个计划。"邓迈尔拍掌赞叹道："哦耶，我太喜欢你念的感觉了。"

邓迈尔出身于军人世家，往上数大概第十代人中有一位名叫约翰·乔治·多梅亚（Johann George Dormeyer）的德国农民，他来到阿勒格尼县落户，并参与了独立战争。他有五个儿子，全都在匹兹堡东北方的埃尔德顿经营一处家族农场，面积足有五百英亩。1810年，人口普查官员将他们的姓改成了邓迈尔，自此之后的七代人要么是木匠，要么是农夫。国家有需要时，他们也会应征入伍，南北战争、"一战"和"二战"都有他们家族的身影，并且还都没人阵亡。不过，家族中也没有人上过大学。邓迈尔的曾祖父萨姆森·邓迈尔（Samson Dunmire）被一头奶牛踢死了，因此在丹·邓迈尔出生的十年前，萨姆森的儿子就将家族农场卖掉了。

邓迈尔有两位姐姐，他则长得与父亲非常像。老邓迈尔是一名钢铁工人，在位于扬斯敦的美国钢铁公司俄亥俄州工厂工作。"一次性把事情做好，看准了就要对自己负责"——这是他的处世哲学。老邓迈尔的工作时间不固定，回家时总是浑身脏兮兮的，从不会因为什么事迁怒于别人。他虽不是工程师（没有读完大学），但对腐蚀问题还是很了解的。

邓迈尔两岁时便立志参军，一直等到十七岁才得以报名参加后备军官训练队（ROTC）。在肯特州立大学，他自豪地穿上了制服。然而，随着1970年四名学生因抗议美国入侵柬埔寨游行而被俄亥俄州的国民警卫队枪杀后，这种自豪感开始烟消云散。他回忆道："当时我很不受欢迎，我说，'上帝保佑美利坚'。"比起父亲，他更崇尚自由。作为立宪主义者，他看到政府在公众生活中发挥的重要作用，尤其是匹兹堡的市政府。1970年，在海盗队新主场三河体育场举办的公开赛上，邓迈尔和他的父亲就公营和私营之间的关系进行了一番争论。老邓迈尔认为体育馆应该由私人募资，小邓迈尔则认为，政府在支持城市文化方面应当扮演一定角色。至今，他还认为如果没有公共投资，匹兹堡就不会拥有公共演唱会场地、PNC公园（海盗队最新主场）以及亨氏球场（钢人队主场），也不会成为大城市。

1974年，邓迈尔自愿前往越南，却被送往德国，又在美国陆军第七集团军待了三年，刚开始是中尉，后来当了排长。他的任务是设置障碍以延缓苏联的西进。在那三年里，他炸掉了不少道路和桥梁，如今他却成了军队基建的守护者，这更像是在为过去的行为赎罪。

回到美国后，邓迈尔定居坦帕市，并开始从事食品行业。在卡特总统任期的最后几年以及里根总统任期的第一年，他在一家万豪酒店分店担任值班经理。这家连锁酒店随后将他派往亚拉巴马州的伯明翰。工作之余，他参加进修并拿到了公共管理的硕士学位。此时，他和妻子相遇了。而在一次老兵联谊会上，他还遇到了他一生的偶像海曼·里科弗，当时这位将军已经年迈体弱，邓迈尔在向他致敬时，握手的动作似乎热情过头了。邓迈尔之所以敬重他，是因为他是对付官僚主义的大师，思维缜密，属下也精明能干，并且从不谄媚，对得起他肩上的四颗星。然而，即使是美军历史上服役最久的军人，里科弗最后还是被解雇了，并在四年后去世。

在 1982 年的愚人节，邓迈尔买下亚拉巴马大学边上一家名叫"杜奇热狗"的小店，并将其改名为"丹家早午餐"，经营了两年。他记得自己当时是老板，也是店里的"首席洗瓶官"。在长达二十六个月里，从周一到周五，每天早上他都会在黎明之前几个小时起床，确保小店可以六点开张。晚上，邓迈尔会去上课，周末则在后备队服务。在入选国防部长办公室的总统管理实习计划后，他便将餐厅转让给别人，这也是他得以进入五角大楼的原因。那年是 1984 年。

然而，卖了两年热狗和可乐的邓迈尔也没攒下多少积蓄。在华盛顿，他和太太租了一套两层公寓，位于具有历史意义的阿斯卡斯蒂亚附近。在部长办公室实习结束后，他又担任了一年的分析师，监管军人待遇和战备事项。接着，邓迈尔又去 AT&L 担任分析师，并搬到马里兰州的天普山，就在特区的东南方向，位于五角大楼和安德鲁斯空军基地之间。最后，他买到了一套法院拍卖的房屋，位于弗吉尼亚的斯坦福，占地大约半英亩。他还育有三个孩子。

90 年代中期，在克林顿总统执政期间，邓迈尔申请参加副部长最佳商业实践计划，入选后将会进入私人企业工作两年。他选择了自己熟悉的食品行业。他列出亨氏、百事、可口可乐、雷诺金属公司（Reynolds Metals Company）、安海斯－布希作为可能的雇主，但最希望加入的公司还是位于匹兹堡的亨氏。邓迈尔准备得很充分，在面试时，他引用了损益图表以及大量面试者从没听过的数字。面试官们告诉他会在两周后通知他，而当他回到家时，答录机却收到这样的信息："阁下可以提前两周到岗吗？"

接下来的两年他都在匹兹堡度过，并在亨氏位于全国的多个基地学习如何运营，特别是采购牛皮纸的流程。亨氏每年会花费2000万美元采购纸张，用于纸盒、餐盘盒以及包装。他曾前往芝加哥郊外的惠好公司（Weyerhaeuser）参加"纸张学院"，在这个全国最大的造纸公司里，他浸淫在四十磅规格牛皮纸的细节里长达四天。他学习了折纸、切割和压纹，掌握尽可能多的相关知识。当亨氏关闭位于加利福尼亚州特雷西的一家工厂时，邓迈尔协助在俄亥俄州的佛利蒙整合出一条全新的番茄酱生产线。他确保那些纸盒可以通过机器，并判定用二十五万美元可以将这条生产线装配并运转起来。他告诉副总经理，公司可以在一年的时间里收回成本。在这个全世界最大的番茄酱生产工厂里，他的计划成功了。副总经理对此印象深刻，邓迈尔到现在还将这条生产线称作是他的生产线。实习即将结束时，亨氏给他提供了一个高级采购经理的职位，他也动心了——"其实我当时完全可以继续做下去"——但他觉得自己毕竟已经四十多岁，年龄太大了，再难再去挑战另一个行业。军队在召唤他，而亨氏，用邓迈尔的话说，让他变得更有进取心，让他学会挑剔并且改变了他对商业的看法。而这段时间的经历，也让他感觉更像是一次冒险，而不只是一份工作。

回到五角大楼后，邓迈尔加入布什的交接团队。当别人还在度假时，邓迈尔却撰写了一份长达三百页的报告。国防部法律总顾问注意到了这一点。当新的职员被雇用时，他们通常要接受 FBI 和参议院的审查，而五角大楼便让邓迈尔陪同处理这些事。很难说他是不是因为眼界宽阔才这么做的，但就是通过这种方式，他遇到了迈克尔·韦恩。

在邓迈尔的世界里，2001 年 9 月发生了两件大事。在第一件大事 [1] 发生之后，副部长韦恩的军事助理阿尔·埃文斯（Al Evans）空军上校问了邓迈尔一个并不完全算是假设的问题：如果他们不得不离开五角大楼，最需要带走的资料是什么？三十分钟后，邓迈尔给埃文斯发了封邮件，其中列举了十几份资料。同月，NACE 发表了它的锈蚀成本研究。

韦恩将邓迈尔送到位于宾夕法尼亚的来文山军事基地，这是一座非常安全的"地下五角大楼"，他在这里度过了六个月。回到五角大楼后，他还是继续负责资源采购与分析，并监管化学品非军事化，指导军需品与武器系统的采购。在处理日常事务的过程中，他认识了参议院军事委员会的玛伦·莉德，并参与研究阿卡卡议员的锈蚀提案。他的领导是五角大楼的三号人物，仅次于国防部长和国防第一副部长。（国防部还有四名分管各领域的副部长，按等级顺序分别是：AT&L、政策、预算、薪酬及战备。）国会通过了提案，布什签署写入了法律，而韦恩召集他的职员开了个会。

时过六年，在经过美国审计总署的多次审计之后，国会修订了一条关于防锈主管人员的法律。像韦恩一样，各位副部长都觉得自己能兼任这个角色，国会则希望这个人选可以全身心投入。对于这

---

[1] 应为"9·11"事件。

位主管而言，他需要对旧体系作彻底整顿，而邓迈尔作为一位特别助理，当然是最好的选择。

"你们都有感觉了吗？"库克问道，"很好，保持你们的感觉。"演播厅内的温度越发高了，在接下来的两个半小时里，巴顿一共擦了十三次汗，平均十分钟一次。同时邓迈尔也露出了明显的疲意：坐姿不再端正，脸色苍白，连连打哈欠。他的一只手肘搭在桌子上休息，右手的拇指和食指摁住两边的太阳穴揉捏，喝了一罐可乐，又打了个呵欠，伸了个懒腰，不时咕哝几句。之后，他单手支到膝盖上休息，做了个深呼吸，接着又是个哈欠，这次甚至出了声，然后又伸了一个懒腰。姿势变换之间，他打翻了一杯咖啡，我问他是不是要休息一下，他却睁大双眼说："你疯了吗！我从匹兹堡一路赶过来可不是为了睡午觉的！"

他继续给脚本做些小修改，这样影片也能显得更自然些。在讲到美国最严峻的防腐环境时，他在一句话中加了个短语："环境危险指数"，并将一处"建设"改成了"完成"。他把一处"2002"纠正为"2003"，并坚持要求将美国军事学院、美国海军军官学校、美国空军院等军队研究院按照成立时间的先后进行排序。当他提到"三亿美元"是否应该被表达成"数亿美元"时，库克认为他是在吹毛求疵。而当他建议将"我们"改成"我"的时候，库克则让他别纠结了。

念到第十八页的时候，巴顿解释道："在防锈项目启动之前，每个机构都有自己的防锈规则，并且通常都是等到锈蚀发生之后再处理。"接着他说到邓迈尔办公室启动的一些项目。首先谈到的是夏威夷的雷德希尔管道，该管道长达三英里，直径达三十二英寸，将二十座地下燃油罐和珍珠港连接起来，是一处不能放任腐蚀的海军资产。这条管道建于 1942 年，直到 2005 年才被公开，此时邓迈尔决定是时候动用漏磁检测机器人去清理它了。此前，这条管道的内部从未被清理过。巴顿费力地解释着这次清理——"将探测机器人放到管道内部检查问题"——然后接着往下讲。他没有提及的是，为了这次检查，邓迈尔共投入了一百万美元，这也是他们办公室的第一次大规模投入，而这已经是他觉得最容易摘到的果实了。还有一件事巴顿也没有提：海军现在已经常规配有维特科（Vetco）公司生产的"超声波猪"。这次检测之后不久，大概在圣诞节前一两天，雷德希尔管道发生泄漏，所有工作人员都到场进行应急处理，当然这一点没有在脚本中提及。如果他们当时不加班，那么泄漏恐怕会污染整个火奴鲁鲁的供水系统，并造成十亿美元的损失。由于控制及时，泄漏事件并未成为大新闻，但阿卡卡议员还是注意到了，并随后拜访了在参议院哈特办公大楼办公的邓迈尔。阿卡卡叫他"多梅尔"。

2006 年邓迈尔获得第一笔真正的预算——由白宫拨付的 1500 万美元，他将其中的 2/3 花在了防腐蚀项目上：一半用于武器项目，另一半则用于设施项目。经过权衡（对锈蚀成本展开的研究）之后，武器与设施项目成了邓迈尔的十人团队所奋战的第二及第三战场。雷德希尔管道事件已告一段落，但其他设施项目还需要全面检查，毕竟它们面临的问题都是一样的：生锈的管线、泵机、顶板、油箱等。而武器项目涉及直升机、巡航导弹和航空母舰的价值，就更有意义了。

又讲过一页，巴顿谈到了和大学以及政府实验室之间展开的技术合作，还有南密西西比大学一间实验室对腐蚀敏感涂料的研究进展。不过他没有讲到的是：自 2005 年到 2013 年，邓迈尔办公室开展了 236 个武器项目，共投入了 1.65 亿美元，其中大约 1/3 是用于购买这种完美的涂料。邓迈尔办公室已经投入研究的涂层，用途涵盖很多方面：飞机、甲板、火力系统、航油储罐、水箱、空调线圈、泵机叶轮、机动车地盘、舱底、含镁部件以及寒冷环境。它们可以是单一涂层或复合涂层，也可以是底漆或面漆；可以快速固化、高温或低温固化；可以喷涂、辊涂、粉涂或激光固化；有富镁、富锌、乙烯基材、环氧树脂基材、镍钛基材等各种材质以及特殊的无铬涂层；有荧光性、隐身、黏性、浓稠、长效、弹性、阻燃、抗冲击、隔热或防滑等各种性能。该办公室还投入了超过三百万美元，用于开发自喷涂、自检、自清洁或自修复的涂层，花费了近百万美元用于研发"武器创可贴"，这样海军陆战队的士兵就可以快速修复防锈涂层。邓迈尔将涂层称为"第一道防线"，并表示："有时候你不需要其他的解决方案。"

很多涂料都会在南佛罗里达与温暖的盐水相伴好几年，这也是海军研究实验室（NRL）对它们进行持久力的检测，就像是孩子们把牛奶装在纸盒里放到冰箱冻几个月进行观察那样。涂料喷到一块扑克牌大小的金属上，暴露在卡纳维拉尔角的空气中，这可是全美独一无二的地方，很多由 NASA 资助的项目也在此地进行测试。在一排又一排的样品上，那些附属的涂料，或随着生锈绽开，或因生锈而脱落，或因生锈而起泡。很多涂层会从灰色变为棕色、蓝色，甚至粉红色。海军从不接受那些会变成粉红色的涂层，而对于海军趋之若鹜的那些涂料，NRL 的工作人员为此还谱写了一首赞歌：

我们建造船体，是为了保护涂料；

我们建造反应器，是为了让涂料四处可用；

我们开展"潜艇安全"[1]项目，是为了确保涂料可以被送到表面，而且不会遗失；

我们设计阴极保护系统，是为了让涂料能被还原；

我们开发武器，是为了守卫涂料；

特殊船体处理[2]啊，是为了保护涂料；

垂直发射系统[3]啊，是为了摧毁伤害涂料的敌人。

最好的军用涂料通常含有六价铬，这种高毒重金属也是导致2000年的电影《永不妥协》中主角罹患癌症的罪魁祸首。这东西正在被逐步淘汰，而邓迈尔的办公室现在进行的分析还没跟上脚步：《六价铬的项目管理指南》。在第31届锈蚀论坛上，当邓迈尔看到指南的样稿时，他还赞其非常出色。对于涂料的发展，他感到异常兴奋，因为如果能成功应用这些好涂料，军队资产也就可以保持得更长久些。

自2006年起，白宫建议的预算就开始逐年下滑。不管总统预算的规模如何，邓迈尔都坚持要求确保他的办公室经费充足。"有多少经费，我们干多少事情。"他强调，"如果你接受不了，那我们就找

---

[1] SUBSAFE，是美国海军一项旨在维护核潜艇舰队安全的质量保证项目。具体来说，是给核潜艇外壳保持防水性提供最大化合理保障，并可以在意外的漏水事故中恢复。

[2] Special Hull Treatment，是20世纪80年代由国防部的承包商在潜艇船体外侧用橡胶拼贴进行覆盖的项目，旨在静音、重新定向声波、吸收或控制船体噪音。

[3] Vertical Launching System，是一种在水面舰艇与潜艇这些移动海军平台上控制与发射导弹的先进系统。

别人。"邓迈尔的性格跟他父亲一样，从不抱怨。他也有朋友和敌人，但他还是希望依靠自己的努力来获得最终结果。

行政拨款在减少，而办公室开展的项目却稍微增加了。与此同时，邓迈尔关注的重点也发生了改变。在办公室刚刚成立的那几年，选择的项目都是些比较容易取得成果的，或是着眼于锈蚀监测的：比如阴极保护系统的传感器，可以用于发现漏点或裂纹，或是发现船上的锈迹，或探测环境暴露量，又或是寻找燃料舱与压载舱的锈迹。一旦简单的目标达成后，办公室就会致力于解决那些规模更大而又不那么迷人的麻烦：检查信号塔上那些生锈的电线，处理关岛基洛码头的锈蚀问题。最近，该办公室又将眼光聚焦在材料挑选和腐蚀抑制剂，以及应用在各种场合的技术：复合材料的桥梁，用不锈钢筋搭建的混凝土船坞。大多数材料都只是用于基本零件：战斗机的冲洗系统、长管除湿器、除霉工具、飞机罩与飞机外壳。有些项目耗资多达百万美元，但有些则只要三万美元，比如用于修理飞机引擎焊点的激光粉。

如果喷涂工人不知道自己在做什么，那么即便是世界上最好的涂料也无济于事。有人觉得喷漆是件简单的事，即便没受过教育也可以完成。这种想法颇为普遍，但并非事实。在船坞和飞机棚中，拥有高中以上学历的喷漆工人不足一半，很多人甚至连最简单的加减乘除算法都不会。混配涂料时，他们使用的长柄勺，一会儿舀舀这个，一会儿舀舀那个，完全不加区分，而且完全不顾配额。雇用低学历工人进行喷涂，最终结果注定糟糕透顶。军队中大量的喷涂工作要求他们严格按照规范执行，但他们连这都做不到。与给军舰喷漆相比，唯一更无聊的事就是按照操作标准喷漆。最终，在邓迈尔办公室开辟的第四战场，抗锈小组投入大量精力，重新审阅了数千份说明书，终于确定湿度、表面处理、厚度以及应用要求。邓迈尔也看到了这个问题被解决的一线希望。

邓迈尔尝试就此确立更多的技术说明书，这也成了他的第五战场。就像他的首席参谋拉里·李所说："你在这里可以挖到很多钱。"当腐蚀政策与监管办公室在 2003 年成立之时，邓迈尔和他的同事只是粗略地调查了一下军队发展的武器。如今，国防部的所有项目都需要通过该办公室的审核，邓迈尔手下一名成员为此忙得不可开交。他审核了空军新型的 KC-46 加油机、F-22 和 F-35 战斗机、远程雷达，以及价值六十亿美元的太空监视系统，也就是"太空篱笆"；他审核了国防部的超高频卫星通信系统以及海军陆战队用于替代多功能轮式运输车的联合轻型战术车；他为海军审核了新型战术干扰系统、新型航空和导弹防御系统、新型作战后勤船只、"海神号"飞机以及总统直升机。所有武器征询方案（RFPs）目前都必须进行腐蚀防护与控制评估。邓迈尔的办公室还确立了指导方针，用于指导军火供应商向军队交付新产品；21 世纪以来，军火供应商必须在产品应用之前进行腐蚀测试，邓迈尔称之为"把防腐蚀政策融入国防部的结构里"。如今他要求所有联邦合同都要加上腐蚀处理相关条款。他还希望修改联邦采购政策，以确保任何供应商想拿到联邦军火费用都必须接受第三方锈蚀检测机构——如 NACE、防腐涂层协会等——的监督。邓迈尔认为这是最后的措施，能够降低 30% 的锈蚀消耗。

锈蚀专家孵化器

巴顿已经念到脚本的倒数第二页，提到了邓迈尔重点进攻的第六个战场——培训与认证——其目的是确保"总有合格的抗锈人才"。

邓迈尔需要抗锈战士们知道敌人是谁，并保证他们可以抗战成功。自 2005 年起，近两千名官兵——大部分来自海军——已经在 NACE 接受了腐蚀课程培训，课程主要分五天班和半天速成班两种，只有一百名陆军官兵选择了其中一种。针对喷涂工人，防护涂料协会现在提供了为国防部量身定做的喷涂技术和技巧培训课程，传授包括喷砂法、真空喷涂、涂层厚度等培训。参与培训的学员 3/4 都是海军水手，其中又有 3/4 通过最终考试。多亏邓迈尔的努力，军校的课程也增加了腐蚀相关内容。美国空军学院最先实行，其他学院也纷纷效仿。国防采办大学还在互联网提供远程在线防腐培训课程，供数万名会员和供应商参与学习。2012 年末，该平台可以同时容纳一百万名用户，但数据显示，只有不足五百人注册了账户。

"也许培训与认证小组最具创意的贡献，"巴顿抑扬顿挫地说道，"就是在阿克伦大学提供的腐蚀工程科学本科学位。"这是全美第一个也是唯一一个腐蚀专业学位，课程内容则由腐蚀行业前执行官迈克·巴希（Mike Baach）讲授。巴希曾在 1992 年创立了一家名叫科洛普罗（Corrpro）的公司，他意识到工业领域内的腐蚀现象可以为美国经济带来巨大的潜在利益，而这一点很多人都还不清楚。他还意识到届时根本无法招募到足够的合格的防腐蚀工程师。三十年来，大学里能够提供腐蚀工程学位是他一直梦寐以求的事情。当他注意到邓迈尔的努力后，便将其引荐给了苏·洛森（Sue Louscher），也就是如今阿克伦腐蚀课程项目的主管。巴希认为这是他最值得骄傲的事业。

邓迈尔第一次对这一项目表示支持是在 2006 年。2008 年以来，在国会的倡议之下，邓迈尔从国防部领到了共 3500 万美元的经费。直到 2010 年的秋天，阿克伦大学的腐蚀工程科学才正式开课；到

2014 年时已有六十名在册学生，其中有十二名正在念大五，这也是他们的最后一个学年。在拉里·李看来，这些学生都非常棒，毕业后肯定可以找到高薪工作。很多学生已经加入 NACE 的大学生分会了，他们称其为防腐蚀小分队。在参加 NACE 的会议时，防腐蚀小分队的成员穿着他们的制服，宛如一支田径队，只是少了点隆起的股四头肌。对于阿克伦大学这一项目，巴顿评价道："这是在培养下一代。"随后他又做了个鬼脸，继续说："下一代，我很喜欢这个词。"

撇开《星际迷航》的一些玩笑，邓迈尔对项目的态度真是一丝不苟。这是 STEM 计划的一个发展高峰，它培养出的不仅仅是工程师，还是防腐蚀工程师。邓迈尔也充分利用了这个受教育的机会，在阿克伦大学"学科专家"策划、布鲁诺·怀特工作室剪辑的"学习单元"中受益匪浅，他还通过国防采办大学将这些培训视频在线分发给几万名士兵。在陈述这一计划以及其"内容"时，邓迈尔与他的同事们使用了很多新媒体词汇，让人听起来感觉高深莫测。

实际上，还有一个 STEM 项目让邓迈尔感到无比兴奋，这也是他们开辟的第七个也是最后一个战场——推广。在奥兰多科学中心，他们资助了一个小型展览，主题为"腐蚀：无声的威胁"。展览的首次亮相是在 2013 年 3 月，地点选择在博物馆的"科学公园"，动用了电、磁、光、激光、重力、势能等多种技术。展览中架起了一座十四英尺高的栈桥，桥上的油漆剥落，混凝土结构也已毁坏，露出的钢筋满是裂纹，展示出了腐蚀的六种形式。展览的背景音乐采用了在一座真实桥梁上录下来的声音，除此以外的一切都是模拟的。混凝土的基座、工字钢、钢螺栓以及铁锈都由塑料和油漆制成。制作出这些假的污垢和垃圾似乎显得有些傻气，毕竟这些东西随处可见，这就好比是特拉斯卡拉州的塔可钟。最大的讽刺在于，为了造出这种腐朽的假象，他们花费了纳税人 7.5 万美元；与此同时，国防部花费了 26.6 万倍于此的代价，来消除腐蚀问题。然而，你并不能让参观博物馆的孩子真正体验到那种因为桥梁坍塌而坠落的感受。

孩子们或许对此没什么深刻印象。邓迈尔不是儿童教育专家，他认为，即使这场展览不能让孩子们感到兴奋，但能让他们看到锈蚀的现象。博物馆计划每天都可以在小教室里给十八名孩子讲述锈蚀相关知识。这里甚至还有一个职业生涯亭，播放由列瓦·巴顿讲解的锈蚀纪录片。邓迈尔希望这场展览能够成为一个样板，一个向全国宣传锈蚀的发射平台。他希望其他博物馆可以利用私人捐赠资金，只花费其 1/4 的成本就能复制这一展览。与此同时，就算参观人数不多，他也希望奥兰多科学中心至少可以在票价上比环球影城更有竞争力一些。

屏幕上的列瓦·巴顿让邓迈尔露出一丝真心的微笑，他所讲述的这些锈蚀的经典案例，对邓迈尔来说也是独一无二的。这些视频广为流传，很能打动人心，至少他希望如此。而他也对此怀憧憬。"虽然达瑞尔才是原作者，但这是我改编的脚本，"邓迈尔对"列瓦 5"如此评价，"这正是我想要的，这段是我改的，这段也是，都是我改的，就是这样。"邓迈尔将防腐蚀办公室称为"宝贝"。

他总是拒绝向我透露列瓦系列片的单集制作成本。谈到这个话题时，他总有些激动，认为很难统计出某一集的成本，因为它们总和其他项目捆绑在一起。他强调自己遵守了联邦法律和采购流程，并答应会告诉我一个大概数字——每集成本不超过三十万美元，而且主要是花费在剪辑上。与此同时，他提醒我，他的办公室是国防部最经得起监督的办公室："我就是节俭之王。"

到了三点半，列瓦·巴顿的疲惫程度赶得上邓迈尔了。他犯了个小错误，把"燃料供应（fuel supplies）"念成了"燃料惊喜（fuel surprise）"。于是他调侃道："越怕出错就越出错。电池里的果汁太多，我已经被分解了，我已经生锈了，丹。"邓迈尔大笑。录到另一节视频时，摄影悬臂发出吱吱嘎嘎的声响，巴顿只好重来了两遍，他皱着脸解嘲般笑了笑。

邓迈尔翻到脚本的最后一页，叹气道："大结局了。"巴顿则说："准备好你的纸巾，接下来就是煽情时刻了。"他按自己的习惯念道："与锈蚀的对抗是一场永远不会停止的战争，就像我们之前说的那样，锈菌从未睡去。"

罗德喊了一句："收工。"邓迈尔与巴顿拥抱在一起，互相拍了拍对方的后背，又握了握手。然后巴顿走到门外吸烟去了。

在邓迈尔主管防锈项目很多年后，他才发现自己的理念其实并没有得到很多人的支持。NACE 的前主席尼尔·汤普森（Neil Thompson）质疑他什么事都做不成，还曾刻薄地说："你根本就不是个拥有线性思维的人。"保罗·维尔马尼（Paul Virmani）是 2001年锈蚀成本研究报告的撰写者，他质疑邓迈尔的工作能力，曾用类似的口吻批评他："你不是工程师，怎么可能做好这份工作？"而在AT&L 办公室最资深的高级主管里克·西尔维斯特看来，邓迈尔好出风头，而且嫉贤妒能。（西尔维斯特还告诉邓迈尔，如果他不放弃自己的理念，就注定永远都不会成功。）波托马克政策研究所在邀请邓迈尔加入同行审查委员会时，向他展示了已离职和在职官员对他做过的背景调查资料，他们对邓迈尔说："我们希望你知道，你也许不是最合适的人选，但你做的事让你赢得了尊重。"

邓迈尔可不这么想。他认为自己是国防部最不受欢迎的人，就像他当年在肯特州遭到排挤一样。他可不是什么狗屁长官，他认为自己得到最多的不是尊重，而是人们的恐惧，这都是他拒绝谄媚的结果。他知道对于国防部而言他就是个讨厌鬼，当他参与进一个项目中时，其他人总会不欢而散，说"我们都完蛋了"。

邓迈尔却对此毫不在意："我无所谓，我做的是工作，不是要在这里拍谁的马屁。我有我的底线。"说完他又补充了几句，"我很认真，这也就是我为什么能够坚持十年。我不会越过我的底线。"他又如往常一样，说起了他的口头禅："我爱我的战士们。"

邓迈尔坚持认为，他并非特立独行之人（"我当然可以心平气和，但我就是享受狂躁"），亦非性情古怪之人（"我不是混蛋，我只是对我所做的事情富有激情"），当然更不是腐败的官员。他的所有怪诞行为，从来都不意味着冒进或粗暴。他坚持认为自己在向着既定目标前进（"我知道接下来应该做什么"），一旦走到危险境地，他也会告知同僚他的具体想法。他所承担的风险在他看来都是免不了的，而且是他主动要求承担这种风险。要想对抗锈蚀，他觉得需要有创意（"我们是在与热力学第二定律抗争，所以你必须做些有趣的事"），但同样也需要有一点赌博的勇气（"没有绝对安全的买卖"）。抗锈事业可不是说说那么简单，而且也很难去评价（"花几百万去解决几十亿的问题"）。他再一次重复他的口头禅，他喜欢自己的工作，而最重要的是他热爱他的战士。

每一次我们谈起来，邓迈尔都会强调他只不过是齿轮中的一个小零件。他也会关注别的事。他说自己是一名官员，但对此感到自豪。"我所做的一切不过是推了一把而已。"他不止一次要求我少写他的事，"你知道，简洁些更好。"他如此建议我对他的描写。说起他在国防部长办公室做的这些事，他偶尔也会表达不可思议之情，自认为这是一次涅槃。他很庆幸自己不是政治任命公职人员。"你认为有朝一日我会成为参议员？"他夸张地反问道，"你认为白宫会推荐我吗？"对于他在"列瓦5"的露面，他说："我出现在影片的唯一原因，是因为你们讨论的是我这个部门的创立。我并非不想抛头露脸，搞得我好像很自恋似的。但我衷心地希望它能持续下去，可以走得更远，最后载入史册。"

不过每当有讲台时，邓迈尔都会走上前去，他其实很享受这样的位置。在国防部这个充满有个性者与自大狂的迷宫中，他有自己的竞争优势。托尼·史汤朋（Tony Stampone）是一名军需官，供职于负责后勤与物资战备的国防部副部长助理办公室，他早在1989年就认识了邓迈尔，当时两人都还只是行政13级的小职员。邓迈尔和史汤朋都来自宾夕法尼亚，但分别位于该州相对的两个点；巧合的是，在五角大楼，他们的工作位置也正好相对。在史汤朋看来，邓迈尔一直是个不太安分的人。"在主管防锈项目之前，我从没见过这样的人。他凭借着鞋盒大的办公室，还有一点点预算，就全力以赴地推动一件事。"史汤朋说，"我是一名军需官，长期以来一直在为锈蚀买单，没有人告诉我为什么会这样。所以我们很关注锈蚀这件事，这也是丹宣传的内容，之前没有人听说过这些，也没有人在乎。丹把情况告诉大家，五角大楼的人这么做了，八成是因为战斗已经打响。"

邓迈尔的副手里奇·海斯说，邓迈尔这些努力的其中一个成果是，那些因为不愿给船舶喷涂含铅涂层而上了《60分钟》的项目主管们，如今则因为设计了只能维持10年而非20年的船而上了《60分钟》。

阿兰·莫吉斯（Alan Moghissi）教授是一名德高望重的科学家、

作家，也是美国疾病控制与预防中心（CDC）、美国国家环境保护局（EPA）、美国国家科学基金会以及美国能源部的顾问。当他在弗吉尼亚州的亚历山大第一次遇见邓迈尔时，他对自己的所见所闻感到非常满意。莫吉斯拥有物理化学专业的博士学位，他的儿子奥利弗则是 NACE 的主席，所以他对锈蚀的情况知之甚详。他在瑞士和德国完成学业，所以说话时带有一股浓重的德语腔。"丹非常完美。"他如此评价，"很多时候，工程师们都是管中窥豹，只有丹可以看透大局。福特汽车的总裁不是汽车工程师，杜邦公司的总裁也不是化学家。"他说，邓迈尔心里清楚工程师们并不会把他看作同类人，但他更清楚自己有什么不足。正因如此，莫吉斯觉得想要理解邓迈尔其实并不难。

在南卡罗来纳州的滂沱大雨中，邓迈尔一路向南行驶，并给我打来了电话："我已经六十岁了。我很疯狂，我愿意为战士们做任何事情，是任何事情！"他的这种全身心投入就仿佛是对神灵的献祭。这种话他对我说起过几十次，就如同我是一名神父一般。"我在乎这份事业，也热爱这份事业，就因为这个原因，我还在继续工作。"他主管腐蚀政策与监管办公室十余年，背负着政府合同的沉重负担，只为确保士兵们的安全与利益。最开始的时候，他的妻子跟他说："你只在乎那些士兵，你这样会孤独终老的。"他知道她这是刀子嘴豆腐心。"没有这些战士，哪有我们这个国家？"他说，"每当心里委屈的时候，想到那些战士为了咱们的祖国抛头颅洒热血，你觉得还有什么困难是我挺不过去的？我会继续忍受那帮政客泼来的脏水，我爱美利坚合众国。有本事就放马过来吧，我不在乎任何挑战，也永远不会屈服。"

2008 年 3 月的一天傍晚，邓迈尔差点丧命。当时，他正开着自己的克莱斯勒 PT 漫步者——车身重达两吨——行驶在 95 号州际公路上，他睡了过去，狠狠地撞在出口指示牌和三棵树上。当时车速超过每小时六十英里，他完全没有踩刹车，一名救援人员赶来割开他的车子并将他送往医院抢救。这场车祸造成他严重的脑震荡以及肋骨粉碎性骨折。他在医院里躺了四天，醒来后医生告诉他，他差点就死了。

两年后，他在前往观看钢人队比赛的路上摔倒了，踝骨因此受伤，比赛自然也没看成。同事们不知道对他而言哪个更重要：是伤口还是比赛的结果。自此之后，邓迈尔就开始发福，也不再像邓迈尔家族成员那样整天在户外活动。"爽健"（Velcro Dr. Scholl）[1] 产品成了他日常穿搭的一部分，疲惫似乎也成了他的常态。在"第 31 届锈蚀论坛"上，邓迈尔实在太过疲惫，甚至在与会者向他打招呼时，他都未能站起来回礼，只是坐着拥抱致意。我注意到他不停揉捏太阳穴，整个人显得无精打采，还不断地变换姿势，佝偻着肩膀打哈欠，一会儿擦擦脸，一会儿扭扭腰，一会儿又揉揉眼睛。"我的内心仍然热情澎湃。"他说，但他的身体看起来却像是已经生了锈。

《理解锈蚀》系列片被邓迈尔称为"硬科普节目"，它让邓迈尔变得像迪士尼乐园里的孩子那样兴奋得连蹦带跳，但对其他五角大楼的高官则没这个效果。《阅读彩虹》是为了拓展孩子的知识面，而防锈节目提升的则是成年人的知识水平。就在"列瓦 4"被制作出来

---

[1] 英国的"爽健"是世界足部护理产品第一品牌，由威廉·绍尔（William M. Scholl）博士于 1904 年正式创立，主营足部护理产品和鞋类。

不久，国防部主管技术与后勤部的副部长首席助理告诉邓迈尔的助理："还没人看过你们的片子。"在第31届锈蚀论坛上，美国国防采办大学的工程管理学教授大卫·皮尔森（Dave Pearson）则说，他的老板还没有购买《理解锈蚀》系列视频。

尽管功勋卓著，但邓迈尔的名字仍然很少出现在主流媒体上。《浪费与再循环新闻》（Waste&Recycling News）曾经从一家军方出版机构转载过一条信息，谈到邓迈尔的办公室在布拉格堡测试了一座热塑性塑料桥梁。《商业周刊》（Business Week）上也曾用八个段落谈论过让国防部头疼不已的锈蚀问题，其中只有两句话提到了邓迈尔。作者指出，军方每年花在锈蚀上的经费，足以买下两艘全新的航空母舰或四十八架战斗机。在文章最后，他认为邓迈尔是个乐观主义者。

尽管白宫将支持经费减少到只剩2006年时的一半左右，但国会的附加拨款——主要用于特殊项目或者那些没有立项的项目——则是另一种态度。在2008年，国会对邓迈尔办公室的附加拨款达到了1300万美元，2009年也是如此，到了2010年还增加了一点。而2011年和2012年，国会附加拨款更是达到了3000万美元，2013年也相差不多。结果，与经济大衰退之前的2006年和2007年相比，腐蚀政策与监管办公室的预算反而翻倍了。显然，邓迈尔已经和白宫、参议院军事委员会还有国防拨款委员会站到了同一条战线上。在预算紧缩的那些年，员工休假、闹辞职还有会议经费削减的戏码每天都在上演，但邓迈尔的小办公室却在国防部数千个办公室中异军突起，这种成长都是得益于邓迈尔的努力。

对雷德希尔管道的清理获得了巨大的成功，丹尼尔·阿卡卡议员对此甚为满意。然而，邓迈尔早期的项目所获得的巨大成功首先体现在一个小小的天线垫圈上。美国海岸警卫队第一个提出抱怨，"海豚"直升机因为生锈，机体内的天线钻了出来。于是，邓迈尔投入了几百万美元，对一家名为 Av-DEC（航空设备与机电组件）的公司所生产的导电垫圈进行测试。海岸警卫队在 2005 年开始采用这种导电垫圈，最后报告显示这次的投资回报率足足有两倍。接着，其他部门也纷纷跟上，空军将它们用在了 C-130 "大力神"运输机上，陆军则用在了 "阿帕奇"直升机上，海军就更多了，从 "徘徊者"飞机到 "大黄蜂"战斗机再到 "海鹰"直升机，每年可以减少 2 万个小时的保养时间。到了 2007 年，投资回报率达到了 175 倍，拉里说 Av-DEC 的垫圈项目是 "你在这个成功项目中能够找到的最精彩的环节"，邓迈尔则称该项目是 "全垒打的省钱项目"。虽然这个投资项目的回报率非常高，但在他的办公室却并非罕见之事。

邓迈尔知道他能做好是因为他很少看到国防部长，就像学生们总希望自己远离校长室一样。不过他的确做得很出色，因为他的项目获得了令人匪夷所思的回报。他宣传了多年的理念——预防总比维修好——最终被证明是正确的，这已经不再是预言了。用于直升机的清洗剂和保护层，相比于初期投资来说，回报率分别达到了 11倍和 12 倍；用于 "爱国者"导弹电缆连接器上的密封剂和干燥剂，其回报率也达到了 12 倍；用于修理飞行甲板防滑装置的电感应加热器达到了 45 倍；涂料似乎还要高一些，海军目前每年花费超过 1 亿美元用于给甲板喷涂碱性防滑涂料，而邓迈尔项目组开发的喷涂式防滑涂层投资回报率达到了 33 倍，快速固化隐身涂层则是 52 倍；而一种硬度与不锈钢相仿且与特氟龙一样光滑的准晶涂层甚至达到了 126 倍。总的来说，根据美国审计总署的预测，邓迈尔办公室的项目平均收益率达到了 50 倍。也就是说，在过去的十年里，邓迈尔的团队总共为军队节省了数十亿美元。

拍摄结束的第二天，邓迈尔起得很晚，脸色比前一天更难看，嗓子也哑了，他还是没能从一天一夜的驾驶和拍摄中恢复过来。很久之后，他好不容易才稍微缓过神来，和巴顿以及几位工作人员吃了晚饭。"精神还在，"他叹了叹气，"但身体已经不行了。"

他打开《今日美国》（USA Today），了解了一下飓风"桑迪"造成的破坏。他担心军用设施会损坏，而看到一张纽约市地铁遭到洪水肆虐的照片时，他说那些我们发现不了的地方都会积起盐水，也许很多年后才能发现。"我希望他们能找我们担任顾问，让我们做些事。"说完以后，他将行李放到了福特汽车——他总叫它"V10 巨兽"——的后备厢里。在他前来佛罗里达的路上，后备厢中满是《星际迷航》的周边产品：一个角色麦考伊的模型、一套《星际迷航》糖果盒、一只"进取号"星舰形状的音乐门铃，一只用蓝色泡沫塑料做成的瓦肯举手礼模型，还有其他十多个剧中的人物、场景和玩具。他把这些全都送给史黛西·库克当作圣诞礼物，而现在他还有一台巨大的 3D 电视，用于进行腐蚀科普教育。

邓迈尔把我载到了奥兰多机场，我们就此分别。我最后看了一眼他的车牌——PHG57，那代表着匹兹堡和亨氏公司。随着车子的一路向北，他终于消失在迷雾中。

7

天堂之路锌铺就
Where the Streets Are Paved with Zinc

防锈市场中的很大一部分都属于镀锌工业。为了感受这个部分，我拜访了美国电镀工协会（AGA）的执行理事菲尔·拉里奇（Phil Rahrig）。AGA 的办公室坐落于丹佛郊外一幢俗气的砖楼内，旁边有牙医、牙齿矫正医师、脊椎按摩师以及注册会计师。办公室内部气氛很容易让人误以为这是个小型的非营利环保组织，只是少了些年轻有活力的志愿者。当我抵达这里时，正是 8 月一个闷热的早晨，拉里奇正在参加一场电话会议。于是，在等待期间，我便参观了展示墙。此举令我大开眼界，上面挂着各种获奖的镀锌建筑照片：纽约市一座公交车站、得克萨斯州一座天然气装卸设施、孟菲斯一座飞航管制塔台、犹他州帕克城的升降椅、印第安纳波利斯高速公路、佛罗里达大型猿类中心、伊利诺伊州大屠杀纪念馆的铭牌，此外还有阿拉斯加的输油管道——这条管道的绝缘层材料就是镀锌钢。展示墙还有一块牌匾，上面写着 AGA 的格言："为子孙后代守护钢铁。"

镀锌党和涂料党的较量

会议结束后，拉里奇邀请我进入他的办公室，开门见山地谈起了镀锌、涂料以及耐候钢倡导者之间的市场争夺战。他说得很直接："涂料行业是一支大部队，体量比我们大五十倍，经销商遍布四地。最大的涂料公司年产值可以达到 60 亿～80 亿美元，而最大的电镀厂才不过 3.5 亿美元。"人到中年的拉里奇有着中等身材，在美国钢铁公司工作了很多年，对钢铁，尤其是美国钢铁特别信任，而对镀锌的美国钢铁就更是如此。"我们使用的镀锌钢大约相当于欧洲的40%，他们在钢铁保护的问题上比我们更用心，他们不会把钢铁喷得五颜六色——全都是灰色的。"

拉里奇穿着白色夹克，蓝色的高尔夫 T 恤，下身则是一条深色肥大的裤子，很适合去拉斯维加斯的舞台上演出。他继续说道："公众对镀锌一无所知，仿佛完全看不见。我想他们一定觉得生锈是不可避免的，如果我们有一大笔经费，就一定能够说服他们，改变这种情况。"谈起说服他们，或者只是说服他们中的一部分人，拉里奇告诉我，接下来我们将要参观位于丹佛闹市区的柏诚工程公司（Parsons Brinckerhoff）。AGA 经常会和建筑及工程公司打交道，因为这些公司需要一些进修培训。

他告诉我，今天由来自全美最大电镀企业 AZZ 电镀服务公司的凯文·欧文（Kevin Irving）进行演讲，AZZ 在全国运营了三十三座电镀厂，其中一座就位于丹佛北部。拉里奇解释道，欧文将会向工程师们介绍电镀技术的价值。"我们会从问题的根源说起，也就是锈蚀。"问题的严重性也许还会通过一些图片来展示，比如生锈的桥梁、铁轨、铁柱和钢梁等。"我们会描述问题细节，向他们展示数据，然后让他们自己做决定。"他说。说起欧文，拉里奇还特别肯定地加了一句："他非常热情，有点像托尼·罗宾斯（Tony Robbins）[1]。"

我们坐上了拉里奇的车，沿着 25 号州际公路一路向北。拉里奇一边驾驶，一边不停地指向窗外的一些镀锌建筑。

"这条路上的所有东西都镀了锌，指示牌、标杆、导轨等，但我觉得没有人会注意到这一点。"

"这些天桥也是镀过锌的，但为了让它们看起来是绿色的，他们

又给上了涂料。"

"车牌照，也是镀了锌的金属板。"

公路护栏像链条那样拴在一起，在窗外依次飞速后退：它们也都镀了锌。我们又通过了一座变电站：也是镀了锌的。我们在一家面包店停下来，我指着那些用不锈钢材料制成的柜台，拉里奇立即表示：是的，肉和水果——所有酸性食物——都需要不锈钢。然后他指着面包架说，那些都是镀了锌的。

我们继续上路，拉里奇抱怨说很多东西都没有镀锌。

"看到那些栏杆了吗？生锈了！"

"脚手架总被涂成黄色，这些东西用完就该扔了，重新上漆的成本比新搭一套还贵。"

"机场停车场的楼梯，你看到了吗？四个角落各有一道，中间还有一道。丹佛国际机场是 1994 年落成的，所以涂料也是那一年喷上去的，同时还喷了砂，到了 2001 年又重新喷了一回，到今年，他们干脆全部拆除更换，因为实在撑不住了。如今，新楼梯是镀了锌的，因为即便是干燥的科罗拉多，车库也是潮湿的，这真的不是适合喷涂料的环境。"他强调，如果一直处于潮湿的环境，涂料保护层只能维持一年。然后他看向我，问我知不知道在这么繁忙的机场停车场里进行喷涂和喷砂是多么辛苦和昂贵的工作。

"如果纳税人知道这些白痴……"他收了收他像开茶话会的劲，换了个话题。拉里奇痛恨政府，尤其是运输部的官员。他认为这些人懒惰、目光短浅，也不是很聪明。他说他们不愿意尝试用新方法做事——他所说的"新方法"就是镀锌技术，而非一味地喷、喷、喷。"可是运输部呢，他们似乎不在乎。那些都是纳税人的钱，他们不在乎。全国有六十五万座大桥存在缺陷，但他们怎么解释？居然说他们没有维护经费。"他的言下之意就是说：运输部正在把钱浪费在涂料上。在他看来，涂料就是政府的解决之道。"我宁可建造十座镀锌大桥，也好过十五座喷涂料的大桥。"

为了对抗涂料，以及由 PPG 工业公司、威士伯等巨头构建的涂料部队，AGA 还专门印发了情况说明书——《热浸镀锌钢与涂料的对比》，就好像是两党候选人竞选时的纲要。不意外的是，电镀党的代表色是绿色，而涂料党则是蓝色。投票人分别就十个问题对两派进行对比，并从中挑出胜者。比如，镀锌不需要特殊处理，不需要改建现场，对施工天气也没什么要求，这些都是涂料不具备的。镀锌层都比较厚，也比较硬，耐刮擦能力更强，附着力也强过涂料十倍。同时镀锌层可以承受更高的温度，并且可以维持七十五年，而涂料只有十五年。

然而决定胜负的还是成本之间的比较。举个例子，东海岸一座250 吨的大桥，最初由环氧树脂、水性丙烯酸树脂或聚氨酯涂料喷涂，其后的三十年里至少需要一次修补和重新喷涂。采用上述三种涂料会让桥的维护成本超过两倍，因为每种涂料都不便宜。而镀锌大桥呢？什么都不需要。尽管初建时费用会较高，但总成本却比较低。根据 NACE 公布的分析数据，镀锌建筑的建造及维护总成本大约是涂料建筑的一半甚至 1/3。

拉里奇随后解释了他的策略："我们先通过替代混凝土做大蛋糕，再通过替代涂料建筑提高市场占有率。"他希望他可以自下而上、从纳税人着手来宣传电镀技术的好处，但也坦言他需要"像宝洁公司那样的广告预算"，然而 AGA 并没有那么庞大的经费预算，他们只是在一些杂志上刊登半页广告，如《建筑档案》（*Architectural Record*）、《土木工程》（*Civil Engineering*）、《结构工程》（*Structural*

Engineering）、《工程新闻纪录》（*Engineering News-Record*）以及《现代钢结构》（*Modern Steel Construction*）。但是，一般纳税人并不会阅读这些杂志。与此同时，拉里奇也会给一些杂志供稿，比如《公路与桥梁》（*Roads&Bridges*）、《桥梁建造师》（*Bridge Builder*）、《专业停车场》（*Parking Professional*）以及《今日停车》（*Parking Today*）等，很难想象《今日停车》会有可观的读者群。他是一位好的销售员，一直都是。

守护钢铁的金属

尽管早在千年之前，中国、印度、欧洲和古希腊就已经学会使用锌——以"假银"而闻名——但镀锌技术直到 1742 年才有记述。当时，法国化学家保罗·雅克·马洛因（Paul Jaques Malouin）向皇家科学院汇报："这比想象中难。"但根据同时代威尔士的兰达夫座堂的主教理查德·韦斯顿（Richard Weston）所言，镀锌过程其实并没有那么麻烦。他描述了一种镀了锌的平底铁锅："容器首先要用氯化铵作抛光处理，随后浸入到装满了熔融锌液的铁锅中。"这和如今的工艺非常接近。

当然，这一工艺直到 1837 年才最终被称作镀锌，法国人斯坦尼斯劳斯·特朗基耶·莫德斯特·索雷尔（Stanislaus Tranquille Modeste Sorel）为此工艺申请了专利。在申请书中，他特别提到，"镀锌"这个词是为了纪念"伽伐尼和伏打的重要发现，即不同的金属相互接触时会产生电流，其中一种永远都不会被氧化"[1]。他也盛赞了

---

[1] "镀锌"的英文拼写为 galvanize，是由 galvani 即伽伐尼衍生而来。

英国化学家汉弗莱·戴维（Humphry Davy）和他的镀铜船实验，但他是这么写的："我提出的方法区别很大……本方法是将锌完全覆盖于铁的表面。首先铁需要被清洗干净，先浸没于盐酸或氯化铵溶液中，之后再放入熔融的锌液中镀膜。这种方法中对铁的处理只是为了除去铁锈。"

到1850年时，英国的镀锌工人每年会使用超过一万吨锌。1870年，美国第一家镀锌厂——泽西城镀锌公司（Jersey City Galvanizing Co.）开业，创立者是三名轧管工人。五年后，他们的投资收益就超过了十八倍。当布鲁克林大桥在1883年落成时，四根主缆由长达1.4万英里的镀锌线构成，取代了过去的涂油喷漆工艺，成为新标准。第一根跨越大西洋的电话线是镀锌线，第一根带刺铁丝也同样如此。

到了1920年，随着"一战"被评价为"两分是战争，八分是工程"，美国锌业协会开始着力于公众宣传，AGA也应运而生。在芝加哥的一次集会上，镀锌工业小组找来密苏里的新闻记者P.R.科德仑（P.R. Coldren）协助宣传。科德仑于是写道："锌还远远没有被大众所熟知。这种金属不太容易出现在新闻中，因为它没有任何浪漫故事可以包装。这是一种单调乏味的金属，颜色不够鲜艳，金闪银耀，钻石烁烁，玉石荧荧，但锌有什么呢？……说彩虹脚下有金罐，没有人会质疑……但没有人会说天堂之路锌铺就。没有小偷撬门砸锁只为了偷锌，没有女主角会佩戴锌制首饰，就连犹大都不会为了三十块锌锭去背叛耶稣。"

这也是菲尔·拉里奇前往柏诚公司的原因。

在六楼的会议室里，十名工程师——全是男人，其中一人还留有胡子——前来学习镀锌知识。欧文大腹便便，操着一口浓重的芝加哥口音，在幻灯片辅助下开始演讲。就像事先预计的那样，其中有些照片是出口匝道的生锈栏杆、标杆和钢梁。"这些东西都彻底烂掉了。"他说。翻到新的一页，上面有一个问题："生锈了吗？"工程师们没有因此发笑。在欧文播出来的照片中，一条钢梁上有鸽子粪，另一条钢梁却已形成了涟漪状的锈洞，如同枪眼。欧文说："如果你加上一道保护层，还会生锈吗？不会的！"欧文说每年因为生锈导致的损失都足够盖 562 座西尔斯大厦（Sears Tower）[1] 了。

由于大多数损失都和桥梁有关，欧文便举了个例子，69 号州际公路上位于印第安纳波利斯东北部的卡斯尔顿大桥。这座大桥于 1970 年正式完工，北向行驶一侧采用镀锌钢，南向行驶一侧则刷涂料。南向行驶通道分别于 1984 年和 2002 年重新喷涂了两次，到 2012 年时，印第安纳州为保养这座大桥花去的资金已经比建设费用还多。欧文说他调查了北向行驶的一侧，发现在使用了四十二年后，镀锌层依旧坚挺，平均厚度达到 0.17 毫米。"这就相当出色了。"他称赞道。AGA 的专家在前往调查后认为，这座大桥还可以再为北上的人们服务六十年。

AGA 确信，美国第一座完全由完全镀锌的大桥建于 1966 年的密歇根思登河口大桥。大桥全长四百英尺，跨越的是淡水河流，所以按中运量交通强度设计，并且根据 AGA 的建议还考虑了冬季的咸水。AGA 于 1997 年前往调查时，发现钢梁保持了"良好的形态"，螺栓连接处"正常"，完全没有生锈的迹象，镀锌层平均厚度仍然有

---

[1] 西尔斯大厦是美国著名的摩天大楼，1973 年落成，共有 110 层，高 443 米，一度是世界最高的大楼。

0.16 毫米，只有扶栏处有轻微的污渍。AGA 最终认为，这座大桥仍可以使用六十六年。

位于铁锈地带中央位置的俄亥俄州也已经开始享受 AGA 带来的好处。该州境内有超过一千六百座镀锌大桥，比其他任何州都多，比如芝加哥就只有八座。纽约州的塔潘泽大桥在翻新时换成了镀了锌，从而节省了三百万美元。匹兹堡的情况正好相反，正在因为大量钢筋混凝土大桥而感到头疼。就在市区东侧不远的一座混凝土大桥下，又建起了另一座平坦的桥梁，只是为了撑起上方破碎的混凝土桥梁结构。"混凝土可以确保两个特性，"欧文播放出这座建筑的照片，狡黠一笑，"一是它会裂开，二是它不会燃烧。"同样，还是没有人能笑出来。

又一张幻灯片。"这也是一座大桥，或者说是一堆垃圾吧。"他停下来。但也不必让这些钢材作废，因为"你可以把它们清除干净之后再循环利用"。即便是那些老旧的栏杆也可以重新镀锌，一名工程师对此感到好奇，问道："重新镀锌需要多久？"欧文说不用两周。他说，这些工厂随时都可以翻新，只要你想做，就可以列入日程。

美国大约有一百七十家镀锌厂，大部分分布在东部、中西部或者得克萨斯州，但没有一家拥有超过六十英尺的镀锌反应釜。这也就意味着，可以通过热浸镀锌的钢梁最长不超过九十英尺，成本不会太高，工序则是先浸一边，提出来后翻过去再浸另一边。镀锌工人称此过程为连续热浸，熔融的锌液大约是 450℃，粘稠度是枫糖浆的四倍。在热浸诸如铁管这类中空物体时，镀锌工人会在产品上打一些洞，这样空气和水就能通过孔洞排空，熔融的锌也能顺利地进出。通过磁性测厚计，测试人员可以在钢梁或铁管冷却后确定是否已经完全镀锌。

"镀"这个字用在这里很有意思，因为这两种金属其实已经像合金一样难分彼此。如果采用电子显微镜观测钢梁表面的薄薄锌层，你可以辨别出四层。从最靠近钢的位置开始标记，分别是 γ（伽马）、δ（德尔塔）、ζ（泽塔）及 η（依塔）。前三层的相对锌含量分别是 75%、90% 和 95%，都比钢自身的硬度高。而最外面的 η 层是 100% 的锌层，也是最软的一层，可以刮开，当然也需要费点力气。欧文拿出两块砖块大小的镀锌铁锭叠到一起，随后将右手握拳"嘭"地一声拍到左掌上，以此展示锌和钢之间的作用力。

　　当镀锌钢梁冷却数天后，锌会慢慢变成碳酸锌。对于欧文来说，这是最重要的物质，完全值得等待。之所以这么说，是因为它还可以和涂料很好地结合，而钢梁通常会同时镀锌和喷涂料——也就是我们平时所说的复合——从而产生协同效应。工程师采用复合技术处理过的钢材可以制造出寿命高于期望值两倍的建筑，因为刮开的涂层下面不会立刻锈蚀。实际上，即便镀锌层出现刮痕也不会生锈，因为镀层是作为阴极将桥梁结构保护起来的，足以忍受 1/4 英寸深的损伤。"锌是世界上最好的底漆。"欧文总结道。旧金山－奥克兰海湾大桥的主缆就进行过复合技术处理。

　　演讲结束之后，欧文又回答了一些问题。他说，给钢材镀锌的成本与用环氧树脂包覆的成本相仿，而目前已有包括佛罗里达州、弗吉尼亚州、俄勒冈州在内的六个州都已禁止在高速路上使用环氧树脂包覆钢筋，因为涂层一旦裂开，钢筋就会生锈。此外，他也介绍了如何使用和修复镀锌层的知识，但这似乎没有让现场工程师感到意外。他说，现在的汽车工业已经开始采用镀锌钢板。"记住你的车都是什么时候送到锈·琼斯公司（Rusty Jones）的，我已经有两辆车送过去了！如今有了镀锌技术，齐巴特（Ziebart）也将一去不复返了！"事实上，齐巴特依旧在提供车用防锈底漆，尽管它过去的老对手——锈·琼斯已经在 1988 年破产。

随后欧文又对比了加利福尼亚州和意大利的情况。"两个地区的面积相仿。加利福尼亚州拥有七家镀锌厂，而意大利拥有一百三十家。你会发现，他们的小学生都知道镀锌技术。在欧洲，50% 的钢材都会镀锌，而我们呢，只有 6%，你信吗？我们就是个一次性的社会。"他这话听起来有点像邓迈尔的口吻。接着，他又说道："如果罗伊·罗杰斯（Roy Rogers）[1] 现在还在世的话，他一定会把他的马关进用镀锌钢材建造的马厩里。"奇怪的是，会议室里的十位工程师有九位都因为太年轻而不知道这个典故。我想，欧文应该再重复一下他之前曾说过的话："我们的镀锌反应釜一直在运作。"

---

[1] 美国著名的歌手和演员，被誉为"牛仔之王"，一生中出演了一百多部电影，但最受欢迎的角色还是西部片中的牛仔，于 1998 年去世。

8

一万个长胡子的男人
Ten Thousand Mustachioed Men

1997 年，一位名叫罗斯提·斯特朗（Rusty Strong）[1] 的腐蚀工程师遇到了一个因生锈而引起的大麻烦。他当时刚参加完在芝加哥附近举行的一场锈蚀会议，正在返回休斯敦的路上。下了飞机，他乘坐机场摆渡车前往停车场，他的黑色日产小货车就停在那里。还没下车他就预感到会发生些什么。果然，他看到他的小货车被压坏了——车厢凹了进去，挡风玻璃也全碎了。他简直不敢相信自己看到的，便询问摆渡车司机发生了什么事。司机避开了他的目光，紧张地嘟囔："我觉得应该是被什么柱子砸到了吧，是天灾导致的。"斯特朗火冒三丈，后来更是发现没人帮他把车厢上撕裂的破洞遮一下，导致在经过几天的雨水浇灌后，车厢里全都是水。他只得搭乘摆渡车返回停车场收费口，然后叫了一辆拖车。

第二天上午，斯特朗坐太太的车去了一趟办公室，拿了照相机和千分尺，然后返回事故现场进行测量。砸到小货车的灯杆有二十英尺长，虽然已被移走，但混凝土底座还在，直径大约四英寸，高出地面一英尺。灯杆底座内部严重生锈，因为排水孔被堵住了。斯特朗拍下照片并进行测量，然后开始检查停车场的其他灯杆，接着又拍摄了更多照片，记录更多测量数据。此时摆渡车停了下来，停车场管理员冲出来警告斯特朗这里不允许拍照。他们争吵起来，最后斯特朗只好罢手。随后，他与停车场老板通话交涉。当时老板身在佛罗里达，他在电话里告知斯特朗，灯杆是被暴雨中的龙卷风刮倒的。斯特朗告诉他情况不仅如此，并表示自己是研究腐蚀的工程师，非常了解锈蚀。"这不是什么天灾。"他说，"这是你们的问题。"

---

[1] 该名字意译则为"锈强"。

斯特朗告诉老板，这件事将来要是上法庭，他一定会希望有像自己这样的腐蚀专家站在他那一方。然而，老板最后还是不买账——腐蚀研究？谁听说过这是什么玩意儿？挂断电话后，斯特朗驱车回家，又打了个电话给保险公司。他告诉保险代理人，自己的车辆遭受损失是因为停车场管理不善。随后，他给代理人传真了一篇发表在《腐蚀》杂志的论文，是关于得克萨斯州加尔维斯敦一起同样的灯杆生锈案例。同时，他还附上了自己的照片。十五分钟后，一位保险公估人给斯特朗打来电话，笑着说："这事太容易解决了。"如今，斯特朗的保险单记录上写的是"不可取消"，后来他再也没有光顾过那个停车场。

在 NACE 的会议上，斯特朗把这次经历告诉了同事和其他腐蚀工程师，大家的反应都一致。他们都觉得这件事很滑稽，并且不忘加一句：我不敢相信他们居然会在这种事上欺骗一个腐蚀工程师。

腐蚀工程师肖像画

在全美国 1.5 万名腐蚀工程师中，大多数人打交道的对象并不是自由女神像、易拉罐、战斗机或军舰。NACE（他们已经将名字改为 NACE 国际，代表整个腐蚀行业）提供的资料显示，其会员中有 25% 负责管道完整性工作，10% 在天然气设备行业工作，9% 在油气配套行业工作，在精炼行业工作的还要再多一些——这些都属于油气相关行业，也就是说，这个行业的腐蚀工程师约占总数的一半。不在油气行业工作的腐蚀工程师大部分分布在运输相关领域，比如飞机（以及航空飞机）、船舶、汽车、道路、桥梁以及船坞。其他还有就是采矿行业、造纸行业或制造行业，还有就是水务、电力及污水处理等基础设施行业。"NACE 国际"的许多合作会员供职于洛杉矶水电部、巴尔的摩天然气与电力公司、科罗拉多斯普林斯公共事业公司、诺克斯维尔公共事业署、圣塔克拉拉谷水资源区、西弗吉尼亚州运输部、太平洋天然气与电力公司以及美国垦务局等机构。

还有很多企业生产化学品、耐高温金属以及生物医药植入物。金属的植入物主要是由生物相容性材料制造，例如不锈钢、铂或钛。腐蚀领域杰出顾问罗伯特·巴伯以安的哥哥，在"二战"中头部受伤，后来植入了一片钽。不稳定的生物植入物会生锈，并导致炎症。近来流行的用于撑开狭窄血管的内支架，就主要由镍合金、铂铬合金以及钴铬合金制成，铌制内支架也在研发当中。

很多腐蚀工程师在教育机构进行研究和授课。这些腐蚀工程师的雇佣企业超过一千五百家，其中有 3M、巴斯夫（BASF）、陶氏化学（Dow Chemical）、通用电气（GE）、哈利伯顿（Halliburton）、霍尼韦尔（Honeywell）、现代（Hyundai）、诺斯罗普格鲁曼（Northrop Grumman）以及西门子（Siemens）。除此以外，还有科洛泰克（Corotech）、科泰克（Cortec）、科泰斯特（Cortest）、科尔工具（Corr Instruments）、科洛量器（CorroMetrics）、科洛普罗（Corropro）、科洛迪斯（Corrodys）以及科洛瑟斯（Corrosus），最后这家听起来似乎都能与霸王龙服务公司（T-Rex Service）组队了。有些工程师则在政府的实验室工作，比如洛斯阿拉莫斯国家实验室、圣地亚国家实验室、海军研究实验室、核管制委员会、NASA 等。还有一些则是在私人腐蚀实验室工作，为一些不设专用腐蚀工程师的机构提供服务，但话说回来，这些私人实验室无论是位于内华达州还是特拉华州，都不愿意让一个为此行业写书立传的人进来参观。

也有一些腐蚀工程师是子承父业。2012 年，在"NACE 国际"

第 67 届年会暨博览会上，有六千余名腐蚀行业的会员出席。在现场，我遇到了一位名叫赖安·帝尼亚（Ryan Tinnea）的年轻工程师，他的父亲杰克·帝尼亚（Jack Tinnea）也是一位腐蚀工程师。父亲留了一撮胡子，但儿子没有。

在盐湖城会展中心的展厅里，我跟着小帝尼亚前往一个销售塑料筋的展位。我们走过一排排展位，从 10 英尺 ×10 英尺的联排展区走到 20 英尺 ×30 英尺的独立展区，有的销售价值 2.5 万美元的手持式 X 射线荧光光谱仪（XRF）[1]，有的销售变色漆，有的销售腐蚀抑制剂，只需要一滴就能让放置在水中的钢丝球不生锈。我们边走边聊，小帝尼亚告诉我，他觉得在油气行业工作的腐蚀工程师大概占 2/3。大客户按照自己的要求量身设计了展位，被这些展位团团包围住难免让人有这样的感触。抵达塑料筋展位后，小帝尼亚问起销售员产品相关性能。他们用了一个词来形容：高度延展性，但这对小帝尼亚而言肯定不够，因为如果没有延展性，就不能用于制造抗震设施了。在他和父亲工作的市中心就有这么一条地震断裂带，位于帝尼亚办公室南面一英里处。他们父子在西雅图工作，参与的项目从水族馆到歌剧院都有，还包括 58、59 和 60 号码头。

有大概 8% 的腐蚀工程师属于个体户，他们作为独立的腐蚀专家为一些企业提供咨询服务，常常会参与到一些灾难后的诉讼中，

---

[1] 我曾在一本有关金属的书上了解过这种仪器，其工作原理是：除稀有气体外，原子序数在镁之后的元素在被 X 射线照射时，都会发射出特征性荧光。根据介绍，这台电钻大小的工具非常适合用来检测某些物品，比如一些看不见的管线。这台工具有一个探测器，可以发射出三道或四道激光，从而确保精确度。照射后几秒内就能得到结果，这比切下一小块样品送到实验室检测快多了。尽管我在日常生活中对这台工具的需求度大概和一台推土机相仿，但还是想买一台。——原书注

比如航天飞机解体、管道泄漏、海上石油钻探设备损坏，或是由生锈的中国石膏板建造的房子。所以，他们不会失业，我曾经发现帝尼亚父子周六上午还在工作。在"NACE 国际"对美国腐蚀工程师进行的调查中，有人表示："工作很多，时间总是不够。"《腐蚀》杂志的编辑约翰·斯考利指出："有些人没有职业安全感，但腐蚀工程师的工作却一定会有保障。"1964 ~ 1965 年期间担任 NACE 主席的汤姆·沃森（Tom Watson）在 1974 年 6 月写下的题为《锈蚀是一种必然》（*Rust's a Must*）的诗写得更妙：

巨轮在海洋中遨游，

忍受着严重腐蚀；

就连那些船舷，

也在快速氧化。

啊，埋在海里的那些桩，

都成了三氧化二铁；

当海水冲上岸时，

你会发现还有四氧化三铁；

湿咸的海风阵阵袭来，

锈蚀程度更加严重。

我们可以去测试，

我们可以去控制，

我们可以收集起来去称重，

我们也可以去喷漆；

我们检测并剖析，我们用阴极去保护，

我们可以把锈斑挑出来丢弃，

可是上帝知道，我们永远终结不了！

所以这就是锈蚀，没理由质疑，

没有它，我们很多人都会饿死。

我觉得沃森是史上最有趣的腐蚀工程师。任职期间，他在多伦多参加了一次会议，不小心把一块镁点着了，结果把假日酒店的地板都烧穿了。不过多伦多方面并没有责备组委会，因为这位腐蚀工程师不像其他工程师——当你和他们聊天说笑时，即便是最外向的工程师也会盯着你的脚——但沃森是个例外。

还有一个例外是自动化学公司的工程师 O. 道格·道森（O. DougDawson）。1972 年，在澳大利亚腐蚀协会第 13 届年会上，道森发表了一篇题为《性与腐蚀》的论文。在论文中，他半开玩笑地谈起，在水中生锈的机理和性繁殖有点相似。求爱、热恋，或是避孕、怀孕，以及妊娠、堕胎，这些过程都和他所说腐蚀模式很相似。从这个角度来看，一些金属在电化学序中的位置（金属活泼性介于镁和金之间）可以和沙滩游客的衣物多少进行类比（从冲浪客到惹火的比基尼女郎）。无论是生锈的世界还是在沙滩，撮合反应的因素都包括了：接近程度、暴露程度以及"凸起程度"。在一张女性轮廓的素描上，他写道，应当避免凸起与曲线。

总有一个原因，

也许就是季节，

促进交配进行。

所以如果你相信，

金属也会怀孕，

你应该也会想到它的妊娠反应。

20 世纪 70 年代真是个不一样的年代！

如今的大多数工程师都严肃而保守，不擅长社交，沉默无趣。在 2012 年的腐蚀会议上，我没有听到什么有关锈蚀的玩笑。"我不觉得这种事还能开玩笑。"一名腐蚀顾问谈起自己社交圈时对我说，"都是些跟老婆开的闺房笑话。"我花了两年收集有关生锈的笑话，最终一无所获。周末滑稽剧中多次出现锈蚀的画面，这些笑话要么是汽车修理工在无可挽回时说的"嘿，你也许就想这么做"，要么是丈夫跟太太说"我把你的面霜用到除草机上除锈了，效果不错！"当然，太太的脸色看起来很是不满。

有一天晚上，我曾听到两位腐蚀工程师之间一段简短的对话，说的是一群人前往 KTV 准备唱歌。

"喂，你们是谁啊？"KTV 的服务人员问道。

"我们是腐蚀工程师。"他回答道。

然后 KTV 里的人就走光了。

低学历、高收入的金饭碗行业

93% 的腐蚀工程师都是男性。官方并没有统计其中有多少人留着胡子，但我估计应该很多。这个圈子里的人年龄普遍都比较大：40% 的人已经在行业里工作了二十多年，大多数都就职于雇员超过五百人的大型企业。有一件事可以推断出他们的习性，"NACE 国际"每年举行的高尔夫锦标赛比英里长跑更受欢迎。

令人吃惊的是，他们的学历并不是特别高：本科学历以上的人不足 1/3，只有 1/10 的人拥有硕士学历，而博士学历更是只有 1/16。工程与技术认证委员会（ABET）并没有把腐蚀工程师视为职业工程师、机械工程师、土木工程师或电气工程师。加利福尼亚曾经发放过职业腐蚀工程师证书，但 1999 年就终止了。对于会员中有多少通过认证的职业腐蚀工程师，NACE 并没有跟踪，只表示应该是多数。不过看起来并非如此。1/4 的腐蚀工程师获得了其他机构发放的职业认证，比如美国石油协会、美国焊接学会或英国腐蚀研究所。

尽管学历不高，但腐蚀工程师的平均年收入却将近十万美元。在劳动部门看来，这甚至比建筑行业的工程师高一些。大约 11% 的腐蚀工程师年收入超过十五万美元，4% 超过二十万美元。欧洲的薪水正在下降，但美国的薪水却在增长。挣钱最多的这些工程师多数就职于大大小小的公司，或是在阿拉斯加那个石油流得像育空河一样的地方。

虽然全美五十个州和华盛顿特区都有这些工程师的身影，但美国有 1/4 的腐蚀工程师都住在得克萨斯。还有很多从一百一十个国家和地区慕名而来的成员，有些地区只有一名腐蚀工程师，比如博茨瓦纳、科特迪瓦、几内亚、赞比亚、乌兹别克斯坦、澳门和塔希提岛。来自同一个地方的成员组成一个分会，这样的分会共有一百二十个：如我所料，休斯敦分会规模最大。除了得克萨斯油气相关公司外，腐蚀工程师广泛分布于我们身边的各个行业。

不管他们在哪里，都希望自己的工作可以被更广泛地接受和赞扬。在 NACE 的调查中，腐蚀工程师们有如下评论：

"现在似乎总有种说法，说我们的工作只是在让别人的工作更难做。"

"常有人说我们是一群不学无术的人，总是在做些错误的决定。"

"看起来我们这个行业总是在对那些未受保护的情况做出反应，而不是提前将系统提升到受保护的状态。"

"在很多文章中，我们都是令人讨厌的人，而非过程中不可缺少的部分。"

"人们总是会缩减开支，五年后再去想为什么会出现问题。"

"NACE 国际" 2012～2013 年度的主席凯文·加里蒂（Kevin Garrity）告诉我，他知道有三个人因为上司忽视他们的工作而辞职。而国家腐蚀中心的主任雷·泰勒（Ray Taylor）认为锈蚀就是"猪屁股上的瘤"。"这可不是什么性感的工作，所以他们会拖延。他们总说'我们只能再等等'，然后一直拖下去。当情况都已经严重失控，我们还处在被遗忘的状态——我们甚至还没做完基础研究。拖延的事太多，我们已经跟不上了。好，我们有许多的人才，其中就有会计师，我觉得需要让他们做一个寿命周期成本分析。如果我们继续这样，任由金属物体生锈，然后再去补救，难道说这会比你做一点腐蚀预防工作的成本更低？人们根本没意识到这一点。"

但事实上，尽管美国是很多"即将生锈"的职业的家园，比如作家、律师、平面设计师、程序员以及销售经理，但就是没有腐蚀工程师。

乔治·华盛顿·罗斯特（George Washington Rust）[1] 曾在一百四十年前因结核病前来我的家乡静养，对财务和养殖业很熟悉，但不懂腐蚀。无论罗素·比兹（Russel Bits）[2] 还是罗素·帕兹（Russel Parts）[3]，他们都不是腐蚀工程师，罗素·奥托·帕兹（Russel

---

[1]　此人的姓名前一半是乔治·华盛顿，后一半是锈蚀。
[2]　这一姓名可意译为锈点。
[3]　这一姓名可意译为锈部。

Auto Parts）看起来就不是个做生意的好名字，这意思就好像是"生锈导致自动解体"。罗素·斯塔夫（Russel Stough）不会让自己的名字听起来像"生锈的玩意儿"（Rusty Stuff）。腐蚀工程师的名字很多都是约翰、大卫、迈克尔、罗伯特、詹姆斯、威廉、理查德、马克、保罗，听上去就像是《圣经》里的人物。叫大卫·米勒（David Miller）的人最多，比其他任何名字都多；迈克尔·琼斯（Michael Jones）、约翰·威尔森（John Wilson）以及理查德·史密斯（Richard Smith）也相当常见。而他们的姓氏最常见的则是：史密斯、王、张、约翰逊、李、金、威廉姆斯，还有（最贴合的）布朗。有三名腐蚀工程师名叫穆罕默德·阿里（Mohammed Ali），一位名来自俄亥俄州的工程师名叫史蒂芬，获得了数学统计学博士学位，真的成了"锈博士"。还有一位来自佛罗里达的冶金工程博士，他其实是姓"海德斯巴赫"（Heidersbach），也管自己叫作"锈博士"。有十位腐蚀工程师都叫罗斯提（Rusty），而罗斯提·斯特朗，也就是不得取消汽车保险的那位，相信自己的名字与行业最为契合。他说："你知道《第 22 条军规》吧？我就和里面的梅杰·梅杰·梅杰（Major Major Major）少校一样。"斯特朗在加入 NACE 时，决定把自己的昵称也放在名片上，这也让他进入了理事会。

NACE 在油气行业扎根太深，但他们也一直在努力改变这种情况。1943 年，十一位油气行业的人创立了这一组织，研究如何预防管道生锈的问题。这些没留胡须的创始人选出了他们的第一任主席——R.A. 布兰农（R.A. Brannon），来自哈姆博管道公司。为了让这一组织不只是为油气行业服务——一个非常合理的评价——理事会后来选择了技术委员会一位名叫 R.B. 米尔斯（R.B. Mears）的冶金工程师担任主席。米尔斯拥有剑桥大学博士学位，也是美国铝业公司化学冶金事业部的负责人。他满头银丝，戴着无框眼镜，嘴唇透露出一点儒雅之气，让他的学者风范更加突出。而另一方面，他的团队成员却一副凶相，像是准备和铁锈打一架似的。米尔斯不像油气行业从业人员，更像一位布道者，也更加适合当 NACE 的主席。不过到了 20 世纪 60 年代，NACE 的主要服务对象还是油气行业。此时，自 1958 年起开始担任《腐蚀》杂志编辑的戴尔·米勒（Dale Miller）就告诉为 NACE 写了一部简史的莱尔·培瑞克（Lyle Perrigo），他直到 1966 年才发现 NACE 原来并不只是为油气行业服务——此时，他已经在《腐蚀》杂志社工作了八年。

尽管 NACE 发展很快——五年内就拥有超过一千名会员，而接下来的五年又增加了三千名——但它招募新鲜血液还是相当困难的。法兰斯·范德·亨斯特（Frans Vander Henst）在 1958～1965 年间担任 NACE 的技术委员会秘书，他告诉培瑞克军方对此的反应："令人惊奇的是，你真的可以帮他们解决一些事。"他回忆起在关岛曾帮助一位军官解决了吉普车和飞机生锈的问题。"他原本不知道该怎么做，只能把它们全部丢到海里。"亨斯特搜集了所有军事基地的地址并给基地人员发送信息，引起了设施维护人员的注意，慢慢地他们也来参加会议了。管道工则是另外一种情况。"我们还没有打入管道工的市场，"亨斯特回忆，"他们总是说不想解决这些问题，因为他们的工作 50%～60% 都是维修。所以，他们非常坚定地认为，他们不需要解决生锈的问题。"NACE 没有把它们列为会员，涉及组织包括：美国管道工程师协会、国际管道工程与机械官员委员会、冷热管道承包商协会，以及美国、加拿大和澳大利亚三国管道维修的资深工人与学徒建立的联合协会。在年会上，我没有见到哪怕一名管道维修工人。

NACE 是一家资产规模达到 2500 万美元的非营利性机构，其收入来源有很多途径。其中 1/8 的收入是个人及公司会员缴纳的会费，公司会员包括：杜邦、贝克特尔（Bechtel）、宣威－威廉姆斯（Sherwin-Williams）、英国石油、雪佛龙（Chevron）、康菲石油（ConocoPhillips）、埃克森美孚和壳牌，以及阿伯崔克思（Abtrex）、爱捷特（Aztech）、艾克索瓦（Exova）、琳得科（Lintec）、斯普雷洛克（Sprayroq）和特马洛斯特（Termarust）。此外，还有国防部的邓迈尔办公室和帝尼亚联合会。另有 1/6 的收入来自于这些公司在参加年会时租用展台的费用，平均每平方英尺需要支付二十五美元，用于销售他们的钢筋、涂料以及功能强大的 X 射线荧光光谱仪。此外，NACE 有一半的收入来自提供腐蚀培训课程收取的费用。2012 年该培训课宣传手册的封面照片是我在这个行业里最喜欢的东西之一：照片中，九个人或坐或站，正围在一张圆桌旁做研究，其中一边的五位都留着胡子，似乎是在跟另一边没留胡子的四位对着干。NACE 的培训课程大致分为三类：基础课程、涂层应用与检查、阴极保护；也有时是不同的主题：管道、海军陆战队、废水或核工业。一般情况下，为期五天的课程学费大约为一千美元，工业主题的学费则大约是其两倍。如果按天数计算，其学费比常春藤大学还要贵，后者至少还提供了教室和黑板。

2010 年，NACE 报告说他们有十位工作人员的收入超过了十万美元，其中有一些已经接近二十万。如今，这个机构也开始进军官方市场。在宾夕法尼亚和俄亥俄州，它支持两位共和党代表赢得竞选。锈蚀是个激进的话题，但由于它和大工业交织在一起，所以 NACE 也难免有些右倾。

NACE 还出售很多工业专用工具书。如果你想找关于生锈的笑话，看这些出版物肯定是行不通的。这些书大部分都是关于腐蚀科学的细节、不同金属的性质、油气行业或涂料相关，例如：《水字典》（*The Water Dictionary*）、《深水阳极系统》（*Deep Anode Systems*）、《二氧化氯实践应用》（*Practical Chlorine Dioxide*）、《混凝土：建筑病理学》（*Concrete:Building Pathology*）以及《涂层摩擦学》（*Coatings Tribology*）。关于涂层知识的最佳书籍无疑是《菲茨涂层缺陷图册》（*Fitz's Atlas of Coating Defects*），虽然定价相当贵，但非常好用。还有的书籍以图片展示了涂层因受损而呈现出来的状态：比如奶酪状、方格状、褶皱、胡椒状、泡沫状、皂化、鳄鱼皮状、多坑洞、有裂纹、蛛网状、皲裂，或者像繁星和泥巴那样裂开。从技术层面上说，有的涂层看起来像橙皮，有的呈现絮凝状、死鱼眼、雪花状，还有的冒出了水泡、气泡，出现收缩、分层、孔洞等现象，或者无法完全固化。正是由于这种高质量，这套六卷装的《简单测腐蚀》（*Corrosion Testing Made Easy*）才标价高达五百美元。NACE 的指南大多数都售价一百美元，但也有少数接近一千美元。一位 NACE 的工作人员告诉我，这些书的销售利润还是很可观的，约占 NACE 收入的 1/6。

NACE 销售的廉价书籍中有一本名为《检查守护者和抗锈英雄》（*Inspector Protector and the Colossal Corrosion Fighters*）的漫画书。这本书出版于 2004 年，是一本模仿漫威漫画[1]风格的儿童科普读物。正面角色一共有五位：一位是戴面具的检查守护者，披着蓝色斗篷，活脱脱一副超人形象；一位是戴着眼镜的"禁忌博士"，留着大胡子，穿着白色实验服，并且拥有一瓶绿色的蒸汽态腐蚀抑制剂；一位是"超级涂层侠"，是个皮肤黝黑的"涂层女郎"，背着两个罐子，还随身

---

[1] 漫威是美国知名的漫画公司,拥有蜘蛛侠、钢铁侠、美国队长、金刚狼等著名角色。

携带一支很酷炫的喷枪；一位是"阴极队长"，是个像终结者一样的机器人，他有一个功能强悍的"阳极"，虽然看起来有点小；最后一个是"智慧猪"，其外形介于橄榄球运动员和猪之间，戴着一只无线电项圈，头上顶着一盏红灯。

反面大魔王则是"锈蚀伯爵"，头发的颜色介于病态的惨绿与油腻的黑色之间，一副特兰西瓦尼亚（Transylvanian）[1]的面庞总是阴沉沉的，是个十恶不赦的大坏蛋，于是五位超级英雄便联手对抗他。锈蚀伯爵的帮手是邪恶的格鲁贝兹虫群——一种巨大的六腿昆虫，蜷缩起来很像《指环王》里的"咕噜"（Sméagol）[2]，所到之处，所有东西都被它们咀嚼吞食。

在这部十六页的漫画中，主角从自由女神像打到金门大桥，再到亚伯达的埃德蒙顿，最后是——扣人心弦的高潮——一架快要失去一只机翼的飞机。

冲啊！杀啊！

肱二头肌隆起，拳头紧握，拿起武器。

抗锈英雄年轻强壮，充满活力，反应敏捷。他们没有住在休斯敦，而是在某个飞行堡垒中。他们没有上司，不用考虑预算，也不用忍受公司或政府部门的种种规矩。他们把内衣穿在外面，不用梳理胡子，不用手机套和钱包，他们更不用去盐湖城参加乏味的会议。这本书应该是展会上卖得最好的产品了。

---

[1] 罗马尼亚中部的一处历史遗迹，在英语国家的文化中，此地已经和吸血鬼牢牢关联，主要是受布莱姆·斯托克（Bram Stoker）著名小说《德古拉伯爵》（*Dracula*）及后来很多改编电影的影响。

[2] 常被称作 Gollum，奇幻小说《霍比特人》（*The Hobbit*）中的著名虚构角色，在《指环王》中，他因为在喉咙间发出吞咽的声音而被称为"咕噜"，其著名台词是 My Precious，即我的宝贝。

9

管道猪历险记

Pigging the Pipe

0 英里处

向北极行进三百英里后，便来到了跨阿拉斯加管道系统（TAPS）的北端，有位四十一岁的工程师正在这里哼着贝多芬的曲子。他叫巴斯卡尔·尼奥吉（Bhaskar Neogi），正坐在 1 号泵站的维修技术办公室里，琢磨着管道生锈的事情。像尼奥吉这样的油气行业从业人员不喜欢"锈蚀"这个词，他们称之为"黑色粉末"，并将腐蚀工程称为"完整性管理"。尼奥吉的官方职务就是这条管道的"完整性经理"，负责保持这条管道的完整性。大多数管道运营商都会聘用完整性经理，但 TAPS 和大多数管道不一样。从普拉德霍湾到威廉王子湾，TAPS 跨越了八百英里，尼奥吉就被委任管理这一西半球最沉重的金属物体，流经这条管道的也是阿拉斯加州最主要的经济来源——石油，这根直径四英尺的钢管每天都会输送价值高达五千万美元的石油。即使是对尼奥吉这样聪明而专注的工程师来说，这一任务也太艰巨了。这也是为什么在 2013 年 3 月的这一天他会哼起贝多芬的曲子，因为他此刻的精神实在太紧张了。在经过一年多的准备后，他正计划发射一台价值两百万美元的锈蚀探测机器人穿过整条管道，而他非常担心这台机器人的能力，不确定它能否挺过整个旅程。

这个机器人被叫作"智慧猪"，长十六英尺，重一千磅，看上去就像一条巨型蜈蚣。1 号泵站的另一边有一间洞穴式的多功能房屋，这个机器人就放在屋内橙色舱门旁的一个底盘上。门外寒风凛冽，气温低达零下 23℃，门内却温暖如春，"智慧猪"的生产商贝克休斯公司（Baker Hughes）派来四名技术人员，花了三天时间检查了三遍"智慧猪"的元件。在"智慧猪"的前侧，两只黄色的聚氨酯杯罩间有 112 对磁性刷子，他们对磁刷里的 112 根磁性探针进行检测。

当"智慧猪"在管道内顺着石油一同流动时，这些探针会感应到流经之地的磁场。当半英寸厚的管壁出现异常时，例如有坑洞、凹陷或薄弱层，磁场就会发生改变，探针就能及时捕捉到信息并记录到硬盘中。探针一寸一寸地抓取信息，尼奥吉则希望它们可以探测管道里近七十亿平方英寸的面积，相当于一千二百英亩。通过分析收集回来的数据，尼奥吉就可以确定管道内最脆弱的部位，然后在泄露前把这一段挖出来进行修复。

尼奥吉之所以会哼曲子，是因为不管技术员们怎么检测，如果管道内壁被石蜡覆盖，那么即使是最先进的"智慧猪"也未必能探测出来。这种石蜡是原油中的天然成分，覆盖管道内壁后会阻止磁刷及探针与钢管内壁接触。石蜡的黏度与唇膏或发蜡相仿，会堵塞测量管道形状的卡尺，妨碍检测器的里程轮，"智慧猪"也会因此变得迟钝，甚至成为瞎子、哑巴，或是患上健忘症，没有"智慧猪"能在这么艰难的旅程中活下来。如果前进速度太快，探头就会熔化或破裂；摩擦太狠，磁刷就会磨损；太过颠簸，"智慧猪"连接前后两部分的铆钉就会松动，电线会折断，磁通量传感器的电源也会被切断。数据参数、几个月的辛苦工作以及数百万美元都将付之东流，只留给工程师们一条情况不明的管道，管理层会因此震怒，而公众则陷入危险当中。当温度处在24℃时，石蜡就会富集。当"智慧猪"顺着山坡高速下滑时，就证明在这些长而松弛的管道里没有多少石油流过。尼奥吉清楚现在是冬天，流经管道的石油黏度很大，流动速度也会特别慢。对"智慧猪"而言，现在算不上是最好的时候，不过他还是不改初衷。

"我就是想知道里面到底怎么样了。"尼奥吉说道。他的双眸漆黑，深色的短发发梢却有一缕灰色，身上穿着一件蓝色的防火服。他的身材看起来有些像橄榄球运动员，口音中有着浓重的印度腔，说起话来断断续续的，却不失低沉动听。"最大的威胁在于那些我们看不见的腐蚀，"他说，"看不见就意味着你什么都做不了。所以我们要进行检测，不管这次检测会发现什么问题，我们都可以弥补。"尼奥吉做事很有条理，但也有些笨拙，甚至是粗暴。他希望能够通过"智慧猪"把到跨阿拉斯加管道系统的脉。"如果工具损坏的话，就拿不到数据了。"他说，"我们做了很多准备工作，能做的都做了，但还是有可能要重来。"这可不是杞人忧天，由于石蜡覆盖和石油低流速的问题，在过去的十二年里，一半"智慧猪"检测项目都失败了。

给输油管道把脉

那个下午，就在尼奥吉哼起曲子前不久，技术人员花了四十五分钟检测"智慧猪"的锂电池。这些电池每块重达二十五磅，价值三千美元，并且不可充电。他们又检查了放置在"智慧猪"后部的硬盘，并重新定位其中一台发射器，这样就能在接下来的十八天里随时跟踪其所在位置。与此同时，尼奥吉和管道运营商——阿拉斯加管道公司的几名高管一起开会研究"做还是不做"，这也是三次终极会议中的第二次。虽说清理管道是既定的维护程序，但不代表可以随意进行：打开充满高压原油的管道终端很危险，将固体检测仪放入用于输送液态石油的管道中就更危险，在冬季的北极地区跟踪上述检测仪也同样如此，有太多的环节会出现失误了。在近来一次因清理管道导致的气体泄漏事故中，1号泵站差点被炸平。那是英国石油公司的失误，阿拉斯加管道公司引以为鉴。更近一次，"智慧猪"被吸入泵站的排气管道中，卡在不上不下的位置，而排气管道直径只有十六英寸，还有挡板保护，显然不足以让四十八英寸的"智慧猪"通过。这样的事至少发生过六次。1986 年发生同样事故的那一次，管道被迫关闭，这也就意味着全国超过 1/4 的石油未能抵达加利福尼亚。"智慧猪"一路来到阿拉斯加的瓦尔迪兹市，却被这里的排气管道吸住了。其他一些"智慧猪"还曾破坏过管道内壁，或是被卡住，然后在移出时被损坏。

在讨论了运行状态、后勤准备和安全性之后，一大群主管和副经理坐在一起，决定是否进行清理。通过电话，尼奥吉向他们确保，一切尽在掌握之中。为了让"智慧猪"顺着山坡平缓下滑，液压程序也已准备就绪。其余管道维护工作都已停止，所有人的注意力都放在"智慧猪"身上。

当天傍晚，经过最后一次检查，贝克休斯的技术人员开启了"智慧猪"，然后通过一对龙门吊把它放到管道终端的发射架上。泵站的六名技术人员协助布置，尼奥吉也不例外。他们穿着特卫强（Tyvek）防护服，佩戴着防毒面具，动作缓慢而小心。他们把"智慧猪"称作"工具"。当他们打开管道终端时，蒸汽喷了出来，气体探测器闪烁不停，爆炸警报器响了起来，通风系统也随之打开。这台五吨重的工具是只桀骜不驯的野兽，事情变得有些难办，他们需要一台水压千斤顶将它从发射架上提起来。就在午夜前不久，大家总算把"智慧猪"放入管道中，然后关闭了管道终端。在确认无误后，他们开始静静等待。计划发射的时间是上午七点，距离另一台红色聚氨酯"智慧猪"放入管道刚好十二个小时。那台"智慧猪"的智能程度较低，像一把巨大的橡胶扫帚，会先行清理管道。那是九台"清扫猪"中的最后一台，根据尼奥吉的计划，它们从六周前就已经被陆续放入管道中了。尼奥吉一直在瓦尔迪兹跟踪它们推出来的石蜡量，并绘制成图表。最初有一千二百磅，到后来就只剩四百磅了。在正式启动检查项目之前，管道必须先进行清理。之后，"智慧猪"就可以上场了。

尼奥吉在早上五点醒来。开车从戴德霍斯前往1号泵站的途中，昏暗夜色中唯一清晰可见的是远方油田闪烁的火光。他驾车通过两道安检门，然后把车停到被冰雪覆盖的无线信号塔里，再步行穿过冷藏室大门，脱去身上的皮大衣。随后，他拨通位于安克雷奇的阿拉斯加管道公司总部的电话，参加第三次"做还是不做"的会议。大家的语速都很慢，室外的暴风雪看起来也已经过去，寒风中的温度不再低于10℃。记录员有序地工作，没有出现新的安全隐患。在讨论了二十分钟后，尼奥吉得到了意料中的指令——做！于是，"智慧猪"如期发射，没有人注意到这一天是3月15日——尤利乌斯·恺撒的殉难日。

七点前的几分钟，三位泵站技术人员打开了发射器的阀门，让石油流到"智慧猪"后方。然而，"智慧猪"纹丝不动。这群大胡子技术人员只得放入更多石油，但它依旧稳若磐石。这台"智慧猪"是贝克休斯公司研制出的体积最庞大、智能程度最高的机器，也是迄今为止放入到阿拉斯加管道中最重的一台，整条管道的石油流动产生的压力也未能将它推动。在控制室中，尼奥吉目不转睛地盯着面板上显示"智慧猪"移动状态的小红点。他有些无精打采，呆滞地咬了咬左手的指甲。他的衬衣没有熨平，看起来就像是医院候诊室里焦急的病人家属，正在紧张地等待结果。这是在他的主导下第一次发射"智慧猪"，无形之中也让他的压力倍增。他从无线广播听到技术人员要求从两个大油库中调入更多石油。流速不断提高，日流量从60万桶跳到70万桶，再到80万桶，但"智慧猪"依旧没有移动的迹象。直到原油压强达到 865psi 时，它终于动了！此时，石油的流速已经达到 84 万桶，比该管道正常的石油流速高了一半。正式发射的时间推迟到了七点一刻，探测世界上面积最大、环境最险恶的石油管道的旅程由此展开。"智慧猪"一路南下，钻到冬日里阿拉斯加北坡那一望无垠的不毛之地时，它的声音听起来就像是一列发出轰鸣声的火车。尼奥吉说："一切顺利。"

头号敌人——锈蚀

二十年来，普拉德霍湾的油田，比如萨德勒罗奇特（Sadlerochit）、北极星（Northstar）、库帕勒克（Kuparuk）、恩迪克特（Endicott）及利斯本（Lisburne）的石油产量一直在减少，每年都会固定降低 5% 的产量，结果导致如今跨阿拉斯加管道系统输送的石油只有设计流量的 1/4，也导致管道的温度比以往任何时候都低，流到瓦尔迪兹所需时间更长。过去，原油每七分钟流动一英里，不用四天就可到达瓦尔迪兹，但如今慢得跟蜗牛似的。原油在流动过程中还会降温，这就导致更多石蜡沉积在管道中。如果让医生诊断的话，他大概会将此称为动脉硬化。石蜡不断沉积，管道的直径也在不断缩小。产量下降让尼奥吉的工作变得很困难，但更困难的是那些对管道寿命进行评估的机构。TAPS 的设计寿命与油田相同，为了避免管道出现堵塞，管内的温度必须保持在稳定状态，这就需要确保石油一直在流动。在这样一个共生系统中，管道对石油的需求一点都不亚于石油对管道的需求。于是，在看待管道"可以无限期使用"这一观点时，阿拉斯加管道公司认为它可以撑到 2043 年，但阿拉斯加政府则认为没那么久。受聘的私人顾问在评估 TAPS 寿命时只简单地提到"将来"，消极地说些"勤奋保养"的场面话。在这些评估背后，大家都没有明说的是：作为美国过去最庞大的私有项目，也是最伟大的工程成就之一，这条管道如今已成为一个需要特别护理的"年老病人"。

当年建设这条管道的公司早已对这样的未来作了预判，并尽可能避免这样的结果。1968 年，就在油田被发现后不久，这些公司就开始考虑铺设管道的各种替代方案。他们原本打算将阿拉斯加的铁路延伸到北坡，但发现需要每天开出六十三列一百节的火车才能满足运输要求。他们也考虑过使用货车，但计算后发现，这大概需要动用几乎全美的货车，此外还要再建一条八车道的高速公路。接着他们又把目光放到波音和洛克希德的大型喷气式飞机上，但是如果这么做的话，他们的空中交通量大概会超过美国其他所有货物的交通总量。他们还考虑了汽艇，并且动用世界上最大的破冰货船，然而它会卡在西北航道上。之后，他们甚至开始考虑核动力潜艇，从海面以下穿过北冰洋，把石油送到格陵兰岛的码头。在种种可能性都被排除后，他们最终不情愿地选择了管道。而建设一条跨越阿拉斯加州的钢铁管道，其生锈的风险是纽约港那尊巨大的自由女神像的十倍。这一点，他们都很清楚。

在其他大多数管道工程中，"事件"、"事故"或"产品泄漏"这样的字眼——也就是我们多数人说的泄漏或喷溅——通常都是来自第三方的损害。从这个角度来说，油气行业本身就意味着种种危险。重型设备往往是罪魁祸首，管道开裂通常都是由推土机和挖掘机造成的。[1] 至于 TAPS，由于阿拉斯加广阔的荒原上建筑很少，因此第三方引发事故的概率很低；但从另一个角度说，自然事故的威胁就不可轻视了，地震、雪崩、洪水以及浮冰都有可能破坏 TAPS。不过真正让阿拉斯加人担忧的还是腐蚀，这是破坏跨阿拉斯加输油管道的头号敌人。

　　考虑到这些威胁，管道采用了当时最完善的防锈技术，而最重要的保护措施就是涂涂料。手腕粗细的金属锌作为巨大的阳极被埋在管道下方，作为双重保险。TAPS 被认为采取了最棒的防锈措施，但最终结果证明并非如此。和所有涂料一样，TAPS 上的涂料最终也被证明是脆弱的——经过了足足十二年，阿拉斯加管道公司仍然没弄明白它到底有多脆弱。除了涂料，该公司还埋入了一万枚二十五磅的镁块用于加强保护（镁是一种很不稳定的金属，倾向于牺牲自己保护其他金属）。此外，他们还使用了一套阴极保护系统，由一百多个整流器给管道施加弱电压。不同于埋入地下的锌条（它们的状况不得而知），镁块和阴极保护系统是可以测试的：腐蚀工程师可以切断它们，并使用探针测量土壤中的电压变化。由于岩石的阻抗特性，阴极保护系统在多岩石地区不能很好地发挥作用，于是腐蚀工程师只好祭出他们的杀手锏——放置样品。在管道工程中，样品就是一块一平方英寸的铁片，连接着管道埋入地下，作为管道小样。阿拉斯加管道公司埋入了大概八百块这样的样品，但这些样品并不能阻止生锈，它们只不过是帮助工程师监测腐蚀情况而已。某种程度上，

---

[1] 美国输油管道开裂还有可能是因为焊工、建筑工人或是新管道的铺设工人在管道上方使用了犁具、驳船、拉力赛车、脱缰的马、拖船、混凝土砼车，甚至喷气式战斗机等工具。——原书注

监测可以说是阿拉斯加的第二道防线，而阿拉斯加管道公司在这方面投入了许多精力。

跟所有主要管道一样，TAPS 也采用泄漏探测软件进行监控，其原理是对比石油进入与离开管道时的流速，同时探测管道内压的突降。和其他管道不同的是，工作人员还采用红外线摄像对 TAPS 进行定期监测，寻找泄漏在阿拉斯加冰原上的热油的蛛丝马迹。与此同时，管道巡查员也一直查找暗色的水坑和黏乎乎的泥潭，并通过控制器观察那些埋在地下的传感器，检测烃类、液体和噪音。此外，还有十几个州属机构与联邦机构监视着数千名管道操作员的一举一动，确保 TAPS 是世界上最有序的管道。不过，因为运行"智慧猪"是在管道发生泄漏事故前发现问题的唯一方案，也因为阿拉斯加管道公司的检修工作比其他公司更频繁，因此他们使用"智慧猪"的频率也几乎是其他管道公司的两倍。他们每三年就会做一次"智慧猪"检测，并且是在联邦管道法颁布很久之前就这么做了。

自从 1977 年正式运营以来，TAPS 还没有出现过因为锈蚀而引起的泄漏事故。毫无疑问，"智慧猪"居功甚伟。[1] 在最初运行的三十年中，阿拉斯加管道公司共监测到近三百五十次潜在威胁，其中包括出现凹痕、起皱、焊点错位、变形、断层以及锈斑等情况。多数问题都是"智慧猪"发现的，但清理工作对于管道公司来说不算易事。早些年的"智慧猪"智能程度不足，不是很能胜任检查工作，从 1998 年起，"智慧猪"经常被石蜡卡住。实际上，石蜡阻止了阿

---

[1] 其实 TAPS 也出现过泄漏事故，在建成后的十年里，1979 年 6 月 10 日和 15 日连续发生了两次泄漏，因此 6 月的第二周也被该公司的员工们称为"泄漏周"。等过了这个时间段，公司的"完整性经理"才能规划他们的假期。——原书注

拉斯加管道公司选择最好的"智慧猪"清理技术：超声波。这些"智慧猪"能够向管道内壁发出声波，并通过检测回声收集数据。超声波是一种直接的检测方法，比漏磁检测（MFL）要好一些，因为后者是间接测试，还需要经过推算。2001 年后，超声波"智慧猪"已经无法收集到更多数据了，因为遭到了石蜡的阻挡。这个过程就好比透过一件毛衣给孕妇做 B 超，效果可想而知。

于是，保持管道清洁就成了比保持管道完整性还要重要的大事，因为后者的实现还得依赖前者。为了做到这一点，阿拉斯加管道公司每周都会发射一次清理管道的"智慧猪"。在瓦尔迪兹的维护车间，公司拥有一支十二台"清理猪"队伍。这些"清理猪"定期迂回运行在管道中：用拖曳设备拉到上方，再顺着管道往下流。在这些"清理猪"忙碌的时候，最后上场的"智慧猪"还在耐心等候。在发射最终的"智慧猪"之前，阿拉斯加管道公司每四天就会发射一台"清理猪"前往南方。当这些"清理猪"出现在瓦尔迪兹时，通常都会推出十桶甚至二十桶石蜡，而这些"清理猪"则被直接送到清洗室。这些石蜡都有一定的危险性，它们会被收集起来运出阿拉斯加。几年前曾有一次，因为连续六周没有清理管道，结果一台"清理猪"就推出了多达四十七桶石蜡。

由于锈蚀，这条总重量达十亿磅的管道每年都会损失大概十磅钢材，如同一辆老款福特汽车。这些金属损耗多数发生在管道外侧，尤其是埋入地下的部分。至于管道内部，表面上还是被石油很好地覆盖着。泵站内部是个例外，这里是通过阀门和涡轮与主管道连接的支管道，属于液压死区，石油在这里滞留，微生物引发的腐蚀问题就成了新威胁。如果生锈速度保持不变，管道均匀地发生损耗，那么维护工作就会简单许多，即便过去一千年，管道也还能保持 99.999% 的重量，不会出现什么斑点。但生锈可不会这么简单，它们会集中出现在某些区域，然后加快生锈速度。公司只对已有的会严重威胁管道完整性的情况有预案措施，关注那些管道壁厚降低 35% 以上的位置——根据美国机械工程师协会（ASME）推导的公式，他们认为这些位置可能有爆管的风险。[1] 在管道工程的行话中，这被称为"介入标准"，但阿拉斯加管道公司的介入标准比大多数公司严格。公司还规定了"安全界限"，估测当管道以最高压力运行时，小损伤大概可以有六英寸。然而，由于运输的石油量不足，这个估测数字没什么实际意义。根据这些位置的所在地——是敏感区还是人烟聚集区——公司还会给每个人一个明显的"PYTD"警报，即可能需要开挖的年限（Potential Years to Dig）。最严重的腐蚀威胁会标记为 0，即需要立刻处理，最温和的威胁则被标记为 8、15 甚至 29。这样的维护程序阿拉斯加管道公司每年都会进行十几次；但即便如此，公司还是积压了很多问题。通过检查这些老问题，会很容易被那些并不罕见的坑洞吓到，例如损伤的深度达到管道壁厚的一半。

尼奥吉不会这样惊慌失措。"跟其他管道对比，例如威廉姆斯、安桥油管（Enbridge）、英国石油等，我们的运行状态还很不错。"在"智慧猪"发射当天，他如此说道，"TAPS 真的非常好用，这条管道完全可以经受住时间的检验。"对于阿拉斯加管道的维护，尼奥吉打了个比方："人们认为汽车最多能开十年，但事实并非如此，如果你有十个人维护它的话——"他停顿了一下，举了个更好的案例，

[1] ASME 的爆管方程式被称作 B31G，其实更接近于一种模型。根据给出的管道直径和厚度，可以推算出可以接受的损伤尺寸。——原书注

将管道比作博物馆里的油画，如果管理员持续监控空气湿度和光线，那些名画就可以保存数百年。"唯一能够阻挡我们的，是石油的流动……"尼奥吉如是说。

神奇的漏磁检测猪

104 英里处

抬眼四望，此地目之能及，都是一片白色和蓝色。北坡和堪萨斯州一样平坦，没什么树，但温度要低很多，足以让钢笔里的墨水结冰。平坦荒原上仅有的凸起是一对被称为"小丘"的冰盖，看起来有些像石笋，诡异地耸立着。冰封的萨嘎瓦尼尔科托克河（Sagavanirktok）面上倒映着地平线上低垂的太阳，远方的富兰克林绝壁（Franklin Bluffs）在阳光的照耀下如同海市蜃楼，细长的管道就在这无垠的冰原上蜿蜒曲折。管道旁边是一台橙色的雪地履带车，这一种在滑雪度假区很常见的交通工具。而被冰霜覆盖的挡风玻璃背后，是两位正在等待"智慧猪"的检测人员。

多年以前，"智慧猪"的通过速度更快，那时从地面就能听到它们的动静。阿拉斯加管道公司的一位雇员说，最开始的时候，"智慧猪"就如同电影《壮志凌云》里的战机一般："咻！咻！咻！"如果不相信自己的耳朵，检测人员还可以将螺丝竖立在管道上方，当"智慧猪"通过时，磁场就会把螺丝弄倒——当然，这段管道得在地面上才行。或者，他们还可以将螺丝刀挤进阀门的零件里，通过刀柄监听振动。如今，北极地区不会再采用这样的方法了，此刻工作人员正通过检波器——本质上就是个放大的听诊器——监听着"智慧猪"的行踪。

为了实现这一点，他们将一根金属探针插到管道最大的配件上，也就是法兰的开口环上。接着,他们给探针包裹一层被称为"吸收包"的吸油布,以阻挡风的噪音,并用胶带紧紧粘住。一台以电池提供动力的无线接收器通过一根电线和探针相连,然后放置在雪地中。这样,两位工作人员就不必待在寒风中瑟瑟发抖,他们可以坐到雪地车里,将收音机的频道调到FM107.1,在让耳朵在保持温暖的同时监听管道里的振动。他们将低音部调高,而将高音部调低,由于FM波段在北坡几乎是空白,所以107.1就是个局部静态的频率。当他们往管道旁扔雪球时,收音机就会唧啾作响;而当他们在雪地上四处踩踏时,收音机就会发出像印第安人行军的声音:锵锵锵锵锵!在"智慧猪"到达前半个小时,他们安静地坐下来,关闭机器的引擎。在极地荒原上,他们监听着一个并不存在的无线电台,寻找着一些肉眼看不到的信号,换句话说,也就是在探索异常事件。当"智慧猪"接近时,由于规律性地触碰管道上的焊点,一些特别的声音会随之产生。而当它通过时,则又发出一阵清晰的嘶嘶声,和任何一段收音机里的声调都不同。

工作人员在地上放了一台烤箱大小的设备,当"智慧猪"通过时,其发射器上的信号会让这台设备上的计时器停摆。这种方法可以更精确地确定"智慧猪"通过的时间,但不是每次都奏效,即便这台设备是阿拉斯加的明星产品。由于诸多因素,它还没有人的耳朵可靠,而且因为工作人员不能精确了解其原理,所以他们也不是很相信这台设备。不管怎样,当"智慧猪"通过时,工作人员还是将自己的身份、位置以及"智慧猪"通过时间传达给阿拉斯加管道公司的操作控制中心(OCC)。

在这一位置南面不远,一位年轻的工程师正在仔细监听这些报告。他叫本·瓦森(Ben Wasson),是尼奥吉的副手,负责控制"智慧猪"运行。此时，尼奥吉此时已经飞回位于安克雷奇的家。在 3 号泵站的咖啡厅外，瓦森正握着塑料杯喝咖啡。他随身携带着两台手持式收音机、两部手机和一本笔记本。在接每通电话的过程中，他都会草草记下信息——就在刚才那两位工作人员以南二十英里处，另一名工作人员监测到了"清理猪"的动静，瓦森将知道的情况全都记录下来；在更南的地方，又有一位工作人员沿途提升管道的阀门，这样就可以让两台"清理猪"顺利通过，瓦森也把这些信息记录下来了。根据这些信息，他更新着日常动态，并以邮件的方式告知阿拉斯加管道公司的八十位管理人员，其中包括尼奥吉。在每一次动态更新中，他都会附上一个叫"'智慧猪'通过状况"的附件。对于所有那些因为"智慧猪"的一举一动而提心吊胆的人而言，这些文件能够让他们紧绷的神经稍微放松下来，因为这说明在每几英里一次的监视下，"智慧猪"并没有被卡住或失踪，而是依旧在按计划推进。

瓦森穿着卡哈特牌（Carhartt）工装裤，上身则是一件羊毛外套，里面是灰色的格子衬衣，头上戴着一顶绿色的帽子。他是缅因州人，家住巴尔港，自七年前刮去那伐木工式的大胡子后，他的双颊就这么一直暴露在风中，被吹成了玫瑰红。他坐在一张木桌旁，对面有位水手模样的人，留着灰白的胡子，疲倦地坐在那儿。他是三名现场工作人员的负责人，名叫大卫·布朗（Dave Brown），戴着一顶褐色的棒球帽，眼镜挂在他那件蓝色 T 恤的第二粒扣子上，比瓦森看起来更像缅因州人。他坐下后开始啃汉堡，不远处的电视正播放着全国运动汽车竞赛。

自从阿拉斯加管道公司在 1995 年开始采用"智慧猪"以来，布朗就没有缺席过一次清理过程。在最初的十次运行里，他跟着"智慧猪"走过一千五百个地方，只跟丢了一个，他也因此获得美名——

超级大卫。后来他告诉我："我的团队没有跟丢过'智慧猪'。"他的工作是处理各种障碍，当天早些时候，一辆雪地车在前往八十一英里外一处地方准备提升阀门的途中，碾破了萨嘎瓦尼尔科托克河的冰面，就在车子开始下沉前，司机调转了车头。他给布朗打电话，布朗又给瓦森打电话，最后瓦森弄来了一架直升机。瓦森可以调用两架直升机、一辆翻斗叉车、两辆雪地摩托，还有四部卫星电话。此前因为无线电系统故障，这些器材被证实用起来得心应手。然而不管是瓦森还是布朗，都没有备用的雪地车，因此当这辆车损坏时，工作人员就无法在 18 ~ 40 英里之间跟踪"清理猪"了，一旦它在此间被卡住，后面的"智慧猪"就会迎面撞上。虽然后来事情还是解决了，但布朗还是不高兴，他不喜欢这种跟丢了的感觉。在经历了三天不眠不休的旅程后，他感到一阵阵疲倦袭来，吃完午饭便小憩了一会儿。

当尼奥吉离开的时候，瓦森便成了"智慧猪"运行项目的实际负责人。他一杯接一杯地喝着咖啡，规划出一页又一页的日程。他在 2010 年加入阿拉斯加管道公司，2013 年首次主导运行这一项目。他将"智慧猪"称为"ILI 猪"，在无线电通话时经常使用，意为在线检测的猪。正是得益于超级大卫团队的跟踪工作，瓦森发现"清理猪"与"智慧猪"之间原本十二个小时的时间差已经缩短到十个半小时，于是他将信息汇报给尼奥吉，后者决定在 3 号泵站扣住"智慧猪"，使其延迟三个小时。

瓦森是一位土木工程师，同时也是一名测量员。他喜欢握着一张地图，思维方式也跟地图一样。他的笔记本的第一次记录是在 2012 年 7 月 2 日，距今已经有九个月，其后又密密麻麻地记录了 105 页，都是些枯燥的数字，还都是用铅笔记录的。瓦森拍拍笔记本说："这东西可不能丢。我出门忘带别的东西都可以，但不能没有它。"这确实是测量员的口吻。瓦森现年三十七岁，谈起测量方法、精确度以及校正方法的话，他恐怕可以一口气聊到四十岁。聊了很久关于数字绘图以及地理资讯系统（GIS）的话题之后，瓦森突然提起 2010 年发生在加利福尼亚圣布鲁诺的一起管道爆炸事件。他说，太平洋煤气电力公司知道管道上出现了深坑，但以为是出现在较厚的管道壁上。"他们的完整性管理显然并不完整。"他说。

虽说在管道里叱咤风云，但猪就是猪，可不要以为这是"管道检查测量"（pipeline inspection gauge）词组的首字母缩写。早在 20 世纪初，当得克萨斯的那些管道疏通工人将带刺的铁丝与秸秆捆扎在一起疏通管道时，他们就发明了这一术语。之所以会联想起猪，是因为铁丝束也满是钢毛，而且全是泥污。两者另一个共同点是，铁丝束也会和猪一样会发出刺耳的声音。在得克萨斯人称其为猪之前，宾夕法尼亚人称其为油管清扫器、鼹鼠、兔子或长矛。还有一点证据在于，"管道检查测量"是个现代术语，为了让首字母缩写与"猪"的单词吻合才将语序倒装。在此后的半个世纪，这些钻过管道的工具都没有任何检查功能，只负责刮除管道内壁上的污垢。

几乎所有物品都可以用来当"清理猪"，例如卷起来的帆布或者皮革包袱。1904 年，蒙大拿州有一段直径四英寸的燃气管道因泥石流而堵塞，一名操作员用橡胶球将其疏通。同样，为了疏通管道，有位节俭的操作员用过一大块泡沫床垫，有位果酱制造商用了一块面包，还有一位颜料生产商用了塑料咖啡杯。专门用于这一目的的工具，多多少少都有点像 1892 年发明出来的自由活塞。

一些工程师认为，第一台"智慧猪"就是第一台卡在管道里的猪，但这种说法似乎是将"美国大学优等生"的荣誉授予一名学龄前儿童。

一次失败的清理工作算不上一次检查，猪被管道卡住，这是个问题，但并没有揭示问题出在哪儿。但失败的"清理猪"也能获得一些有价值的信息：由柔软的铝片或锯齿状金属片制成的猪，可以证明管道存在凹陷，但无法展现所有细节。跟踪这些猪是最令人头疼的事，即便是挂条链子或是扣上哨子也无济于事，想要找到这些被卡住的猪几乎不可能。

于是"测量猪"的概念就被构思出来了。最初的"测量猪"有两条尺寸不同的固定臂，就像龙虾那样。此外，还有一条活动臂。这种"测量猪"可以找出管道上的凹陷，并用图表的方式记录下来。但它也就只能做到这一步了，因为给它供电的是一根长长的电线。1955年，电池供电的新型"测量猪"被发明出来，但直到1959年，它才得以应用。

与此同时，具有更多功能的猪被设计出来了。自1953～1959年间，人们几乎构思出所有类型的现代"智慧猪"。四家石油公司申请了相关专利，对基于漏磁技术检测管道壁厚的技术进行保护。如果这一荣誉一定要归属于谁，那必须是海湾石油匹兹堡研究实验室的霍华德·恩迪安（Howard EnDean）。1956年夏季，恩迪安曾在同一天申请了四个有关"清理猪"的专利。除了基于声音和压力的漏点探测猪之外，恩迪安还设计出电压梯度猪，用于"确定最可能锈蚀过度的位置"。在这段时间里，唯一没有申请专利的是一只超声波测厚猪，这一技术长达十多年都未进入公众视线。尽管如此，恩迪安仍然是一位出色的梦想家，他那位曾是宾夕法尼亚老钻工的爷爷或许也会为此欣慰至极吧。他一辈子都沉迷于研究管道内壁，1996年去世前还曾留下遗言，要求在他死后将骨灰撒到一口油井中，这样他也就可以看看里面究竟发生了什么。

尽管他设计的"智慧猪"在理论上可行，但到了实际应用时就不管用了。英国壳牌石油制造了第一台漏磁检测猪，很快就宣布运行失败：这一工具并不灵敏，而且只能检测管道底部90度范围内的锈迹。后来一家名为图博斯科（Tuboscope）的公司又设计了一台，号称可以做到360度无死角检测，但仍然只能探测到较大的缺陷，而且还不能确定是在内壁还是外壁，同时由于没有里程计，所以定位缺陷所在也是个巨大的挑战。1972年，派普川尼克斯公司（Pipetronix）开发出的漏磁检测猪也没什么明显改善。

"智慧猪"设计过程中的主要难题还是数据应如何存储的问题。20世纪70年代早期，英国天然气公司测试了市面上所有漏磁检测猪，结果没有一种符合要求，于是他们尝试开发自己的产品。对于数据存储，英国天然气的一名职员说："这就好比每六秒钟读一遍《圣经》。"在那个主要依赖磁带和纸质图表的年代，记录数十亿个测试结果根本不可能。因此，早期的"智慧猪"都只能限制在一定区域内活动，就像获得假释的囚犯一样，而这一切都是因为储存能力的不足。派普川尼克斯的"智慧猪"只能运行三十英里，待到完成之时，它的十二通道记录仪打出的数据表就已长达一千英尺。

问题随即反馈给了那些设计"智慧猪"的工程师们，而他们的反应是收集不同的信息，寻找漏点，不再测量金属的厚度。最有效的漏点检测猪设计原理是基于：液体或气体从管道上的小孔泄漏时会发出一种人类听不到的高频声波，通过搜索这些声波就可以找出漏点。如今这一技术已经相当成熟，但二十多年前可不是这样的，因为当时"智慧猪"通过管道发出的声音跟漏点发出的声音很像。[1]

---

[1] 这就是管道运营商为什么会派员工沿线巡查，笨拙地寻找着气体泄漏的线索；同时这也是为什么有的运营商会依赖工作犬，因为它们闻到异常气味时会吠叫报警。——原书注

然而，数据存储的问题仍然还没有解决。壳牌石油根据这一原理开发出一种"智慧猪"，但运行时间也不超过四天，也是因为受到数据存储空间的限制。当时的技术太有限，记录仪每两秒钟就需要打印出一串七位数字：第一位数字代表压力高低，第二位数字代表泄漏点、标记点或没有异响，而后面五位数字则显示时间，顺序分别为时、分、秒。为了避免重复，记录仪只会打出最前两位，如果没有参数变化，最多会打九遍，结果记录在磁带上，看起来就跟情报似的，比如：

1L24392 1L 1L 1L 1T24515 1T

到了 90 年代，考虑到其规模，检测 TAPS 被认为是"不可能完成的任务"。在数据存储与分析方面，只有最先进的电脑可以跟上。现代数据记录采用颜色编码和截面构图，类似于把管道撕成平面，解码也容易很多。在 TAPS，冗长的数据表被转换成一张记录了几十万次通话的记录单，然后再从中遴选出最需要关注的异常情况，编成一张不过几页纸的精简记录单。

早期"智慧猪"面临的第二个问题是电池续航能力，当时的电池通常只够维持二十个小时。为了省电，有人试图给它们装上发电机，这样在通过管道时，可以利用轮子的旋转发电，但为了防止轮子脱落，必须装上咬合齿轮，于是形成了不可调和的矛盾。设计者们尝试在"智慧猪"中间安装一台涡轮，这样有流体通过时就会自动充电，但每次都会被杂质和石蜡卡住。为了节约能量，不止一家公司设计出"拍照猪"，用于天然气管道。有一家公司用的是哈苏（Hasselblad）相机，与 NASA 月球登陆车上所用的相同。相机镜头捕捉管道底部视角 60 度的范围，而胶片则是柯达（Kodak）的。相机没有快门，因为管道内部比太空还要漆黑。闪光灯每隔四十英尺开启一次，与此同时相机拍下一张照片。当胶片被打印出来后，分析师利用三角函数原理来确定锈蚀问题的严重程度。

在管道内拍照比月球上还要困难，因为灰尘让一切都变得模糊。"拍照猪"总是跟在"测量猪"后，每当后者检测到凹陷时，它都会拍下照片。好消息是，照片拍得非常清晰；坏消息是，当"测量猪"碰到凹陷时会剧烈摇晃，后面跟上来的"拍照猪"就会反应过度，就像两位记录管道情况的学者所说："完美的特写镜头，拍下的却偏偏是没有凹陷的管道壁。"

直到 1971 年，第一个超声波"智慧猪"的专利才有人申请——通过监听管道壁的回声测量管道厚度，许多公司花了多年研究才最终实现这一测量技术。在前期的实验室测量中，超声波猪非常精确，可以发现孔洞、杂质、凹陷或薄弱处，然而一旦到了污秽且凹凸不平的管道时，每小时二十英里的速度就会导致发生故障。第一个困难是如何让记录仪和传感器紧紧地贴在管道壁上，形成"可知的、连续不断的关系"；第二个困难则是完善可以在百万分之一秒内完成测量的数字电路，这就让超声波猪以及其他从 1977 年起被采用的各色"智慧猪"一样，用一位工程师的话来说就是"让人喜忧参半"。当时阿拉斯加管道公司才刚刚开始投入使用，从此以后，他们便开始忍受无休止的清理难题。

尼奥吉选择了贝克休斯公司的"双子座智慧猪"，首先勾选了"威胁类别"，也就是需要探测的项目。他要了一台漏磁检测猪，用于检查管道内外层的锈蚀情况，尤其是将地面管道固定到巨大支架上的七万只铁箍。跨阿拉斯加管道横跨大量永久冰原，因此有一半管道都被放置在 H 型支架上。在这些地区，如果将相对温暖的管道埋入地面，永久冰原便会渐渐消融，而管道也会因此下沉、弯曲、开裂或泄漏。上一次对该地区的检查是在 2001 年，当时阿拉斯加管道公司使用了一台超声波猪。尼奥吉同时还需要一台可以探测凹陷和沉积物的猪。直到 2009 年，阿拉斯加管道公司才通过两台不同的猪，从两次不同的运行过程中分别收集到锈蚀数据和变形参数。

尼奥吉从六个竞标对象中挑选了贝克休斯的其中一台，但交易需要在这台猪完成测试或尼奥吉确认后才可以完成。为了确认这台猪的性能，阿拉斯加管道公司给加拿大亚伯达的卡尔加里运去五段满是缺陷的管道以及两只铁箍。在那里，贝克休斯在公司大楼后的一片碎石上，把管道焊接到一起，并将中标的猪放了进去。他们称此为"张力测试"，然而三十五岁的贝克休斯职员、经验丰富的德温·吉布斯（Devin Gibbs）却认为这是瞎折腾。这台猪重量惊人，即使驱动马达开到最大时，也未曾移动分毫，于是事情变得有些麻烦了。不过，这台猪最终还是发现了所有缺陷，贝克休斯也因此拿到了至少价值两百万美元的租赁合同。阿拉斯加管道公司对此很满意，尼奥吉的评价则更高，他称这台猪是"一座梦幻的圣杯"。

然而，这台猪还需要进行更严格的校正。在阿拉斯加各个泵站的管道里，它发现了一百五十多处内部缺陷。一旦这台猪带着所有数据在瓦尔迪兹出现时，分析师就会利用这些数据对"智慧猪"的缺陷感知算法进行修正。

对于"智慧猪"，尽管尼奥吉十分喜欢，但还是因一个缺陷而无法成为最理想的检测器：他们无法确保"智慧猪"不会被卡住。

在全世界各地的管道中，各式各样的猪曾被排水管堵住，被半开的阀门卡住，被支管或三通管件顶住，被碎屑挡住，被低头拦住，被减径管和弯头截住，以及像在 TAPS 上那样——被排气管吸住。如果一台猪撞上了前方的一台猪，额外的压力会让前一台猪的减震圈绷得更紧，就像一只软木塞那样。如果减震圈就此脱落，石油会从周围流过，而猪则留在原地，就像漩涡中的爱斯基摩小艇那样。

被卡住的猪会越堵越紧，唯一的解决办法就是将其逐步解体。猪也可能在急弯头处卡住，就像在不列颠哥伦比亚地区"智慧猪"的电池发生爆炸一样。同样，因为一台猪被卡住，加拿大吉斯通（Keystone）管道曾被迫关闭。在海底输油管道中，卡住的猪会成为极为严重的问题，而冬季北冰洋上被卡住的猪，其严重性仅次于此。

在猪和管道之间，经常会发生一些神奇的事件——猪从管道中出来时，内部外翻。圆柱形的猪成了球形，还有一些掉转了方向。一台三十六英寸的"泡沫猪"抵达目的地时，内部居然还藏着另一台。四台三十六英寸的钢制猪——原本每台都有四英尺长——像一列火车一样头尾相连地出现，但整体长度却缩短为原来的75%。更常见的情况是，猪成了一堆堆碎片，被一把扫帚扫出来。有时，一台猪只有前半部分抵达目的地，后半部分失踪了，有时甚至全部失踪。有一台"智慧猪"被卡住长达九个月，随后突然"醒来"，并完成了剩下的旅程。康诺克石油曾在 1972 年将一台六英寸的猪放进一段三十英里的管道中，直到 1996 年才抵达目的地。

然而，被卡住还不是最糟糕的情况。在被天然气推动时，猪可以很轻松地将管道撞裂。在高压空气的推动下，猪的速度可以达到每小时一百七十英里。当它以此速度前进，或是以此速度的一小半前进时，它就无法急转弯了，相当于在管道中横冲直撞。曾有一台猪在一段二十英寸粗的管道中撞出一个新出口，还有一台在经过一段长长的下坡后，在底部砸出一个洞。1995 年底，一台"智慧猪"

在进行测试时，卡在了巴特尔（Battelle）公司的俄亥俄测试环里，制造商的工作人员自作聪明地放入一台推动猪，希望将"智慧猪"推出去，最终不仅没有达到目的，反而因为发热把猪给点燃了（管道内当时只有空气），最后测试环也发生爆炸，两台猪毁于一旦。巴特尔公司——一家非营利研究机构——随后起诉了猪的制造商。

在运行过程中撞出洞的可不是只有两台猪。有一台六英寸的猪撞开接收装置的门，一头撞在五十码开外的铁丝防护栏上；有一台四十英寸的猪由于速度太快，把一扇三千磅重的门撞出近三百码，并砸中了一辆汽车；有一台四十八英寸的猪冲破了钢制格栅，又撞穿后面的一间小棚房，最后滚进一片树林里，一名目击者声称事故现场看起来就像被龙卷风袭击了；有一台"泡沫猪"从接收器中崩了出来，砸到三十码外的砖墙上；有一台冲到长达八百码外；还有一台来得克萨斯州，虽然飞行距离只有前一台的一半，却砸穿一面墙砸进一间卧室中，房子主人说这间房"看起来就像前线战场"。实际上，管道里运行的猪就像是一架巨型加农炮里的炮弹，由于对这场战斗的估计不足，不少检修人员都遭遇不幸——被刺穿或斩首。在一段二十英寸直径的管道中，为了将卡在其中的一台四十五磅重的"清理猪"拆除，一名新墨西哥检修人员差点死于非命。当他打开检修口的一瞬间，在 250psi 压力的推动下，这台猪以每小时九十英里的速度撞向他。他的颅骨和脖子骨折，肘部脱臼，手掌则被压碎。调查人员在检查落到三百英尺开外的猪时发现，猪上面还留有受害者的一段两英寸长的臂骨。不过，他最终还是活了下来。

这也是为什么在阿拉斯加，工作人员在决定放置"智慧猪"之前会那么谨慎的原因。一旦它被放入管道中，大家就只能祈祷，因为根据阿拉斯加管道公司的经验，接下来一定会有很多事情发生。

在这条跨阿拉斯加的管道里，这些猪就算避免了所有故障，也还有可能被检修口挂住，或是被球阀卡住。1978 年，一台猪在 10 号泵站损坏，到达瓦尔迪兹时已成一堆碎片；次年，一台猪在 158 英里处被卡住，整整一个月没能往前移动一步；1984 年的某个周五，一台"智慧猪"卡在了泵站的 15 英里处，工作人员因此郁闷极了——他们不想听到任何有关猪的消息，也不想处理这个问题——直到过完周末。当它们抵达瓦尔迪兹时，精炼油的排气管就像是鲨鱼，给它们留下了长达八英寸的牙印。此外，发射器也可能会被吸走。2000 年，当一台"智慧猪"通过 467 英里处的一只阀门时，把阀门底座带到了 524 英里处，随后跟上来的"智慧猪"又将底座推到了瓦尔迪兹。2006 年，一台"清理猪"在 7 号泵站的管道中解体，其中一半被减压阀吸了进去，另一半却一直向下流去，成了一台"幽灵猪"。自 1984 年起，阿拉斯加服务公司在每一台猪上都安装了发射器，在将它们送入管道后，采取一切措施避免它们被挂住。

合格的"智慧猪"专员

144 英里处

在 TAPS 的所有泵站中，坐落在布鲁克斯山脉北侧山谷中的 4 号泵站称得上是最梦幻、最离奇的泵站了。它的海拔最高，为 3200 英尺，与其他泵站相比，它更像一间滑雪度假小屋。通往这里的道路总是被冰封，或者坑坑洼洼，或者被一些漂流物覆盖。山峰上的山脊看起来宛若大乔拉斯峰。因为多功能建筑间的两个附属装置，4 号泵站显得非常独特：它们分别是一座猪接收装置以及一座猪发射装置，这也使得 4 号泵站成了真正的休息站，至少从猪的角度来说是这样的。在普鲁德霍湾到瓦尔迪兹之间，猪只有在这里可以稍作休整。通过此次休整，尼奥吉也能够确定"智慧猪"的性能是否符合要求。在3月18日的清晨，"智慧猪"抵达了4号泵站。

尼奥吉（此时已经飞回北坡）和他的团队都待在这座狭长的建筑物里。在接收装置与发射装置之间是一片昏暗地带，几乎没有什么多余的工作空间。从贝克休斯公司赶过来的正是德温·吉布斯，他似乎一辈子都穿着同一件厚厚的蓝色外套。他曾在墨西哥、哥伦比亚和阿尔及利亚运行过很多"智慧猪"项目，他在采访中用浑厚的嗓音告诉我："还有一个国家是我想去的——澳大利亚，这也是我的既定日程之一。"他回忆起曾在韩国跟踪过一台"智慧猪"，当时它钻在一段深埋于稻田下方的管道中，蟋蟀的叫声与设备的声响极其相似，"我们根本不知道'智慧猪'在什么地方"。他很确信3月15日发射的这台猪会成功翻过北坡抵达4号泵站，并完成在阿拉斯加管道剩下的旅程。上午九点四十五分，当猪正式抵达时，吉布斯探测到它通过了最后一个阀门，并确认它平稳地落到接收器的预定位置上。

和当时在1号泵站的发射过程一样，十二名接收人员穿着特卫强防护服及工作靴，小心翼翼地走在由两层塑料膜和一层白色吸油板铺就的地板上。他们都有心理准备，知道猪现身时会污秽不堪。而在这些工作人员中还有一位新人——马特·科格伦（Matt Coghlan），他是贝克休斯的数据分析师，现年三十三岁，非常自信，来这里的任务就是收集数据，并确保猪的传感器状态正常。

两个小时后，4号泵站的技术人员关闭了"智慧猪"后面的阀门，排去淤积的石油，并打开管道终端的阀杆。他们用绞盘缓缓地"智慧猪"拉到发射架上。吉布斯第一眼看到它时，就深深地叹了一口气：

它浑身上下满是油污，但没什么石蜡。对此，他深感诧异，不过也稍稍放下心来。这台猪太过干净，所以其他一些承包商纷纷取消了蒸汽清洗的计划，因为抹布和几罐刹车清洗剂就足够了。尼奥吉说这台猪的干净程度是他从未见过的，可谓一大胜利，他的老板也深以为然。

这台猪的外观也保持得很好，杯罩、刷子以及探头都未损坏，所有附件也都没有遗失。在它的滚轮里，吉布斯发现了一处 3/4 英寸的凹痕，并确认这是猪进入凹陷处时造成的。"没关系，"他说，"还是不错的。"在他看来，这台猪的状态真的很好，甚至完全可以调转方向，将其送回管道里继续旅程。

于是，贝克休斯的职员与吊车操作员们一起将"智慧猪"提起来，移到发射架上。随后，4 号泵站的技术人员开始关闭发射架。此时，尼奥吉已经没什么任务了。几分钟后，当一名团队成员打开"智慧猪"后部——很像是猪的屁股——的一只小杯罩后，科格伦将一根 USB 线插了进去，另一头连着他的手提电脑，然后开始核查数据。他先核查了"智慧猪"的每个文件夹，确保工具系统没有遭受大的损害。文件夹很小，也没有出现什么错误，随后的数据下载花了四个小时。

在这几个小时里，尼奥吉时不时地踱着步子，瓦森则在一旁试图给他找点事做，这对他来说也是新的挑战。科格伦拿到数据后，就一刻都离不开他的电脑，即使需要补充体力，也会将电脑带到咖啡厅，而尼奥吉则像个跟屁虫似的寸步不离。尼奥吉从科格伦的肩膀后偷瞄着，不时询问着数据的事情。"随便告诉我点什么吧，一点就好……"大概就是这样的口气，他请求科格伦每隔一小时跟他讲一下新的情况。

电脑一直嗡嗡工作，而科格伦也没有休息过。他熬了个通宵，直到次日早上用完早餐，才告诉尼奥吉一个好消息：在 1 号泵站到 4 号泵站，"智慧猪"传回了 100% 的数据。虽说分析这些数据需要几个月的时间，但至少拿到数据了。

尼奥吉及其团队都感到一阵轻松，终于可以稍事休息了。尼奥吉飞回安克雷奇的家，跟家人共度时光，瓦森也回了家。与此同时，贝克休斯的团队还守在 4 号泵站，将"智慧猪"收拾利落。目前完成的部分还仅仅算是热身，接下来还有 656 英里。这条管道的长度是一般管道的二十五倍，比吉布斯运行过的最长管道还要长两倍，充满各种压力与挑战。就像尼奥吉所说的，一旦成功，它将会成为所有"智慧猪"运行的标杆。

我第一次见到尼奥吉时，曾经问起他是否为这台猪的顺利运行作了些什么特殊准备。他不假思索地答道：鱼缸。直到听他讲了一个月的故事，并且亲眼看到他的鱼缸后，我才真正明白他这句话是什么意思。

在乌干达的路嘎子（Lugazi），尼奥吉爱上了养鱼。在维多利亚湖北岸，他捕到了人生中的第一条鱼，并养在浴缸里。他当时还是个小孩子——用乌干达语说就是 Muindi——之所以会在乌干达，是因为他的父亲是一位土木工程师，因为工作需要而把全家迁到那里。后来他们又搬到印度的加尔各答，接着又去了孟加拉国，然后是肯尼亚的蒙巴萨和内罗毕，尼奥吉在成长过程中学会了适应不同的环境。

在路嘎子，尼奥吉的母亲坚持将尼奥吉送到乌干达最好的学校，即使那是一所女校。他在那里待了三年，成长为一个严肃而理性的孩子，直到一家人准备搬到迪拜。五年级时，他发现可以通过体育活动来交友，于是他广泛参与活动。他喜欢足球和羽毛球，直到现在还是如此。

当他随家人搬到坦桑尼亚和埃塞俄比亚时，尼奥吉已经学会孟加拉语、印地语，而且还学了卢干达语、乌尔都语和英语。此外，他还尝试学习斯瓦西里语。他学习的东西如此多，但唯一持续不变的只有科学与数学。

他有一位亲戚在阿拉斯加大学费尔班克斯分校任教，于是他去了那里念书。第一年的学习非常顺利，直到收到成绩单时——他的成绩不是 C 就是 D。由于他很会考试，因此对家庭作业毫不在意，但一位学校辅导员解释道，在美国，家庭作业不只是一种练习，也是必须要完成的。因为惨不忍睹的低绩点，他的奖学金申请也被驳回了。由于负担不起其他交通方式，尼奥吉只好骑起了自行车。然而，就在他开始骑车的六个月后，车座却被偷了，他只得继续骑着这辆没车座的自行车。当室外温度到了 4℃ 以下时，骑车能让他全身暖和，于是他就这么在费尔班克斯骑过了四个冬天。

最后，他甚至连饭都吃不起了。在一位朋友的邀请下，他参加了一场关于硅半导体的主题报告，因为那里提供免费披萨。当他注意到主题报告在开始前总会提供食物，便开始到处搜寻和参加这样的报告。他在学校的布告栏上搜寻着工程、生物、生化以及地球物理方面的演讲告示，然后过去一边吃东西一边听报告。从大学到进入研究生院的四年里，尼奥吉参加了至少一百五十场报告，比任何教职工都多。很多时候，他是唯一的出席人员，一边吃着免费的薯条、洋葱酱以及胡萝卜，一边听取报告。

他参加过航空学课程和喷气动力学课程，以及因竞争激烈而被淘汰的医药。他获得了化学与机械工程双学位，后来又获得机械与环境工程硕士学位。通过工程学院，他获得了一份研究燃料电池的工作。还是通过工程学院，他遇到了一位愿意与他白首偕老的女孩。尼奥吉当时正在教授空气污染的课程，看到一个女孩经过大厅，满面桃花。几个月后，他无意间又在一次派对中遇到了这位"西施"，但对方似乎对他没什么兴趣。深夜，他问起可否搭她的便车；而在回去的路上，他给她买了一支冰激凌以示感谢。然后他们一起去了镇上唯一的二十四小时营业场所——全世界最靠北的丹尼家（Danny's）分店，一起坐到了凌晨五点。他们第二次约会时，他在自己的寓所做了印度餐，而她注意到了他那个只有1.5加仑的小鱼缸，里面养着几条孔雀鱼，并认为："好吧，这其实挺常见的。"

婚后八个月，他把鱼缸升级到五十五加仑，接着更是达到了一百八十加仑。他们蜜月旅行去的是拉斯维加斯，住在幻景度假酒店——尼奥吉的太太之所以会选择这里，是因为看上了大厅里那个两万加仑的水族箱，长五十英尺，宽八英尺，里面足有上千条鱼。尼奥吉对此欢欣不已，他不赌博，不喝酒，也不抽烟，但每晚都会在水族箱前坐上一个小时，目不转睛地观察这些鱼：鲷鱼、鲨鱼、澳大利亚横带猪齿鱼、琵琶鱼等。鱼儿吐出来的水泡让他觉得愉快，还两次询问前台能否参观一下过滤系统，不过都被拒绝了。

和大多数闲不住的工程师一样，尼奥吉也总是忙个不停，但他也会设法休息。毫无疑问，水可以让他放松，但雪不会，所以他丝毫不懂滑雪。他不爱打猎，不爱钓鱼（他不喜欢用鱼钩钓鱼，不过他会用抄网捕捞）。在幻景酒店他也没喝酒，因为他从来都喝。他不允许自己有任何可能形成依赖的爱好：咖啡、酒精、香烟，以及飚车。他只接到过一次超速罚单，那也是因为他谈论"智慧猪"过于专注以至于忘了脚下的油门，没留神就被交警拍了下来。他承认自己在平衡控制方面非常糟糕，也曾有过很多爱好，比如摄影，但最后都兴趣寥寥，唯一的例外就是鱼。一旦看到鱼，他就会沉溺其中。回到费尔班克斯后，尼奥吉又把鱼缸升级到 240 加仑，然后是 270 加仑、600 加仑和 1000 加仑，不过对他来说似乎还是不够。尼奥吉说观赏鱼是一次冥想，可以让他抵御冬季的郁闷情绪，这种感觉让他很放松。当他听说我在阿拉斯加有很多空闲时间时，便建议我去苏厄德，也就是阿拉斯加海洋生物中心的所在地，在那里有三座超过十万加仑的水族箱，也是该州最大的水族展览馆。他对这个地方青睐有加，但喜欢的不只是其中的鱼和水，还有这里的管理系统。他懂得的各项技能刚好可以养鱼，技术性要求更高的宠物他就应付不来了。

在攻读硕士学位期间，尼奥吉收到了来自斯伦贝谢公司的邀请，这是得克萨斯一家著名的石油公司。于是他南下探访，但很快就回了北方，休斯敦对他来说太恐怖了。童年时期经历了太多搬迁，他希望在费尔班克斯稳定下来。他想象自己会成为一位教授，或是在北坡工作：上两周班，然后休息两周。2000 年，他的导师替他安排了阿拉斯加管道公司的面试，而他也顺利成为该公司完整性管理小组的一名工程师。在此之前他还从未考虑过锈蚀问题。

他本打算在春季的某个周一去费尔班克斯报到，但就在前一个周五，他的准老板给他打电话，告诉他需要在清晨五点起床开车前往瓦尔迪兹，因为有一台猪将要抵达。那是一台超声波猪，由日本 NKK 公司制造，该公司也曾承担过这条管道的轧管工作。在瓦尔迪兹，来自日本的工作人员叫他"巴斯卡桑"。这台猪抵达时完全被石蜡覆盖，因此也就没能获得足够的有效数据，他的工作经历由此起步：一台失败的猪。

在他担任工程师、工程协调员以及工程顾问的前几年——当时他还没有称这条管道为"宝贝"，没有关心这条管道胜过妻儿，也没有因为这条管道而心力交瘁——他尚有精力参加羽毛球比赛。在孟加拉国时，六岁的他学会了打羽毛球，后来还在乌干达国家队里打过比赛。他每周有六天都会打球，有时一天还打两场，并且还去迈阿密、波士顿、芝加哥和圣地亚哥等地参加比赛。他还教会了太太，两人也会搭档参加比赛，还双双进入 2005 年的锦标赛半决赛。他还和波兰国手彼特·马祖尔（Piotr Mazur）交上了朋友，请他住到自己家里。马祖尔一待就是三年，两人组建了一支男子双打队，很轻松就打到全国第三。

有许多次管道发生事故时，尼奥吉手上还握着球拍。2001 年10 月 4 日，当丹尼尔·卡尔森·路易斯（Daniel Carson Lewis）用大威力来复枪射穿管道时，尼奥吉恰好在阿拉斯加大学的巴迪中心打羽毛球。因此，当老板的电话打进来时，尼奥吉慌慌张张地跑到看台上接电话，然后放下球拍，回去工作了一整夜。一年后，一场突如其来的地震威胁到了管道的完整性，老板电话打进来时，尼奥吉还是在巴迪中心。

有一次，尼奥吉在夏威夷打羽毛球时结识了孟加拉裔音响设备大亨阿玛尔·博斯（Amar Bose），两人一见如故，成了好朋友。尼奥吉很钦佩博斯作为大富豪还能拒绝铺张奢华，称博斯是他所认识的最睿智的人。他试图邀请博斯参观管道清理工作，而博斯也尝试让尼奥吉参与音响研究，甚至还开出了二十五万美元的年薪，邀请他担任研发主管，这相当于博斯公司管理层的薪资水平。尼奥吉花了两天时间考虑，最后还是婉拒了。他希望自己能更自由些，想去哪儿就去哪儿，希望能闯出一条属于自己的路。我曾问过尼奥吉，如果买彩票中了大奖会怎么样，他的回答是上课，不停地上课：演化论、语言学、天体物理、生物工程、海洋学、鱼类学……直到永远。

2006 年之后，当英国石油公司在普鲁德霍湾泄漏了五千桶原油时，很多人都想聘用尼奥吉，因为他的同事都异口同声地称赞他是"超级天才"。英国石油希望能邀请他担任完整性工程师，康菲石油也向发出邀请函，希望他能担任公司的主管。每隔几个月就会有猎头找上门来——休斯敦的，丹佛的，芝加哥的，爱丁堡的，当然也有阿拉斯加的。在尼奥吉这里屡屡遭到拒绝后，这些猎头也会询问其他优秀的候选人，但真正合格的"智慧猪"专员真是少之又少。

巴斯卡尔·尼奥吉和太太有两个孩子。他们给儿子取名布里杰（Brij），两年后又生了个女儿，取名布里安娜（Brianna），一家人的名字首字母都是 B，于是邦妮在她的厢型车上挂了个牌子，上面写着"B 之队"。自从有了孩子，尼奥吉就不再那么喜欢打羽毛球了，反而捡起了足球。他在费尔班克斯组建了一支足球队，自己也参与其中，并五次夺得州冠军。这支队伍被称作"生锈的公牛"。

对尼奥吉来说，2011 年是艰难的一年。1 月，他的母亲未能熬过乳腺癌的折磨，在昏迷中逝世。同时，因为公司需要，他被派到安克雷奇。3 月，他开车载着那只一千加仑的鱼缸一路南下，直奔滨海的泥滩。他周密地计划了这趟旅行，确保氧气足够让鱼在旅途中生存八个小时。然而，在前往安克雷奇的半路，他那辆大切诺基的差速器出了故障。鱼缸里开始产生氨气，氧气也已经耗完。"我以为已经万无一失了。"他回忆道。他既没有氨气吸收装置，也没有氧气发生器，这段路最终走了二十个小时，那二十四条鱼——其中有几条已经养了十几年——只有四条活了下来。他的内心不只是悲伤，更感到痛苦，责备自己没有准备充分。

回忆起那一年，尼奥吉说："人能否成功，取决于他们对失败的态度。"他努力研究失败，因为他认为这是最好的学习方式。无论是体育活动还是学校生活，无论是和朋友相处还是观赏游鱼，甚至那些管道里的"智慧猪"，这些教训都是值得研究的课程。

在安克雷奇购置房子时，尼奥吉还有自己特殊的标准——他要判断地板是否能承受更大的鱼缸，是否有足够空间供他安装遥控过滤器，是否可以安装隔音板。就在安克雷奇的丘陵东侧，他终于找到了这样的房子。那栋房子的楼上铺着白色的地毯，有一扇巨大的落地窗，还有一个可以欣赏美景的阳台。地下室被分成两部分，其中一半装修成娱乐室，里面配置有跑步机、床和一台巨大的电视机，尼奥吉喜欢在这里看莱昂内尔·梅西（Lionel Messi）的足球比赛，而另一半就是养鱼的空间。

尼奥吉现在的鱼缸容量是两千四百加仑，长十八英尺，宽六英尺，深度达到三英尺，鱼缸壁采用了足足两英寸厚的亚克力材料。他请了一辆吊车才把鱼缸搬到家里，除了苏厄德水族馆，这大概是阿拉斯加最大的鱼缸了。在清澈的水中，十多条颜色各异的热带鱼徜徉其中——黄的、黑的、蓝的，价值数千美元。四台水泵每小时循环两万加仑的水。为了处理这些水，尼奥吉还建造了过滤器。他还将一个壁橱改造成鱼缸控制室，其中包含独立的通风设备，确保此处湿热的环境——谁能想到在安克雷奇郊外的这扇门后，北纬 61 度居然也能拥有塔拉哈西（Tallahassee）[1] 的气候。此外还有一个小一些的鱼缸，里面养着珊瑚，提供额外的净化系统。由于淤泥会阻塞连接鱼缸与过滤器之间的管道，尼奥吉每个月都会清理一次，他用的是两英寸的泡沫猪，这还是他岳父从怀俄明州邮寄给他的。

---

[1]　美国佛罗里达州的一座城市，此地属热带气候。

当他向我展示鱼缸时，水泵因为叶轮的阻力过大报了两次警。尼奥吉不得不把泡沫猪取出来，在醋里浸了一会儿，然后重新安装。不过他早已知悉此事，因为水箱是遥控的，各种传感器监测着 pH 值、氧气浓度、比重、臭氧、溶解氧、总溶解固体、温度，还有一些传感器测量着能耗、湿度、亮度以及是否渗水。通过手机，尼奥吉就能监控鱼缸：他可以调整亮度；如果断电了，备用电池会自行启动，而他能即时收到邮件；如果电力中断一天以上，备用发电机可以让他的鱼缸继续维持一周；如果鱼的探测器发现没有鱼活动，他也会收到邮件；如果温度在两个小时内变化超过一度，同样也会发邮件通知他。尼奥吉还安装了一台移动监测器，这样就可以看到看门人是否按照他的意思喂鱼了，另外还有一台摄像机也实时监控着他的鱼缸。可以说，尼奥吉在他的房子里建造了一座微型的三重冗余自动防故障泵站。

160 英里处

3 月 26 日，"智慧猪"在被清洗和重新校正后，再次上路。陶瓷探针已经换成其他不那么易碎的材料，电池也被替换了。尼奥吉确信技术人员知道需要多少石油才能让"智慧猪"移动，于是当天凌晨四点"智慧猪"按计划发射。他选择这个时间是为了让这台猪与前一台"清理猪"之间保持十二个小时的时间差，而且这样就可以在中午时分通过阿提根山口，在白天挑战第一道难关。

第一道难关是阿提根山口的漫漫斜坡，"智慧猪"在这里将不再被原油所束缚——此处也就是所谓的松弛流段——可以达到每小时九十英里的速度。在这样的速度下，传感器已经不能收集数据，而且很容易熔化或者解体，让"智慧猪"成为一台盲猪。如果真的发生这一幕，尼奥吉就不得不重新启动从 4 号泵站到瓦尔迪兹这部分的探测了，整个过程会造成数百万美元的损失。这样的事件过去也曾发生过，所以尼奥吉会感到不安，他可不想在眼皮底下再次发生这样的事。

阿拉斯加管道公司曾在汤普森山口脚下处理过松弛流段，就是瓦尔德兹的北边，这一流段持续了整整二十年，直到附近海登维尤（Heiden View）的居民开始投诉地面震动。震动时常会让他们从夜里惊醒，这是原油激流快速冲向山脚的油池导致的：这些石油就如同油管里流动的一挂瀑布。工程师们认为这些震动会威胁管道的完整性，也可能导致金属疲劳，并有一定可能导致管道出现裂纹。阿拉斯加管道公司注意到这一问题后，在瓦尔迪兹安装了一台回压控制阀，把松弛流段的界面向上推了一千八百英尺，但依旧没有达到山口的高度。在翻越楚加奇山脉时，这些原油仍会狂泻近半英里，就像刹车失灵的卡车那样。

阿提根山口翻越的是布鲁克斯山脉，其海拔高度几乎是汤普森山口的两倍。底部发生的震动迫使阿拉斯加管道公司在2003年时安装了套管——其实就是一根金属棒。由于这里没有回压控制阀限制从阿提根山口下泄的原油，工程师们只得指望一套复杂而高度协调的松紧式管道技术来引导"智慧猪"通过。

尼奥吉早在几个月前就设计了方案：预先在山口北侧的油箱里存上大量原油，又在"智慧猪"前方尽可能多地压入原油，这样北侧的油压就不会比南侧高出太多，同时阿拉斯加管道公司在原油中添加减阻剂，将多余的石油打到其他油箱中，并将剩余部分送回管道中。借助分流，公司还让窄点处的液压梯度发生变化，这样可以避免发生喷管问题。这是一道精巧的工序，经过液压工程师的评估和优化，并在阿拉斯加管道模拟器上测试过，在正式投入使用前，操作工程师还会进行擦洗,再由风险师进行评估。由于在这个工序中,实际油压可能接近管道最大允许压力,因此公司在操作前还需要征得联邦管道和危险材料安全管理局（PHMSA）的同意。PHMSA 是运输部的分支机构,跟阿拉斯加管道公司一样,都希望能够查清这条管道的状态,但是不得不谨慎。他们颁发了许可证,但同时也要求到现场监督。

这天早些时候,尼奥吉将"智慧猪"放入管道,任其向南漂去。在此处南方数百英里的地方,有一栋非常安全且没有任何标识甚至几乎没有窗户的建筑,阿拉斯加管道公司的一位操作员正在这里关注着这一切。操作员们的反应颇有些像飞行员,但他们并不惊慌。同样在这座建筑中,PHMSA 的监督员们也注视着同一个屏幕。屏幕上,"智慧猪"由一只粉红色的胶囊标志代表,上面标注着"030",意为 30 号猪。午后不久,它翻过了阿提根山口。一个屏幕明亮地闪烁着,说明泄漏探测系统已经掉线。通常原油的流速为每天 56 万桶,而此刻几乎达到了两倍。在一个显示管道液压状态的大屏幕上,黄色的曲线（真实压力）就快突破蓝色曲线（最高允许压力）了。在布鲁克斯山脉的后方,也就是山口下一点,三名工作人员正驻守在闸阀旁,预防出现故障或管道爆裂。尼奥吉则守在 4 号泵站,通过收音机收听管道的最新消息。

不过最后没发生什么故障。下午一点过后不久,尼奥吉打电话告诉老板:"一切顺利,压力只有 900psi。"他精神抖擞,因为压力恰到好处,在普鲁德霍湾到瓦尔迪兹之间的主要障碍都已扫清。为了庆祝,操作员和液压工程师举行了一场手撕猪肉盛宴。

在管道运行的最初十年,"智慧猪"并没有聪明到可以发现锈点,最初的"智慧猪"只是探测那些管壁损耗超过 50% 的部位。根据运行过"智慧猪"的工程师所说，它们"并不是很好用，基本发现不了什么问题"。而另一位阿拉斯加管道公司的工程师则认为："大量确实存在的锈蚀信号都不能被探测出来。"20 世纪 80 年代，"智慧猪"发现了至少两处可能发生泄漏的螺栓，终于为自己赢得了些许尊重。在那两处位置，四十八英寸的管道只剩下四十二英寸可供通过。在通过迪特里希河时，管道下沉了十五英尺，在发现此处螺栓有问题后，阿拉斯加管道公司立即派遣工作人员前往，当时的水温已经低于 19℃。通过对下沉管道两处漏点的调查，工作人员发现了锈蚀问题，同时也发现了"智慧猪"没有发现的问题。

1987 年春天，阿拉斯加管道公司运行了该公司的第一台高分辨率漏磁检测猪，由加拿大一家名为国际管道工程（IPEL）的公司研制。沿着管道运行，这台猪发现了十多处潜在异常。公司按图索骥，挖出了每一处异常，发现每处都存在锈蚀现象。次年，该公司又一次运行了 IPEL 的猪。对于 TAPS 来说，1988 年是个标志性的年份。1 月的一天，该管道的原油通过量达到最高峰，而在 6 月，公司举行了十周年庆典，此时它已输送了多达五十亿桶原油。这一年，没有猪卡在管道中，没有发现锈蚀并进行修复，也没有发生必须关停管道的紧急事件。"智慧猪"是在这一年的秋季运行，却改变了往后的一切。

在长达十三英里的记录纸上，分析人员确认，"智慧猪"一共发现了 241 处潜在威胁。实地调查人员确认了其中的 2/3，发现一些凹陷处都可以放进 25 美分硬币了。震撼之余，阿拉斯加管道公司请 IPEL 重新分析数据，不过第二次的分析结果更为糟糕：超过 400 处异常。"我们本以为不会有锈蚀的问题。"该公司当年的清理工程师说，

"但我们的认知被这台猪彻底改变了。"

在一阵喧嚣之中，1989 年开始了。首先是 1 月，阿拉斯加管道公司挖出了一段管道，并安装了三十只套管。接着到了 3 月，埃克森－瓦尔迪兹的油箱发生泄漏。然而对于清理过程，阿拉斯加管道公司却什么也做不了，如果硬要说有，那就是证明了管道运输相比于驳船的优越性——结果却提升了检修预期。6 月，阿拉斯加管道公司运行了第一台高分辨率超声波猪，由 NKK 公司制造，可以测量出 10% 的壁厚磨损。这台重达三吨的庞然大物由钛合金制造，杯罩被涂成红色，相比于 IPEL 的猪，精度提高了五倍，测量数据可以精确到毫米。与飞行器一样，它也有一个"黑匣子"，可以储存信息。NKK 派遣了五名工程师进驻现场，还给阿拉斯加管道公司的员工们送了些礼物。他们在 1 号泵站住了一个月，偶尔还在这栋多功能建筑里跳健身操。他们穿戴着绿色安全帽和制服，而穿入靴子的裤脚部位束了起来，用手语进行交流。在放入猪之前，他们先卷起一张神道教的祈祷文，放入"智慧猪"中，然后双手伏地跪拜并祈祷，阿拉斯加管道公司的职员也跟着做了同样的仪式。NKK 的猪也发现了数以百计的异常，这样总共已经发现了近千处毛病。通过对它们进行调查，阿拉斯加管道公司发现这其中的近 3/4 确实存在锈蚀问题，其中又有大约 1/3 的问题需要修复。锈蚀危害主要集中在阿提根山口两边的区域：其北侧的阿提根河下方，以及南侧的善达拉岩下方。到了 8 月，公司考虑替换掉阿提根河下的九英里管道。到了次年 1 月，由于不具备大修的条件，该公司挖出这段管道，加装了八十六只套管。在冬天进行这样的处理说明破损程度真的非常严重了。1990 年夏天，公司又一次运行了 NKK 的猪。阿拉斯加管道公司的一名发言人告诉路透社："管道埋在永久冻土里，其中有土壤和水分，所以出现各种形式的锈蚀问题并不奇怪。"尽管已经做了很多的防锈工作。鲍勃·豪伊特（Bob Howitt）是阿拉斯加管道公司的一名工程经理，他对《大众机械》（*Popular Mechanics*）杂志的撰稿人再三保证："这些锈蚀问题不会导致管道破裂，但有可能导致出现小孔。"同年秋天，公司正式替换了阿提根河下方的全部管道。

至此，阿拉斯加管道公司处理了 1989 年遗留下来的最后两大顽疾。首先是运输部的管道安全办公室告知阿拉斯加管道公司，他们计划每年巡检一次管道。"让我们吃惊的是管道生锈的程度。"在看过阿拉斯加的报告后，运输部管道安全主管乔治·腾雷（George Tenley）如此说，"我觉得没有谁会想到才几年就锈得如此严重。"12月，公司向阿拉斯加政府提交了锈蚀维修的账单。这涉及该州管道运营的收益分配方式：阿拉斯加州政府收取的原油税是要扣除输油管道运营与维护成本的。（阿拉斯加管道公司希望将运输费从每桶三美元提高到每桶四美元。）从这个角度来说，这条管道可不只是一台印钞机，而是一间印钞厂。在上交该州的收入中，石油工业比金矿业、渔业和伐木业加起来都要多。看着该公司提交的税单上那多达九位数字的运营与维护费用，阿拉斯加州政府非常不满：等一下，什么叫替换？为什么我们不能让这条管道持续运转三十年？他们提出反对，并认为这是管道公司"操作不当"导致的。这应该是最不可能出现的争议，就像你不可能想象，以色列人会抱怨上帝提供的甘露太少一样。但是诉讼就这么发生了：阿拉斯加州政府起诉了阿拉斯加管道公司。

州政府的首席检察官道格拉斯·贝利（Douglas Baily）清晰而完整地表述了他的不满，并对一位记者说："他们告诉我们，他们的监管系统已经是最先进的了，所以才会发现这些问题。但我们无法接受，因为锈蚀不是今天才发生的问题，他们肯定可以采用其他技术。"当贝利在华盛顿特区深入调查时，恰好又听说了这方面的事。美国国家公共电台于是空中连线了 NACE 的公共事务主席——和蔼而有耐心的凯文·加里蒂（Kevin Garrity）。加里蒂也是一家名为"CC技术"的小公司的合伙人，对锈蚀问题非常有研究。这位首席检察官很快联系上加里蒂，次日后者就坐上飞往阿拉斯加的航班，还带上了他的同事库尔特·罗森（Kurt Lawson）和尼尔·汤普森（Neil Thompson）。

在几周的时间里，加里蒂、罗森和汤普森都在评估阿提根的锈蚀破损是否属于正常的磨损和脱落，而最初的结果是否定的。因为加里蒂的公司经常为石油企业服务，所以他们的意见值得注意。实际上，当时 CC 技术公司正在为美国天然气协会以及管道研究委员会做着大量工作，而后者的创建人也正是 TAPS 的运营商。在同意为阿拉斯加服务后，加里蒂和合作者在雪地中画了一条界线——他们的其他工作都已经消失。他们已经对石油工业构成了威胁。

当他们在西雅图公布初步调查结果后，对于后续进程，联邦能源管理委员会批准进行全面的司法调查。在接下来的三年，加里蒂、罗森和汤普森在另外九名成员的协助下，对 TAPS 的锈蚀问题进行了调查。他们检验了涂料，测试了阴极保护系统，检查了阳极钝化系统，并收集了锈蚀发生区域的土壤与水样。阿拉斯加管道公司的很多人对此充满敌意，这让工作变得更艰难：管理人员不允许他们进入现场挖掘检测，其他人也不予配合，州政府只好诉诸法庭。加里蒂回忆说，当时的情况"颇具争议"，而罗森则觉得是"相当不舒服"。除了管道，他们还依赖阿拉斯加管道公司提供食物、住处和通讯——也就是一切起居设施。至少可以说，他们当时处于相当不利的境地。

这些锈蚀研究人员逐渐提出了阿提根河区域的锈蚀成因假说：管道下方尖锐的石灰石（而非砂石）使管道外侧呈螺旋形缠绕的胶带出现脱落，同时由于这些胶带的材料恰好是聚乙烯，阴极保护系统的电流被隔绝，因此不能保护管道，水分接触到钢铁后发生了水、钢铁以及氧气相遇后的反应。

阿拉斯加管道公司之所以会在管道上缠胶带是因为涂料并不完美，联邦政府也建议公司视实际情况调整。当时的涂料是一款型号为 Scotchkote 202 的环氧树脂，于 1965 年进入市场。这与用于易拉罐内涂层环氧树脂是同款。1972 年，该树脂的一个明显问题被发现——在低温状态下会开裂。而到了 1974 年，黏度不够的问题也被发现了。由于缺乏附着力，阿拉斯加管道公司一纸诉状把这一产品的供应商 3M 公司告上法庭，索赔二千四百万美元，以弥补其三百万磅涂料造成的损失。由于公司不想把这些涂料全部刮除，所以他们便询问运输部及内务部是否可以用另外两种产品进行覆盖，即罗伊斯顿的"绿线"（Royston Greenline）与瑞侃公司的"Arcticlad Ⅱ"。对于这一调整需求，两个部门都给予了肯定答复。"这并不是明智的选择。"罗森说道，"就是补了一层创可贴。我想他们肯定觉得这样做有用，但我不觉得他们经过了深思熟虑。为了处理失败的涂料，再用别的涂料去覆盖，这给今天的问题埋下了隐患。"

罗森依稀记得，他们在水门酒店一场为期一周的行政会议上公布了调查结果，这本来应该是在华盛顿某个会议室进行的。阿拉斯加管道公司认为海水是管道生锈的罪魁祸首，这些管道从日本启程被运送到美国的途中，就已经开始生锈了，而这还是它们被涂装、焊接并埋入地下的前几年。他们还提出，阿拉斯加管道公司有世界最先进的设计、最完善的工业标准以及最顶尖的清理程序。当然，他们也承认，在工程快结束时，公司也曾赶过工期。不过那也是因为 1973 ~ 1974 年间的石油危机：定量配给、原油紧缺。整个国家都迫切需要这条管道尽快建成。

调停人只用了十分钟就作出了决定：阿拉斯加州政府可以起诉。调停人认为，这样做可以更好地审视这条管道，更多的州和联邦监管机构可以合作组建联合管道办公室。同时，调停人还要求阿拉斯加管道公司在接下来的两年聘请 CC 技术公司担任技术专家。几位腐蚀专家离开后到"劲舞螃蟹"酒吧喝了个酩酊大醉。

回到阿拉斯加后，加里蒂团队改变了他们的形象。阿拉斯加管道公司明白，他们其实也希望这条管道能够运行三十年。于是对于TAPS，他们着眼于将阴极保护系统变得更可测，而公司也为此投入了数千万美元。他们建立了一些概率模型和有限元素分析，用来推测锈蚀可能发生的区域。他们将自己的预测与"智慧猪"获取的数据进行对比，发现完全吻合。罗森告诉阿拉斯加管道公司不必再运行"智慧猪"了，不过这其实有些夸大其词。罗森说："它们确实可以推测，但科学的检测可以让这条管道更有保障。"他们的工作态度还是相当实在的。

CC 技术公司不断壮大，最终被挪威的巨头公司 DNV 收购。加里蒂认为，在他的工作生涯中，为 TAPS 服务是最有意思的经历之一，后来他还担任了 NACE 的主席。"我常跟人讲，如果你需要我们的帮助，那我们肯定会全力支持，但你总是不找我们。如今回头看看，所有的研究都没有白费，管道也变得更安全了。"与此同时，尽管阿拉斯加管道公司与阿拉斯加州政府签署了一份谅解书，宣布他们会共同应对锈蚀问题，但双方仍然饱受折磨。美国审计总署认为州政府的监管层过于自满，而阿拉斯加管道公司也对管道的防锈维护作了不实际的保证。于是，位于华盛顿特区的美国上诉法院撤销了这个案子，并要求阿拉斯加州政府自行承担这一账单，该州由此元气大伤。

450 英里处

在布鲁克斯山脉以南，这条管道蜿蜒起伏，时而钻入地下，时而又探出地面。穿过善达拉岩后，管道缓缓下沉到迪特里希河谷，接着从犬牙交错的黄色石灰质峭壁下穿过。它穿过了纽提尔维克溪（Nutirwik Creek）和科约克图乌克溪（Kuyuktuvuk Greek）；它穿过了苏喀克帕克山，像内兹佩尔塞人（Nez Perce）那样绕了过去；它穿过了淘金之地，穿过黄金溪、金块溪、金矿溪和富矿溪；更多时候，它穿越的都是狂野荒原，穿过了绵羊溪、狼崽溪、奶牛溪、麋鹿溪、豪猪溪、灰熊溪、河鳟溪……这简直就是野兽的地盘。乌鸦造成的威胁更为严重，它们会啄开管道的保温层，水就会乘机渗入。阿拉斯加管道公司花费了数百万美元，在保温层的裂缝处缠上绑带，但乌鸦却"持之以恒"，让工程师们无计可施。

这条管道迤逦穿过科特福德——与其说这里是个城镇，还不如说是冰天雪地中的一座货运站。它穿过北极圈，然后穿过一片被烧焦的森林，一排排树桩像香蒲一样铺在地面上。在此西侧的山峰很像是科罗拉多的沙瓦奇山脉，高耸于林线上方。山的南侧是白杨树，北侧只有积雪。狭窄的山谷中遍布着云杉，平坦的山脚下则是红柳。

在育空河北边，管道跨越了一片宽阔的不毛之地，颇有些像穿越怀俄明州的 80 号州际公路。沿着这条大河，管道蜿蜒进入逐渐变绿的森林，高大的白杨树很容易让人想起科罗拉多高原。在宽阔的河面上，管道借助一座桥跨了过去。接着在靠近费尔班克斯的地方，有一百英里的管道都是在起伏的山峦间曲折盘旋。工作人员整整跟踪了六天，"智慧猪"才通过这段管道。尼奥吉（再次回到了安克雷奇）不时获得最新信息，而当"智慧猪"逼近费尔班克斯时，他也来到了这座城镇。

这一天暖和得有些反常，尼奥吉穿着一件丝质的绿色衬衣出现了，下身的棕色裤子没有系腰带，颜色也显得不是那么协调。他手上还戴着一只亮闪闪的手表。也许是刚下飞机有些疲惫的缘故，他的神色有些慌张。此时，他还没有听到"智慧猪"通过的声音。

他带着团队成员在自己最喜欢的泰式餐厅吃了午饭。吃饭时，尼奥吉问瓦森是否注意到一则新闻：埃克森美孚公司的神马管道（Pegasus pipeline）发生了泄漏。三天前，当"智慧猪"通过325英里处时，位于阿肯色州五月花小镇的神马管道泄漏了五千桶原油。而再往前十一天，雪佛龙公司位于犹他州的一段管道泄漏了六百桶原油。尼奥吉对于其他管道发生的意外总是格外关注，自2006年起，他就已经是美国机械工程师学会管道规范委员会的一员。因此，他也可以了解到发生在澳大利亚、俄罗斯和印度等地的管道事故——这些地区的执行标准也更为宽松。于是，我问起他上述泄漏事故的一些细节。

"你知道，我的终极目标是预防泄漏。"他说，"幸运的是，在我管理期间并未发生过这样的事故。但我们还得提高注意力，花费更多资金，发展更尖端的技术，因为我希望永远都不需要通过泄漏事故去获取这些，但事实就是这样。"接着他又说，要想分析出这些事故的根本原因并确保阿拉斯加管道不会面对同样威胁，其实也是件很头疼的事。

饭桌上，尼奥吉在手机上点开一段视频，发给大家观看。在这段视频中，一块超疏水涂料就像企鹅的毛皮一样将水排开。尼奥吉说他想把这种材料应用在阿拉斯加管道的"智慧猪"上，看看能否防止石蜡的覆盖，让清理工作更容易。他希望能在 2016 年前实现这一点，也就是下一次"智慧猪"运行的时候。回到镇上，尼奥吉和他的团队记录下了这一技术，并基于同样的技术，提出其他一些有关"智慧猪"的改进方法。他想将汤普森山口的一些管道替换成更厚的材料，这样就可以在这一段收紧管道。他还想安装一些新的阀门。他还没有构思出具体的维修方案，但已经在考虑此事，而这可能需要花费数百万美元。届时，阿拉斯加管道公司将会采用无人机监测管道，不过预防泄漏还是比发现泄漏更重要。尼奥吉最想做的，还是在 9 号泵站安装一台全新的"智慧猪"发射器以及接收器，这个三千万美元的项目将会在 2015 年展开。通过新建设施，原有的两段式运行可以增加为三段式，他的团队成员也可以得到更多休息。如果成功了，那这一次也将是原有模式的最后一次运行。

当"智慧猪"即将通过费尔班克斯时，阿拉斯加管道公司的公共关系小组早已准备就绪。通常在"智慧猪"运行的这段时间，由于公司的货车总是川流不息地工作，管道泄漏的传言也会甚嚣尘上。手机铃声此起彼伏，《费尔班克斯矿工日报》(*Fairbanks Daily News-Miner*) 的不断宣传也会让情况变得更透明。但这一次，当"智慧猪"到来之时，却没有引起大家的注意。

"公众对于管道事故的容忍度很低。"尼奥吉后来解释道。他指出，每天都有超过一百人死于交通事故，但很少会成为全国性新闻——但只要有一人死于管道事故，我们就必须在华盛顿举行听证会。在神马管道泄漏前两天，一辆十四节车厢的货运车在明尼苏达州脱轨，造成四百桶原油泄漏——但新闻标题所用的字号却要小得多。尼奥吉说："其他部门都不会像我们这样责任重大，随便一次泄漏都可能造成十亿美元的损失。"事实上，还有一次泄漏事故的损失五倍于这一数字。"如果我失误了，公司将面临超过十亿美元的问题：公司形象、清理成本以及在阿拉斯加的地位。"他说，"如果我没能把工作做好，比如我在岗位上打了瞌睡，它可能会危害到整个州，会威胁到股东，威胁到整个工业，甚至威胁未来的勘探。"对于所有与跨阿拉斯加管道有关的人来说，最后一项都是关系到生死存亡的问题。

管道变成大冰棒

随着 TAPS 原油运输量的逐年下滑，清理工作变得越来越难。当流速不足每天四十万桶时，收紧阿提根山口的管道就成了不可能完成的任务，因为在 1 号泵站，控制人员在他用光应急空间之前，也就只能储存那么点原油。这个时候，阿提根山口的松弛流段将会超过三英里长。当流速进一步降低到每天三十五万桶以下时，"清理猪"的"滑动因子"将导致它难以有效地对管道进行刮除。为了让石蜡保持浆液状态，在"清理猪"的前方流动，分流设施便成了必要装置，而这又导致推动"清理猪"前进的动力不足。阿拉斯加管道公司需要更高频地运行"清理猪"——就像这次清理方案中的高频率——这让控制人员高度紧张。

与此同时，顺着石油一起被带入管道中的微量水分也会析出，并在管道底部形成一层单独的流体。在管道上有十几处低点，这些低点积累起来的水分会开始结冰。如果发生了这种情况，检查阀门就没什么效果了，"清理猪"也可能会卡住。当流速为每天四十万桶时（2020 年的预期流速），一台猪抵达瓦尔迪兹时，大概可以推出长达 1/3 英里的水来。阿拉斯加管道公司正在寻思采用一种新型的"智慧猪"来排水，因为水也会导致管道生锈。诸多复杂因素掺杂在一起，再加上较低的流速，让控制人员探测漏点的进程变得更加困难，但这还不是最糟糕的结果。

2011 年 1 月 8 日八点一刻，1 号泵站的一名技术人员在升压泵房的地下室发现一摊油迹，看起来并不是很多。这是从一段被水泥包裹的管道中渗出来的，所以维修变成了一件难事。公司立即关闭管道，并迅速调集了两百名工作人员抵达普鲁德霍湾处理这一突发事件。一天，两天，三天……管道依旧处于关闭状态。

公司的半数员工都参与了对此事的应急处理，很多人还都是夜以继日地工作。管道中的原油停止流动后很快就冷却了，当时室外的温度低得可怜。就像站在机场中央的行人一样，有两台"智慧猪"就这样被困在管道中：一台靠近费尔班克斯，另一台则位于汤普森山口。到了第四天，考虑到修理工作不知何时才能完成，阿拉斯加管道公司向 PHMSA 申请重新开动管道，而后者也批准了这一请求。之所以要这么做，是为了防止管道结冰，同时避免石蜡在猪的下游沉积，因为冰块和沉积的石蜡可能会引起一连串灾难性的后果。费尔班克斯附近的猪被困在南方七十英里处，位于 8 号泵站的阀门之间；而汤普森山口的那一台则被困在瓦尔迪兹，最终被拉了出来。在这次临时启动之后的第三天，也就是第一次关闭后的一周，工程师们在漏点外新建了一条回路，并宣布管道已经可以重新开启。当时负责操作的工作人员对此事记忆犹新，称自己差点就亲眼见证 TAPS 成为一根长达八百英里的大冰棒。

这便是阿拉斯加管道公司处理过的最大危机。石油产量的连年下降意味着"清理猪"的派遣频率需要增加，操作流程也变得更复杂，对猪的智能化程度以及耐久性要求也更高，维护预算也在增长——

但相比于拥有这条管道，这些问题都不算什么。北坡的原油会在零下9℃时发生凝胶，这时原油的黏度陡升，成为一种与流沙相仿的触变性流体，泵机也将无力推动。无论什么缘由，比如说断电，一旦石油在管道中停留的时间太久，再碰巧遇上一个错误的时间点，那么这条管道还真有可能变成一根大冰棒。2011年1月的这次事故，原油温度降到了零下4℃，危险可以说迫在眉睫了。阿拉斯加管道公司的前任总经理曾告知国会，按照2015年的流速判断，一旦这条管道在冬季里关闭九天，也就可以宣布这条管道寿终正寝了。如果原油形成凝胶，那将没有任何办法挽救局面，与这种威胁相比，爆炸和泄漏事故都显得微不足道，游戏将会彻底结束。这一切都是因为，无论是对于阿拉斯加州政府、阿拉斯加管道公司还是阿拉斯加人而言，在波弗特海与楚科奇海上开采石油的这一难题都相当重要。这些钻井平台向阿拉斯加的管道注入石油，居民们也因此享受着每年的分红，而州政府则通过特许经营和税收获得数以十亿计的收入，用以支付本州的各项预算。不过现在摆在他们面前的问题是阿拉斯加的长远未来。如果有人能够在短期内扭转石油产量下降的趋势，避免让管道变成大冰棒，那么跟这条管道相关的完整工程师大概都可以睡个好觉了。

在此期间，如果TAPS因为某种原因发生泄漏，而公众又不予谅解，远离海岸线的钻井平台再迟迟供不上油，就足以宣告管道彻底报废了，这也是尼奥吉在提起未来钻探风险时所暗示的问题。严重的泄漏可以让波弗特海和楚科奇海的原油供应延误二十年之久，这条管道也许就此终结，这对阿拉斯加而言就是灭顶之灾，对于其他四十九个州也没有任何好处。可见，这条管道的前景不容乐观，尼奥吉和他的同事们正在承担着极度危险的工作。

就在"智慧猪"离开 1 号泵站的前一天，内务部秘书肯·萨拉查（Ken Salazar）说，壳牌石油在 2012 年开始对阿拉斯加北部沿海地区的勘探"搞砸了"。而就当这台猪来到 4 号泵站之时，壳牌的海上钻井平台"库鲁克号"（kulluk）正在被保驾护航，准备跨过太平洋接受维修。而在"智慧猪"离开 4 号泵站前，阿拉斯加州议会以十一票赞成、九票反对的表决结果通过了一项法案，同意对石油工业减税——这涉及未来十年里的数十亿美元的收入——从而确保石油生产还能保持活力。尽管没有批准免费开发，但议员们还是让勘探北坡变得更有吸引力。而所有这些工作的潜在价值都在于维持跨阿拉斯加管道的完整性，如果做不到这一点，那就意味着谁都没办法获取石油。

阿拉斯加管道公司过去常常羞于谈起公司面临的挑战，如今却自揭伤疤，向每一位愿意聆听的人倾诉他们的故事——这是在寻求同情、理解和帮助。公司总经理破例允许我进入公司采访，我还跟随他会见了《费尔班克斯矿工日报》的记者，谈论石油产量缩减的问题，其中提到了一项有关"极低流量"的新研究，而这一研究报告也已经公布在公司的网站主页上。在给华盛顿的智囊团汇报时，他采用了一个很有创造力的类比：当流速低于每天七十万桶原油时，他将其比作"加油线下方的量油器"，在场的每个人都再清楚不过，驾驶一辆缺油的车是什么感觉。但事实上，这条管道的流速已经多年没有达到每天七十万桶了。

每一位阿拉斯加管道公司的员工——不管他们是更喜欢瑞秋·玛多（Rachel Maddow）还是比尔·奥莱利（Bill O'Reilly）[1]——都

---

[1] 两人均是美国的电视政治评论家。

希望石油产量多多益善。阿拉斯加的联邦监管人员也是同样的感受：他们不是管道的敌人，当然也不是石油的敌人，而且即便抱有一些偏见，也不会很固执。只要管道的操作员可以坚持最低标准，他们就是管道的支持者。所有人都担心俄罗斯的石油企业会抢在美国公司之前夺得在北冰洋采油的有利地位，并怨恨那些政客不允许他们在北极国家野生动物保护区内采油——这一区域蕴藏了大量石油，足以让管道的运输量提升三倍，供下一代使用。至少有一位监管员说起，不知道当我可以领退休金的时候，还能不能看到这条管道继续运转。托德·丘奇（Todd Church）是这条管道运营部的经理，就在安克雷奇那座没有标志的大厦里工作，他说当他接受现在这个职位的时候就已经预见到石油产量下滑引发的挑战，但他当时还是相信石油产量足够让他的事业延续下去。

如果阿拉斯加管道公司不能获取更多石油，那就要开始做最坏的打算了。就在 2011 年 1 月关闭管道期间，7 号泵站采取了加热管道中的石油的应急措施。如今该公司正打算在另外四座泵站也添置加热系统，这可是一笔不小的开销；同时公司还将在管道提升段安装更多的隔离设施。他们尽全力争取康菲石油公司高山油田的输油订单，而在此前不久，他们还在考虑将原油和液化天然气进行混合，因为北坡的气储量巨大（有三十八万亿立方英尺）。然而费尔班克斯石油发展研究实验室研究这一领域的一位专家发表论文称，向原油中添加液化天然气会提高石蜡的生成温度，降低原油的稳定性，从而促进沥青质的沉积。在管道壁上覆盖石蜡是一回事，覆盖沥青质则又是另一回事。沥青是"极不受欢迎"的成分，尽管这位专家没有说明原因，但大家都心知肚明。因此他们接下来要做的事情就是研究添加沥青质稳定剂的可行性。

阿拉斯加管道公司的技术人员坚持认为，真正的问题并不是机械性的（即流速可以降到多低），而是财务性的（即原油生产商何时会认为在北坡的钻井项目是划不来的）。这些石油公司会开始思考，与其继续在北冰洋里用真金白银打水漂，还不如去其他地方碰碰运气，毕竟他们要对股东负责。到那时，阿拉斯加最新这一次发生在石油帝国中的纠纷就该是本州对阿拉斯加管道公司诉讼的最后一起案子了——州政府反对该公司将十多亿美元用于"战略重组"，说白了就是低流速的应对方案。在管道上投资的每一分钱都意味着不能进入州政府的金库，但在阿拉斯加管道公司看来，如果再不调整，管道就将不复存在，2011年1月持续一周的关闭事件也许就是最后一次警告了。

549 英里处

到了费尔班克斯以南，清理工作开始渐入佳境，通往管道的道路铺得很不错，工作人员也不再需要雪地履带车跟踪"智慧猪"，卡车就足以胜任。在北极地区，当管道在市郊的发展区下铺就，跟踪"智慧猪"的工作就会变得容易些。在越过一间低矮的平房后，本·瓦森将车停了下来，路面上满是积雪。他在此处安装了一台检波器，然后在路上来回走动，连卡车门都忘了关。远处走来一名当地居民，戴着羊毛帽子，穿着粉红色的防雪服，身后跟着一只金毛猎犬。如果她的金毛这时候在路边排泄，瓦森便可以通过无线电监听到。瓦森发现他这一周都在沿线追踪，而他向尼奥吉和公司高层汇报的最新情况总是一样的内容："跟踪每天每夜都在持续……控制中心持续提供着完美支持。"

在接近500英里处时，管道与道路间的距离比较远，因此负责跟踪的人员就放弃了，结果整整半天，没人知道"智慧猪"在什么位置。

所有人都在祈祷它不会被卡住，幸运的是，在愚人节后的第二天，"智慧猪"出现了，状态良好。

当"智慧猪"抵达 549 英里处时，它只比前一台聚氨酯"清理猪"落后九个小时。瓦尔迪兹的工程师们希望这两台猪之间保持足够的缓冲空间。他们还记得 2000 年 1 月那一次处理缠在一起的猪是多么困难，他们不可能同时接收两台猪，最后第二台猪就跟橡皮泥一样被挤入一段直径十八英寸的管道中。瓦尔迪兹的工程师们也不希望"智慧猪"在"清理猪"刚好抵达瓦尔迪兹时就从汤普森山口上冲下来，因为他们担心由此产生的冲击可能触发泄压阀，并导致"清理猪"被吸进去。因此他们决定把两者之间的时间差调整到十八个小时，这也就意味着需要将"智慧猪"扣在 9 号泵站半天。这一下就打乱了瓦森的日程，当然也让尼奥吉颇为不悦。在这更长的等待时间中，他担忧石蜡会堆积得更严重，只祈祷这不会造成什么影响。

就在"智慧猪"留在 9 号泵站期间，安大略一辆运货火车的第二十节车厢发生脱轨，倾洒了四百桶原油。在旧金山，吉斯通 XL管道的反对者们正聚集在一起示威："当我喊油管时，你们就要一起喊杀戮！油管！杀戮！油管！杀戮！……"要是在阿拉斯加有人敢发出这样的言论，大概会被扔出去喂熊吧。

两天后，"智慧猪"来到了伊莎贝尔山口，管道在此处通过阿拉斯加山脉。这处山口相对平缓开阔，和阿提根山口的难度不可同日而语，于是在 4 月 5 日，"智慧猪"顺利地滑了下去，这也意味着，3/4 的旅程已经走完。同一天，壳牌石油公司一段位于得克萨斯州西哥伦比亚的管道发生泄漏，损失了七百桶原油。

20 世纪 90 年代，阿拉斯加管道公司的清理技术一直都在不断提升，所用的"智慧猪"也越发智能化。NKK 的第二代超声波猪安装了 512 只转换器，每只都能在一秒内完成 625 次检测。利用这一工具，公司发现并修复了几乎所有在建设过程中造成的凹痕和变形，这些也是所谓的初级损伤。还是利用这一工具，公司在 1994 年还发现了 300 处接头的生锈问题。当公司向运输部汇报问题时，运输部要求该公司每年都要运行这台设备，直至找到终极解决方法。美国政府的《联邦公报》上出现了一句很有冒犯意味的声明："设计未能避免所有锈蚀的发生。"阿拉斯加管道公司遵守了义务，在 1996 年、1997 年和 1998 年，连续三年都运行了超声波猪。

1996 年，阿拉斯加管道公司开始在一个专用的大型数据库中存储"智慧猪"传回的数据，这也让腐蚀工程师们得以对比锈蚀随着时间推移而发生的变化，判断生锈是否严重，同时也让工程师们能够对比不同"智慧猪"的参数特性。1996 年，时任公司完整性经理的艾尔登·约翰逊（Elden Johnson）与其他几名腐蚀工程师一道——其中还有一位叫史蒂芬·罗斯特（Stephen Rust）的博士——在 NACE 发表了一篇论文，对公司在 1991～1994 年期间所运行过的超声波猪以及漏磁检测猪的性能进行了比较。从统计学的角度来说，最出色的清理工具还是超声波猪，但还远远称不上理想，它会遗漏一些锋利边缘、变形和褶皱处。1998 年，一台猪在 710 英里处发回报告，而公司在 2000 年对这个位置进行探查后，发现在管道建设期间留下了五处凿口，其中一处的钢损耗高达 80%。猪可以找到异常之处，却不能评估出严重程度。对此，联合管道办公室并不是很满意，称锈蚀控制值得"严重关切"，同时也是"很严峻的维护挑战"。

在 1994～1999 年期间，阿拉斯加管道公司根据"智慧猪"传回的警报，一共挖开了 165 处异常，其中只有一小部分需要维修。

相比于阿提根山口的危险性，这样的异常似乎只是小儿科。于是公司便向运输部申请是否可以降低运行猪的频率：从每年一次降低为每三年一次。运输部给予了肯定答复，并要求该公司在 2001 年再次启动。

随后，不断下降的石油运输量开始影响"智慧猪"的运行。第一次运行失败发生在 2001 年春天，那是尼奥吉上班的第一天，也是第一次需要重新运行。那台猪被太多石蜡覆盖，没有带回足够的数据。为了尽可能提高第二次运行的成功率，控制人员预存了最轻质最温暖的原油，以便用来输送这台猪。尼奥吉观摩了这次重新运行的全过程，这也成为超声波猪的最后一次嬉戏。自那以后，公司再也没能回收到一台不被石蜡覆盖的猪。

在改用漏磁检测猪后，阿拉斯加管道公司在 2004 年 3 月还是遭遇了同样困境，石蜡毁了整个任务。在预先运行了一串"清理猪"后，公司在两个月后再次放入漏磁检测猪，这一次总算得到足够多的数据。公司发现了三十五处值得注意的问题，都是 1998 年和 2011 年没有发现的，其中有些地方的管道壁已经损耗了 1/4 到 1/3。尤其重要的是，公司还发现了四处因金属生锈而形成的凹陷，其中有一处需要立即维修，但公司却忽略了此事，也没有通知 PHMSA，并且在长达一年的时间里都没有维修。事后，为了缓和与 PHMSA 的关系，公司向监管员承诺最迟在 2005 年秋天将会采用超声波猪再进行一次检测 [1]。

---

[1] 目前 PHMSA 的监管员更倾向于兼用漏磁检测猪和超声波猪的方式确保管道的完整性，两者结合可以最大程度上确保没有盲点。

四个月后，也就是 2006 年 3 月，外部因素又一次让事情变得复杂。由于严重的锈蚀，英国石油公司位于北坡的一段支线出现了一个直径约 1/4 英寸的漏点，五千桶原油顺着这个小孔流到了阿拉斯加的冰原上。英国石油的简写是 BP，所以阿拉斯加人经常开玩笑说，BP 就代表着 "大供应商"（Big Provider），出了这事后，他们便把BP 称之为 "破管道"（Broken Pipeline）和 "坏人"（Bad People），甚至称为 "官场混乱"（Bureaucratic Pandemonium）。阿拉斯加管道公司的一名员工说，他觉得英国石油运行的不是管道系统，而是喷油系统。和埃克森－瓦尔迪兹那次事故一样，阿拉斯加管道公司此次不需要承担什么责任，但还是引以为戒：应该重视锈蚀问题。在这件突发事故后，公司决定立即对 TAPS 再来一次 "智慧猪" 检测。

　　就在那年夏天，阿拉斯加管道公司举行了公司三十周年庆典，并宣告累积运量已超过一百五十亿桶石油，比当年的最大设想超出了 50%，这也让正在算 "智慧猪" 运行项目倒计时的工程部增添了信心。正式运行是在 8 月，在时间压力下，公司没有预先准备清理方案。实际上，在英国石油的泄漏事件之后，阿拉斯加管道公司在 3 月的大部分时间都没有进行清理。由于英国石油的油田被关闭，管道的日流量只剩四十五万桶，比 2013 年 3 月还要低。低流速让石蜡的沉积速度加快，让 "智慧猪" 的运行变得更艰难。在瓦尔迪兹，技术人员花了整整一周将石蜡从 "智慧猪" 身上清除，但发现还有20% 的管道没有被检查到。

　　9 月，公司再次运行了一台 "智慧猪"。然而这一次，在阿提根山口的松弛流段，由于猪下滑的速度过快，探头在碰到焊接点时被撞坏了。在接近山口底部时，这台猪停止了数据收集。2007 年 3 月，公司第三次运行这台猪——这一次获得的数据量也有限，刚刚够尼奥吉进行容差分析。

翌月，PHMSA 给阿拉斯加管道公司开出了二十六万美元的罚单，理由是 2004 年第二次运行的数据分析太慢。按规定，管道公司要在完整性测试后六个月内确定管道面临的威胁，但实际上那一次耗费了十一个月。公司提出抗议，列举了各项技术难题和因石蜡造成的电子仪器故障。PHMSA 随后将罚款降低至 17.3 万美元，但这仍然是该公司十年间接到过的最大金额的罚单。

2001 年、2004 年以及 2006～2007 年这几次失败清理工作的负责人是一位名为大卫·哈克尼（Dave Hackney）的工程师，他是一位虔诚的基督徒。早在 1962 年，他就已经从纽约来到阿拉斯加，在费尔班克斯学习采矿工程，并协助建造这条管道。1983 年，作为阿拉斯加管道公司质量保障部门的一员，他第一个自愿监督"智慧猪"的运行，并认为这是一份很有保障的工作。多年以来，他总是戴着一顶安全帽，自称"猪倌"。与很多挑剔的工程师一样，他也留着泰迪·罗斯福一样的大胡子，总是在衬衫的口袋里放一大把笔。他曾宣称将毕生所学传授给了尼奥吉，但如今他的名字却成了公司的禁忌。他最后几次运行"智慧猪"的经历令他名誉扫地，大家提起哈克尼的时候总是用"ILI 之前的工程师"来指代。2008 年，阿拉斯加管道公司聘来一位新的总经理，哈克尼很快被调离清理组，并在不久后就离开公司，当时他已经是六十二岁。"官方宣布我退休了"，他这样告诉我。后来，他把自己的老东家告到法院，双方在庭外达成和解，约定谁都不能批评对方，也不能再提起此事。哈克尼依旧忿忿不平，责备复杂的外部环境，责备"政客们不允许我们多打钻井才更多石油"，并坚持认为对于 TAPS 来说，"清理猪"的二次运行算不上什么失败（尽管多花费数百万美元），这是一种常态，更何况最终不还是取得了很多锈蚀数据吗？最后他留下一句"不管发生了什么，反正都已经发生了"。但无论如何，他对保护管道完整性的工作还是充满自豪感的。

尼奥吉对于哈克尼抱有一些同情心，但还没到认为他是受害者的程度。"谁知道里面会有那么多石蜡？"他说，"这不能说明我们失职了。"与此同时，他也没想到事情会以如此疯狂的方式结束。"这不是件小事，你需要思前想后，确保管道的完整性。所谓疯狂，就是说你需要一遍又一遍地做同样的事，却期待出现不同的结果。如果是我连续失败了三次，公司也会考虑找个更能干活的人的。我不认为这个过程需要计较个人得失，这是一件很重要的任务，公司需要确保万无一失。大卫、艾尔登和我都可以替换，但清理任务不能停。"

"2006年，我们学会了很多。"尼奥吉又加了一句。阿拉斯加管道公司学会了如何在输油量严重下降时运行"智慧猪"，而尼奥吉则学会了"欲速则不达"，这也是他从养鱼过程中学会的道理。

珍贵的数据

800英里处

就在"智慧猪"抵达瓦尔迪兹前二十四小时，尼奥吉正驾驶着太太的小货车——也就是挂着"B之队"牌子的那辆——前往瓦尔迪兹。之所以选择开车前往，不仅是因为他讨厌飞行，也是因为暴风雪席卷了阿拉斯加中南部的大部分地区，航班全部停飞。他必须赶到那里，所以无论发生什么情况，他都要走完这三百英里。最初在格伦高速公路上的一百英里异常难走，道路右侧是马塔努斯卡冰川和楚加奇山脉梦幻般的山峰，这些都淹没在白茫茫的积雪中。他开了三个小时才赶到尤里卡峰，情况总算有些好转。于是尼奥吉停下车开始吃午饭，此前他只是吃了点干果垫肚子。他穿着一件红色的 T 恤，披着蓝色外套，下身是绿色的运动裤，脚踩一双运动鞋。手上是一串金链子，一只大手表以及两枚戒指——他的这身装扮似乎不是在阿拉斯加，更像是在热带度假。邻近的一张桌子坐着两位雪地摩托车手，不时地瞅着他。

尼奥吉坐下来，对可以无限续杯的 25 美分咖啡视而不见，而是点了一只尤里卡汉堡，按他的发音就是"由-你-卡"。他翻开黑莓手机，发现有二十五封新邮件，其中一封告诉他最后一台"清理猪"刚刚抵达瓦尔迪兹，不过仍然停留在接收器中。他打电话给团队中的一名工程师："等清理工具出现的时候给我打个电话，告诉我有多少石蜡。"他几口把汉堡啃完，然后买了一包口香糖。对他而言，这就相当于香烟。

接着，尼奥吉又开了六十英里，来到格伦艾伦，然后右拐弯上了理查德森高速公路，这条路与管道平行，一路南下。他一边开着车，一边评估着这次项目，思考着各种突发情况：被卡住的阀门、直升机、循迹追踪、流速变化等。他说现在最应该注意的是，"清理猪"与"智慧猪"之间已经相差了二十一小时。也许是石蜡沉积导致这一结果，而这也是他不愿面对的。他用左手的拇指与食指比画画，说道："哪怕石蜡仅堆积了一毫米的厚度……"

他继续谈论着："我宁可管道里多点石油。石蜡累积的问题很麻烦，而且也没有什么理论科学能解释这事。"接下来他说的话就有些令人吃惊了："即使在工程学上，很多事情也是半神秘半经验的。"

在过了 700 英里处之后，天又开始下起雪来。尼奥吉认为自己心情愉悦。他说，即使"智慧猪"撞到了止回阀，有了杯罩对电子元器件的保护，这台猪也会安然无恙。他坚定地认为这台猪不会在支柱夹钳的下方发现任何锈点。"你什么都不知道，"他说，"你只能在自己知道的范围内做到最好。我对此并不担心，因为我已经完成前期的准备工作。也许这里或那里会出现点小意外，不过我已经准备好应付最坏的结果。还有什么地方可以做得更好？如果发生了什么计划之外的事，你可以举起双手承认，'好吧，这事责任在我'。"十分钟后，兰格尔山脉从东边云层的背后隐约露出来，尼奥吉问我是不是遇上冷锋了。酷寒并不一定是坏消息，因为比起湿土来，冻土从下埋管道中带走的热量更少。不管怎么说，当"智慧猪"开始运行的时候，尼奥吉还在想着"德尔塔 P"[1]，此刻临近终点，他已经在考虑"德尔塔 T"[2] 了。

距离瓦尔迪兹还有八十英里时，他正行驶在小通西纳河的沿岸，瓦森打来了电话，时间是下午 2 点 47 分。尼奥吉把车停到路边，打开闪光灯，开始和他交谈。尼奥吉这边的通话记录大概是这样的："喂，本。你已经收集到五桶石蜡了？……是的，不过这看起来还是有点多……前一台弄来了什么？……是硬蜡还是软蜡？……嗯……好吧……你没有拍点照片？……好的……好的……好的。"

挂断电话后，尼奥吉看了一眼后视镜，把车子又往路肩挪了挪，然后给老板打电话汇报最新情况。再次挂断电话后，他说道："这下

---

[1]　ΔP，一般是指物理量"压力差"。

[2]　ΔT，一般是指物理量"温差"。

好了，有点意外。"他承认他之前认为只会有两桶，接着又加以肯定："五桶其实也还好，至少不是四十桶。"没过多久，他接近了汤普森山口，在这里，跨阿拉斯加管道中的石油会下泄将近半英里，通过楚加奇山脉之后一路奔涌到海边。在这关键时刻，猪却再也无法获取更多数据，而尼奥吉则希望它的速度不超过每小时五十英里。接近山口时，他哼起了贝多芬的曲子，这也是我第二次听到他哼这曲子。

在瓦尔迪兹办理了酒店入住手续后，尼奥吉整个傍晚都在观看美国大学篮球联赛总决赛。接着他到镇上唯一的泰国餐厅吃了晚饭，那里也是唯一一处水族箱里有很多鱼的地方。晚餐后，他坚持认为自己可以睡好，很久以前他在参加羽毛球比赛时就已学会如何应对内心的焦虑，而最后一次感到紧张是在孩子即将出生时。他说他知道自己可能会是最大的输家，但他也已经作好了充分的准备。他说这就好像是已经看到了马拉松的终点线，撞过终点线是他现在唯一想做的事。他不承认越过终点会很兴奋，说："如果你想寻求刺激就别干这一行了。想想战争中的指挥官吧：他不能四处走动，不能为各种琐事大发雷霆，他必须冷静而镇定。"说完之后，他说自己必须回房间了，要跟妻子和孩子们打打电话读读书，然后睡个好觉——趁"智慧猪"还有十二个小时才抵达。

那一晚下了足有一英尺厚的雪，直到早上也没停。瓦尔迪兹航运站也许是太平洋上最靠北的不冻港了，但这一千英亩地区也是世界上最危险也最容易下雪的地方。积雪经常会深到淹没停车标志，甚至更深。雪坡和雪堤陡峭地堆着，有些地方还会隆起，就像冰塔一样；街道俨然成了一道道冰隙。有一年冬天，积雪厚达四十六英尺。雪堆从房顶滑落时砸破了阿拉斯加管道公司那座现代化玻璃幕墙办公楼的四楼窗户。为了纪念大部分管道建造人员而竖起来的雕像——

其匾文写着"我们不知其不可为"——也被深深埋入雪中，看不见也够不着。这天早上，整个站点的铲雪车与扫雪车都在轰鸣爬行，而在大楼门口，许多人也挥舞着铁锹铲雪。

而在办公楼里面，德温·吉布斯正披着他那件蓝色的皮大衣，坐在咖啡厅中享用早餐，这一天是他的三十六岁生日。"智慧猪"按计划将在一小时后抵达，因此他说："最好的生物礼物就是一台干干净净抵达终点的猪。"往上两层楼，和蔼可亲的站点主管斯科特·希克斯（Scott Hicks）穿戴整齐，正在大厅中踱着步子，手上握着一部黑莓手机，蓝领衬衣外面套着一件灰色的 V 领毛衣，他说："我希望它到达时还是一整块。"透过金丝眼镜，他眨了眨眼睛。十分钟后，负责将"智慧猪"从管道中移出的首席技师戴夫·贝内斯（Dave Benes）确认可以按照标准操作程序进行作业。他是个大个子，穿着一套牛仔工装，戴着公司的迷彩帽，留着一副充满自信的髭须和山羊胡。"该上场了，准备好迎接下一台！"他说道。尼奥吉此刻正全神贯注，几乎没怎么说话。

"智慧猪"的接收器就在山坡上一间叫作"计量东楼"的仓库中，外观被涂成棕黑色。大楼的北墙有一扇高大的舱门，旁边还有一扇可供成年人进出的生锈小门，门上贴着标语："危险：上方有人施工"，下方还有另外两条标语，分别是"此门常闭"和"请戴好安全帽"。大楼的东墙大概十英尺的高度，也就是刚刚露出雪面的位置，有一块橙色的小里程碑标志，上面写着"800"，管道的终点就在这里。

早上 9 点 05 分，舱门慢慢卷起，内部一些似曾相识的景象开始展现：一台黄色的大型龙门吊，一台红色的小型起重机，而在它们下面就是管道的终端。如果没有"终点"的字样，很难看出这里就是管道的终点——因为有四段细一些的支管从断头处接出，将石油送入站点中的十八座巨型油罐。经由这些油罐，石油可以被装到停泊在山下港口长达一千英尺的油轮里。这根断头确实就是管道的终点，被固定在水泥地面上，而它末端的出口前则是长长的两卷白色吸油布。白布旁边是一些衬有塑料袋的黑桶，这是用来装被推出来的石蜡的，总共有八只。地面下有一段被混凝土包裹的管道，其中就有 2012 年被吞进去的半台"智慧猪"，它被大家戏称为"西奥多"（Theodore）[1]。

上午 9 点 10 分，尼奥吉、瓦森和吉布斯从东门走进来。十分钟后，贝内斯和其他三名工作站技术人员身穿棕色的工作服，头戴安全帽，脚蹬铁头靴，戴着手套从舱门走了进来，其中一人的口袋里还插着把扳手，另外一人胸口扣着一部无线电接收器。"智慧猪"只剩下不到一英里了。

这一天是 2013 年 4 月 9 日，是"智慧猪"从 1 号泵站发射后的第二十六天。在这段时间里，瓦尔迪兹的白天时长延长了将近两个半小时。

9 点 47 分，"智慧猪"抵达。

上一次被人看到时，这台猪有十六英尺长。现在，没有人知道它是否已经损坏或被挤压过。"智慧猪"的截留区将近四十英尺长，但最后六英尺却是个死角。为了接收"智慧猪"，技术人员计划在截留区有石油流经的三十四英尺处就将其截住。将"智慧猪"截停之后，他们就可以借助流经它的石油将石蜡冲掉，然后改变石油流向，关

---

[1] 这个词常被用于名字，源于希腊语，意为"神的礼物"。

闭阀门，排清截留区并打开，将"智慧猪"拉出来。在截留区笼门与上升流末端的巨大球阀之间，可没有太多的空间。

为了让"智慧猪"缓慢现身（他们不希望把这台价值两百万美元的设备摔进截留区的笼门里），技术人员缓慢地打开大楼远处终端的另一台闸阀。当阀门逐渐被开启时，"智慧猪"后面的石油找到了一条替代路径，流入四条连通油箱的支线，只留下少量石油推动猪继续向前。跟踪"智慧猪"在管道中的最后一百英尺非常容易，放在管道上的螺丝会在"智慧猪"通过时掉落，而检波器则会捕捉到"智慧猪"的运动轨迹，接收器接收"智慧猪"发射器的信号。随后这台猪通过了球阀，进入接收器中——其实就是一段位于管道内部的管道——这时跟踪"智慧猪"就变得困难了。螺丝不再有反应，因为此时在它们和"智慧猪"的磁铁之间还有两英寸厚的钢片阻隔，发射器传出的信号也消失了，检波器上什么都显示不出来。技术人员继续扳动闸阀大概到1/4的位置，更多石油流过新的路径，"智慧猪"总算停了下来。不过它具体在哪儿，没有人知道。

吉布斯检查了发射器的信号，但什么也找不到，他感觉自己就是个瞎子。他见识过几千次"智慧猪"的接收工作，而这一次的复杂程度前所未见。他手上唯一有用的工具就是一台老式的高斯计，通过记录"智慧猪"磁铁周围的磁场，它显示出两个储罐之间的极性变化，也给了吉布斯一段六英尺的精确范围。瓦森用一台塑料的"童子军"罗盘检测出同样的反应。因此，他和吉布斯得出了相同的结论：这台猪停下的位置更靠近球阀而不是死角。吉布斯非常肯定它没有接触到阀门，但为了百分百确定，他还需要再有三英尺的空间。"你不会希望你的尾巴挂在阀门上。"他随后解释道。他从来没有关闭过"智慧猪"的阀门，也不想草率地这么做。

尼奥吉赞成他的看法，并想出一个推动"智慧猪"再向前一点的方案。他让操作人员在汤普森山口积攒了大量石油，然后快速释放下来。

当他们重新测定时，十几个人参与了这项工作。他们的结论非常一致：这台猪向前移动了十几英尺，正好滑到接收器中。吉布斯用随身携带的红色记号笔，在"智慧猪"磁铁中心位点的管道上画了一个很小的井号。通过一把卷尺就可以确认，处在这一位置的"智慧猪"已经远离球阀。11点10分，技术人员彻底打开闸阀。尼奥吉希望马上看到"智慧猪"，但他还需要再多等一会儿。午饭时间到了。

中午时分，技术人员关闭了接收器两端的阀门，把猪隔离在里面。他们关闭了舱门，打开通风系统，开始排空截留区。这时候大楼里至少有十四个人，是平时的两倍。瓦尔迪兹的工作人员负责排空石油，打开阀门，移除石蜡，再关上阀门。贝克休斯的技术人员和龙门吊操作员负责提升转移"智慧猪"。尼奥吉和他的完整性管理团队则显得有些碍手碍脚，就像一群焦急等待妻子生产的准爸爸，但这是他们的项目，他们必须在现场。

12点25分，技术人员穿上黄色的特卫强制服和口罩。12点30分，一名工作人员将一根绞车钢丝绳固定在出口阀门上。12点53分，他们靠近这扇门。一分钟后，阀杆上方的螺栓开始旋转，阀杆被渐渐打开。

管道的终端缓慢地从 O 形变成 (O)，再扩张成（O），这样才有足够的空间把其中的 O 搜出来。

12点58分，截留区的出口阀门开启了一条缝，然后停了下来。两名技术人员用电筒照进截留区，然后继续开门。四分钟后，门被彻底打开，时间似乎已经过了很久。

尼奥吉和其他人注意到的第一件事就是"智慧猪"没有被石蜡覆盖，后来他说这是"有史以来最干净的一台猪"，只收集到了五杯石蜡——是五杯，不是五桶。那些装石蜡的桶最后无用武之地，只好被空空地运走，而技术人员跪在地上，用抹布擦拭着这台猪。

与此同时，吉布斯更仔细地检查"智慧猪"。最初的一瞥之后，他感到一阵欣慰，因为这台猪没有被货运列车撞到，仍然完好无损。不过随着更仔细的观察，他发现了七个已经损坏的探头。他认为这是正常现象，但还是略感失望。在"智慧猪"的尾部，一盏蓝灯正在闪烁，这倒是个好消息——"智慧猪"还在记录着数据。四个里程轮仍在，这当然也是好事。吉布斯发现没有遗失的部件。不过半个小时后，他确定浮动圈——由两部分精加工铝片构成的昂贵零件，用于支撑传感器臂——弯曲了，就跟自行车轮卷成墨西哥煎饼的形状那样。这导致"智慧猪"身上一半的传感器都不再按照轴向排列。吉布斯对此感到很困惑，称之为"罕见的损伤"。

"智慧猪"被擦干净后，技术人员便收紧了绕在它周围的联轴皮带，并拴到头顶上方的龙门吊上。下午 1 点 39 分，他们把"智慧猪"吊起来，放到支撑盘上。贝克休斯的工作人员立即开始接收数据，连接数据线的是负责人阿莱霍·波拉斯（Alejo Porras），一个性格活泼的哥伦比亚人。一名工作人员在一只空油桶上放了个盖子，于是波拉斯就把他的笔记本电脑放到油桶盖上，将那根六英尺长的数据线的另一端插了进去。他开始下载多达 400G 的数据，大家就在一边等待。这时候，好多天没现身的太阳总算露脸了，但没有人注意到这一点。终点站的工作人员正忙着关闭截留区的阀门。

尼奥吉和他的团队回到了镇上。多数人都去午休了，但直到晚餐时分看起来还是不省人事。尼奥吉洗了个热水澡，并最终承认了两件事：一是他是早上五点就醒了，二是他已经疲惫不堪。当晚，美食与啤酒让这个团队重新焕发活力，但主要还是因为他们为已经完成的工作感到自豪。瓦森也因为他们不懈的努力感到开心，阿拉斯加管道公司的职员以及承包商们没有遭遇什么事故或意外（除了一张超速罚款单），也没遇到什么剐蹭或碰撞，连创可贴都没用上。他将其归功于阿提根山口南边的好天气，在啤酒的作用下，他打算玩到下半夜。尼奥吉——从来不参加庆功宴——也为他的团队完成这项漫长而艰巨的"智慧猪"项目感到骄傲。"我们所有人都只关注一件事，就像一支体育运动队那样。"他随后说道，但也因此有些忧郁。他同样为阿拉斯加管道公司与贝克休斯的合作感到骄傲，并且也为这个行业需要专业技术人员而技术人员也能找到趁手的工具而感到温馨。当天深夜，在一间烟雾缭绕的酒吧里，大卫·布朗往后靠在椅子上，摘掉他的黑色棒球帽，拨了拨自己的头发，然后重新戴上帽子。他抓起一杯百威啤酒，否认自己会在这次项目完成后就退休的传言。"我确实说过我不再做了，"他说，"但我还想继续。"

波拉斯大约在凌晨两点完成数据下载，存在一张黑色硬盘里，然后送到马特·科格伦在瓦尔迪兹居住的酒店房间。随后他返回终点站，开始向另一张硬盘里载入备份数据。他靠在椅子上打盹，但还是会时不时醒来确保数据还在传输。

在过去的几个月里，大卫·布朗开着卡车奔波了足足四千英里，因此次日早上他做的第一件事就是开车返回安克雷奇，赶往位于索尔多特纳的家中，准备歇上几个月。波拉斯在上午十点完成备份数据的下载。他把备份硬盘放在自己的双肩包中，并确保这个包不会离开他的视线范围。原始数据依旧存储在"智慧猪"的主板上，但波拉斯希望做到万无一失。

当天下午，随着天气变得晴朗，本·瓦森乘飞机前往夏威夷，准备在那里待上两周。在过去的一个月里，他每天都在太阳升起前几个小时醒来，然后逮到一切可能的机会补觉——如果时间允许的话。

周四早上，就在贝克休斯的团队离开之前，德温·吉布斯返回终点站，用他的红色记号笔将他曾在接收器上标记的井号改成了名片大小的加拿大国旗图案，他以前在澳大利亚之外的各大洲都这么做过。当波拉斯通过机场安检时，他告诉负责 X 射线检测的工作人员，他的硬盘非常敏感，请他们小心一些，毕竟收集数据的过程无比艰苦。当天晚些时候，这台没有命名的"智慧猪"被打包装入一辆卡车，随后被运回卡尔加里。

也是在周四早上，马特·科格伦完成了他的初次数据分析。他告诉巴斯卡尔·尼奥吉这台猪已经收集到管道 98% 的数据——这的确是近些年来公司最好的一次"智慧猪"项目。"我们恪尽职守，出色地完成了力所能及的工作。"尼奥吉如是说。阿拉斯加管道公司的总经理发来祝贺。尼奥吉感到一阵轻松，但他也注意到在汤普森山口的松弛流段"智慧猪"确实弹回了几英尺，并认为这可能就是探头和浮动圈损坏的原因。这也刺激这位完美主义者尝试解决这些问题，以便能够在 2016 年完成一次完美的运行。尽管此刻之后的一个月，他才有可能宣布只有很小的概率重新运行一次；尽管此刻之后的一年，他才能证实这些运行数据有效并给出好评，但他已经给老板发去电子邮件，提前表示这次运行"非常成功"。"这就是运动之美。"他说，"你有明确的启动时间和停止时间，谁是真正的赢家也都很清楚，但管道检测工作一般不会这样。"

尼奥吉直到周四下午才离开，但夏威夷不在他的计划之内。接下来的几周，他会招聘一些程序员，为 PHMSA 的检查作准备，然后前往卡尔加里视察贝克休斯为期四个月的分析工作——这也将决定在未来几年里，阿拉斯加管道公司需要挖出哪些区域的管道，花上四千万美元用于避免安桥、英国石油、埃克森、圣布鲁诺以及其他可以叫得上名字的公司所遭遇的灾难也发生在 TAPS 上。他会负责管道的完整性，这种责任心也令他到热带地区度假的计划泡了汤，最多也就是找点时间清理一下他的鱼缸罢了。届时，巴斯卡尔·尼奥吉——这位在终点站小镇唯一没有喝醉也没有因咖啡或香烟而兴奋的人，这位唯一没有心情去垂钓或滑雪的人——将会躲在酒店房间里，吃着香蕉，听着铲雪车清理雪堆的轰隆声，等待着数据。

10

在蛇油与劳力士之间

Between Snake Oil and Rolexes

锈蚀生意人

锈蚀商店的店长约翰·卡尔莫纳（John Carmona）曾经告诉我：“有些人会说，'你看，我这件东西不错，所以我想好好保养它'。我觉得正是这样的态度，才让我兴起开这家店的念头，我要把这些东西都修复好。”他在2005年1月开了这家锈蚀商店，当时他正好三十岁。刚开始的几个月，卡尔莫纳是在他位于威斯康星州菲奇堡的家中经营这桩生意，相关商品存放在车库的两个货架上，准备发出去的货品则摆到一张很小的折叠桌上。UPS快递公司会从他的前门将打包好的商品取走。当时，他只售卖四种商品：伯希尔德除锈液、伯希尔德T-9、易维补除锈剂（有两种包装尺寸）、山特福莱除锈擦（三种尺寸）。卡尔莫纳的生意发展得很快，因此很快就搬到了镇上的办公室。不到六个月，他的商店就有了二十五种商品——比家得宝（Home Depot）[1]的商品种类还多——同时也需要更多空间。于是，锈蚀商店很快便迁到位于麦迪逊的一座大楼，几年后又搬入了更大的办公楼里。接着又过了几年，卡尔莫纳的生意越做越大，到2012年春天时，他搬到了麦迪逊郊外的米德尔顿工业综合区里一间一万平方英尺的仓库。如今，他在那里销售多达二百五十种与锈蚀相关的商品，适用于工具、汽车、船艇等。他雇用了六名工作人员，其中包括他的妻子。他最近告诉我，市场对抗锈商品的需求稳定性远高于对橄榄球周边产品的需求，而后者他也有销售。

卡尔莫纳说：“从某些角度而言，它们的行业窄、规模小，但

---

[1] 全球领先的家居建材用品零售商，也是美国第二大家居建材用品零售商。

从另一些角度来说，它们却又用途广泛、规模庞大。它们可以用在一千多种不同的地方。"他的语气很平缓，说起来没有停顿，语速也不是很快。随后，他的声音逐渐降低，但还是再次尝试。现在他的精神不是很亢奋，语调更是慢得有些不正常，看上去不是神经紧张就是不知所措，更有可能是后者。"客户的咨询电话打过来的时候，"他说道，"你不知道他们遇到了什么问题，也许是个小物件，也许是大楼的一整面墙。"为了判断是什么问题，他经常会打断顾客，询问一些具体问题，比如：您打算去除这些铁锈还是想阻止它蔓延？这个物件需要润滑吗？在室外还是在室内？物件有多大？您需要的是厚涂层还是薄涂层？对外观有要求吗？

"锈蚀就是这样一个问题……"他的声音低了下去，"没有很多明确的答案。"但他了解自己的商品，然后尝试提供帮助。

卡尔莫纳的身材高大而瘦削，留着山羊胡，曾在威斯康星大学念过商学。大学毕业后，他在精普勒斯公司（Gempler's）担任销售员，这家公司提供覆盖中西部的农场与农业物资的产品手册。当互联网蓬勃发展之际，他转向电子商务。最初，他注意到锈蚀是因为他的两个爱好：修车与木艺。考虑到车子经常出现铁锈，他认为在威斯康星，锈蚀也是问题的一部分。（可以猜测他修的是福特车。）后来他的接缝刨与台锯的铸铁顶部也开始生锈。"我想，'如果我的两个爱好都需要解决锈蚀问题，那么肯定还有更多我不知道的领域也是如此'。"他说。他父亲是设计空调系统的工程师，母亲则是家庭主妇，两人都不是手艺人，所以卡尔莫纳完全是依靠自己钻研研究。

我第一次给卡尔莫纳打电话是在 2011 年"超级碗"开赛前一周，询问他是否收到了我发的邮件，其中问到很多关于锈蚀的问题。他回应说收到了，并告诉我他正忙着销售"奶酪头"（cheesehead）[1]，所以有很多事都忽略了，这也是他一生以来最忙的一段时间。我很好奇奶酪头和锈蚀有什么关系，因为即使是家得宝也不卖奶酪头。

卡尔莫纳解释道，除了锈蚀商店外，他还经营一家名为威斯康星杂货铺的商店，销售以威斯康星州为主题的商品，也就是奶酪头（传统奶酪头帽子售价18.5美元，墨西哥宽边帽售价20美元）。"这可以算得上一种爱好。"他说。他的杂货铺网站上罗列了十一种不同风格的奶酪头帽子，以及奶酪头衬衣、书籍，还有可以让后视镜保持清洁的装饰物。"我为这事都忙疯了。"卡尔莫纳继续说道。他介绍了他遇到的奶酪头麻烦以及最近的努力：由于全国性的奶酪头短缺，他为了能赶上这场绿湾包装工队（Green Bay Packers）[2] 将会前往参加的大比赛，从供应商的仓库里找出了每一只奶酪头。由于他的车只能装下一百只奶酪头——它们的个头实在是太大了——他考虑从友好公司（U-Haul）租一辆车开往密尔沃基。此时，一场创纪录的暴风雪正在袭击中西部地区，带来两英尺厚的降雪，致使扫雪车也无能为力，全国1/5的航班因此滞留，也威胁到他的行程。

他告诉我锈蚀商店是桩更大的生意，而且——他很幸运——那方面这段时间正好没什么事情，冬天已经完全降临。在这个冬季，锈蚀商店的订单主要来自东南部。直到全国其他地区解冻之前，除了奶酪头，卡尔莫纳也会忙着销售其他商品：磨具、羊毛袜、搅拌

---

[1] 威斯康星州盛产奶酪，奶酪头形象的周边产品是当地一大特色。

[2] 一支位于美国威斯康星州绿湾市的美式橄榄球球队，成立于1919年，是国家橄榄球联盟（NFL）中队史第三长的球队，也是NFL唯一一支非营利性质、由公众共同拥有的球队。

棒（用于搅碎鸡尾酒中水果的小木棒），还有啤酒帽，也就是用啤酒箱硬纸板制成的宽边帽。天气开始暖和起来时，卡尔莫纳就会向那些用着生锈铁锅的老奶奶以及阿拉斯加北坡的钻工售卖抗锈剂。很明显，这位狂热的中西部企业家过着一种刺激的人生。

南北各异的除锈方式

家得宝的锈蚀专家是辛西娅·卡斯蒂略（Cynthia Castillo）。作为新罕布什尔州一位手艺人的女儿，卡斯蒂略心灵手巧，已经在家得宝工作了二十年之久。早在念大学期间，她便去了圣地亚哥一家家得宝门店的涂料事业部工作。她相继担任过部门经理、门店经理助理和门店经理，而在她担任区域经理时，还在旧金山湾区开了好几家门店。她在家得宝认识了她的丈夫，后者在建筑材料事业部工作。如今，在位于亚特兰大的"家得宝航母"，也就是官方的"门店支持中心"，她正负责着全国涂料代理业务。为了管理几万个库存单位（SKU），家得宝雇了大约一百五十名代理商。卡斯蒂略负责其中的四百种商品，其中包括着色剂、涂料、底漆、防水剂、溶剂、清洁剂以及锈蚀转化剂和脱除剂，她从 2009 年起就开始负责这些商品了。圣诞节前几天，我在亚特兰大约见了她。当天早上五点三十分，她就起床了，心情也十分愉悦。

"我熟悉地毯，熟悉瓷砖，也熟悉帷帐。"她告诉我，"我的意思是，您得知道这一点，因为这是我们的生意，也就是提升生活品质的日常用品。"她当然也熟悉厨房，还有美国人处理锈蚀的习惯。

在卡斯蒂略看来，梅森－迪克逊线（美国南北分界线）也区分了两种不同的锈蚀处理方式。在分界线以北的美国人就是刷刷刷，"他们不停地刷漆，试图盖住锈迹"。而分界线以南的美国人则忙于清除铁锈和锈斑。"锈蚀的情况到处都是，"她说，"每一座城市，每一个小镇，每一户家庭都是如此。还有一些形式的锈蚀，它们会藏在墙后，或是在户外，人们无从知晓。"她也注意到不同的人对锈蚀的容忍度也有不同。男人们修理他们的摩托车时不容许上面有一点锈迹；农场主则不太在乎他们谷仓生锈了，甚至还会对这样的生锈外观感到赞叹。不过，卡斯蒂略不喜欢生锈，尤其是当它们出现在她家后院池塘周围的混凝土上时。

"很多人都会使用底漆，这能将一些锈迹盖住。"她说，"但通常来说，如果他们不刮除锈斑，锈蚀还会卷土重来——但他们还是会继续这么做，因为他们不想清理，认为这没有必要，他们只会使用底漆，这在短时间里还是有点帮助的。我的一些顾客不会按照说明书完成所有该完成的步骤，因为他们太着急了，所以我们的工作就是告诉他们这些风险。史密斯太太，如果你不清掉这些锈斑，只是涂上一层底漆或面漆，它们也许还会再回来。"听起来，她好像能和菲尔·拉里奇相处得很不错。

卡斯蒂略说："这也是我的同事正在接受的培训内容。如果他们不把这些事告诉客户，那么六个月后客户会很失望，因为之前盖住的那些锈迹又出现了。"

家得宝销售三种类型的防锈产品：抑制剂、转化剂和脱除剂，但并不是所有门店都会销售这些商品，比如说"蚀封"（Corroseal）就只在像佛罗里达州和五大湖区这样的滨海地区销售，而不会出现在堪萨斯州。当然，也不是所有门店都把锈蚀产品摆在同样的位置。在位于"家得宝航母"路对面的 121 号门店（家得宝在美国总共经营了近两千家门店），我请卡斯蒂略告诉我，或者试着告诉我，这些产品都摆在哪里。

不管进入哪家门店之前，卡斯蒂略都会先套上一件橙色围裙，就像销售助理那样。配上她那红色的指甲油以及几枚戒指和令人目眩的眼镜，这橙色围裙还是显得挺不错的。围裙前面印有一些白色的文字："您好！我是辛西娅，我信奉顾客至上。"围裙看上去很有节日气氛，整个门店也是如此。圣诞节即将来临，雪花、史努比以及驯鹿等装饰品从天花板的大梁上垂下来，进门的位置则摆满了待售的金箔、花冠、松果与浆果的篮子、胡桃夹子、塑料制的圣诞老人以及雪人。卡斯蒂略走过烤架、一品红、一排橙色的 5 加仑装铁桶、印有 NFL 商标的亚特兰大鹰队 1/4 卷促销装防水胶带（10 码，价格 6.97 美元），有个玩偶在她经过时发出嘟嘟的响声。广播中传来一通电话铃声，整个门店的工作人员都在为圣诞节而忙碌，刷漆季节——也就是我们熟悉的春季——即将来临。

卡斯蒂略径直走到 47 号通道（涂料区）查看锈蚀产品。她停在了一片堆满喷雾瓶、桶、袋子、罐子的货架前，其中装着的都是些针对各种麻烦事——油脂、泥垢、涂鸦、黏液、口香糖、胶水、杂质、尘土、水滴、树液、锈斑、锈点、磨损、"硬东西"、霉菌以及残渣——的化学制剂。这里的商品有"清渣者"（Krud Kutter，8 盎司装，1.49 美元），"黏液除"（Goo Gone，8 盎司装，3.48 美元），"一扫光"（Goof Off，4.5 盎司装，3.57 美元），"除尘灵"（Dirtex，18 盎司装，3.98 美元）以及莫岑博克公司的"发射"（Mösenböker's Lift Off，11 盎司装，4.99 美元）。只有四种产品与锈蚀有关，而且都放在与胯部或膝盖等高的位置，和壁纸清洁剂放在同一区域，上面落满了灰尘。卡斯蒂略领着我走过两条通道，来到位于涂料胶带与填料管之间的粘合剂区。在超强胶、木胶、接触胶、"液体铆钉"以及传统的"埃尔默"胶下方，她指向一款"乐泰海军胶态铁锈溶解剂"（Loctite Naval Jelly Rust Dissolver，16 盎司装，6.98 美元）和"乐泰广谱锈蚀中和剂"（Loctite Extend Rust Neutralizer，10 盎司装，5.67 美元）。它们都被放在同样不受欢迎的高度，消费者很容易忽视。我告诉卡斯蒂略，它们的摆放位置很可笑，她似乎有些惊讶。

卡斯蒂略在店长和副总裁中的声誉很好。在隔周召开的会议上，她总是会有新产品可以展示。这在制材部门来说并不多见，毕竟 2012 年的小模型和 2002 年的版本完全相同。然而就她本身来说，卡斯蒂略似乎并不知道她的小众产品都放在何处，至少带我参观时是这样。为了找出店里的其他除锈产品，她找来电气部门的销售助理帮忙——橙色围裙咨询橙色围裙。"你们有什么除锈剂吗？"她问道。

助理带着我们来到 14 号通道（五金），停在工具带和电焊设备之间，看着存放 WD-40 喷剂的货架说："我想，没有。"不过，在形形色色的润滑剂之间还是有七种可以预防、避免、渗透或消除锈蚀的除锈剂。卡斯蒂略直觉地认为一定还有其他什么地方藏着一些商品，便走到 33 号通道（水槽、淋浴器、浴缸和马桶）寻找清洁剂。像很多顾客一样，她还是找不到自己想要的商品。于是她只好找了另一名"橙色围裙"帮忙，然后被带到 37 号通道（厨房用品）。在那里，她发现了一些清洁剂，但没有一样是为锈蚀设计的。虽说也有"钢铁大师"（"让钢铁重新变得不锈"），但也仅此而已。此外还有"玻璃大师"、花岗岩清洁剂、灶面清洁剂以及洗衣机清洁剂。

我问卡斯蒂略这些除锈产品会不会从这些被遗忘和积满灰尘的货架转移到了更显著的位置，和电池、电工胶带以及卷尺一起放到了过道的尽头？她说从未听说过有此事。

除锈产品欺诈案

　　一些除锈产品在市场上获得重要地位之前，就已经被美国联邦贸易委员会（FTC）勒令更改或干脆从货架（无论是否积满灰尘）上全部撤下来。针对两款机油添加剂，FTC告知生产商停止进行它们可以减少发动机生锈的不实宣传。最著名的案例是价值600美元的车用阴极保护系统，由宾夕法尼亚州的大卫·麦克里迪（David McCready）销售。他将这套系统命名为"锈蚀捕头"，直到"灰尘捕头"起诉了他。他只好更名为"锈蚀逃逸者"（Rust Evader）、"电景"（Electo-Image）和"生态卫士"（Eco-Guard）。这一系统是挂在车载电瓶上的两个阳极。到了20世纪90年代早期，麦克里迪宣称，"锈蚀逃逸者"可以有效降低或避免汽车生锈的问题，这遭到了腐蚀工程师的否认。麦克里迪对此表示强烈抗议。为了回应俄克拉荷马大学一位腐蚀工程师的公开宣传，他给该校校长写信，而后者随后请这位工程师禁言。后来这样的场景又在凯斯西储大学重演。

　　在得州仪器公司，罗伯特·巴伯以安启动了几项实验研究。在实验室里，他在车门上刮出痕迹，并将"锈蚀逃逸者"系统连接到其中两扇门上。他将这些车门放到实验楼的屋顶和北卡罗来纳的海滩上。随后进行检查时，他发现无论有没有这套系统，车门的锈蚀状况都一样。在底特律实验基地，通用汽车与福特公司也在汽车上进行了同样的实验，发现"锈蚀逃逸者"毫无效果。随后，巴伯以安公布了他的结果。

　　"它没什么作用，"他回忆道，"这是个骗局，彻头彻尾的骗局。太过分了！""锈蚀逃逸者"的阳极电势太低，所以只能保护几英寸厚的钢板，并不能让整辆车子都远离锈蚀。"要想让这款产品有效，你得给整辆车每隔两英寸就装一个电极。"要不然就得在水下开车才行了。麦克里迪给得州仪器的总裁去信，声称巴伯以安胡说八道，但得州仪器选择站在巴伯以安这一边。

1995 年，在关注了顾客投诉并与巴伯以安沟通之后，FTC 决定展开调查。"他们通常在水族馆中演示，"FTC 一方的律师迈克尔·米尔格隆（Michael Milgrom）解释道，"我询问是否有人在汽车上使用并有效。"FTC 指控麦克里迪涉嫌进行虚假宣传，而当麦克里迪否认指控时，FTC 便开始准备对他提起诉讼。FTC 掌握了科学证据，巴伯以安说："我们不只是说说而已，我们有可靠的数据。"于是这一联邦机构问起麦克里迪有什么证据。

麦克里迪没有对这一证据要求进行回应。到了 4 月，由于害怕被索取民事赔偿或处以罚金，他的态度开始软化并答应和解。这一年夏天，FTC 告知麦克里迪停止以任何形式宣传"锈蚀逃逸者"可以有效预防或明显降低汽车生锈，同时如果没有真实、有力而可靠的科学证据，不得提出申诉。为了一劳永逸地解决此案，FTC 告知麦克里迪必须向消费者赔偿二十万美元，并告知他有五天的筹款时间，如果不能在这么短的时间里卖掉房子，他就需要立即先缴纳 20%，并给他六个月的时间筹集剩下的款项。

自此之后，麦克里迪搬到了亚利桑那州，接着又回来贩卖钟表设备，其实也就是腕表。他和妻子卖的手表最低 142.5 美元，而挂有迪沃斯（Davosa）和西望（WestWatch）品牌的手表售价则要高出十倍。根据他的网站说明，这些都是受到美国西部启发的瑞士手表品牌，在中国组装而成。网站上还有麦克里迪的照片，相片中的他留着一撮漂亮的胡须。他用了个 D. 弗里蒙特（D. Freemont）的笔名，最近还打算自费出版一本回忆录，介绍自己"不喜欢学院目的[1]和姿态"，还有他"对狭隘教条主义和局限观点的反感"。不过，回忆录中并没有提及"锈蚀逃逸者"。

当我找到麦克里迪时，我问他为什么不写这一段。他表示，这只不过是他一生中无足轻重的一部分。他说，FTC 的指责就是一个阴谋，其他产品实际上会加重锈蚀，那些拥有巨大影响力的政客希望麦克里迪不要干扰他们。"我不喜欢受任何人控制。"他如此说道，并说他甚至不想回忆此事，让我别再给他打电话，还提出我应该为占用他的时间买单。

二十五分钟后，他回拨给我。"那是我人生中很痛苦的一段经历，"他说，"简直如火烧心。我不想记起那种不好受的滋味，我的人生中还有很多比 FTC 和'锈蚀逃逸者'更有意思的事情。"之后，他祝福我的书可以顺利出版，并表示他还有更重要的事要做，便挂断了电话。

然而，"锈蚀逃逸者"并没有消失。在印度尼西亚，它以"新锈蚀逃逸者"的名称继续销售，并提供八年的保质期。在 Youtube 上一段毫无价值的公司宣传片中，虚假广告又提升到了新的层次，产品被说成是对"美国科技"的致敬。当我将"新锈蚀逃逸者"告诉巴伯以安时，他说："他们现在能避免掉被追责了，是因为汽车本身就防腐。你把这个系统装上去，然后他就说，'哇，你看，它真的棒极了，对吧！'但就算不用这个产品，结果也一样。"

---

[1] 原文如此。

回到威斯康星州后，咨询锈蚀的电话还是让约翰·卡尔莫纳感到震惊。每周都会有一个咨询者提出古怪的需求，咨询者可能是博物馆馆长、高尔夫球场的维护主管，又或者某个准备去卢卡斯石油体育场处理锈斑的人，那里是印尼安纳波利斯小马队的主场。在提及一位男子提出的涉及私人车道满是铁斑的问题时，卡尔莫纳打趣道："他老婆因为这事和他闹别扭，他正在竭力修补他的婚姻。"除此以外，这都是一桩很严肃的生意。

"我们不太可能接到很多社会名流的电话。我们的客户大多是中等收入以下的人，百万富翁们一般没有生锈的东西。我们的顾客非常诚实地表示他们需要帮助。"去除人行道上的锈斑，把工具、汽车和房子恢复原状，这些都是需要锈蚀商人的帮助。最近，他还接到一个电话，致电者希望有产品可以帮助修复产于南北战争期间的军用水壶。"不夸张地说，那就是一堆铁锈。"卡尔莫纳说道。是的，Youtube 的一段修复视频可以证实他的说法。

2009 年，就在奥巴马总统就职后不久，卡尔莫纳接到很多电话咨询如何预防枪支生锈的问题。因为有传言说——至少有些地方是这样的——联邦官员会敲开你的门收走武器。于是很多人决定把枪埋到后院，打算等奥巴马卸任后再取出来。这之前，他们需要技术支持，因此就给锈蚀商店打来电话咨询，卡尔莫纳很官方地回复他们。"我们不提供政治建议，"他告诉我，"但在这一事件中，我们还是建议不要将任何东西埋到后院。"他认为保险箱才是最好的去处，即便如此，他还是推荐了一款用于枪支的 11 盎司装罐装喷雾剂，也就是"科泰克锈盾终极户外锈蚀抑制剂"（Cortec CorrShield Extreme Outdoor Corrosion Inhibition，23.51 美元），以及一款针对润滑部位使用的 7 盎司装罐装喷雾剂，即"润滑油与阻锈剂"

（Lubricant&Rust Blocker，售价 10.99 美元），同时在枪支被埋到土里之前，还需要用塑料袋包好。持有大型枪支或很多枪的人们也可以使用科泰克的 5 加仑装产品。

　　"我刚刚收到一位女士的电子邮件，说她的粉红色衬衫上沾了一些锈斑——那是她最喜欢的衬衫。她很担心，因为之前已经试过很多产品，但都没有效果。于是我们告诉她，我们的产品有质量保证，她不太情愿地表示会试试看。一周后，我们收到她的邮件，说产品效果确实非常好。她又买了一件同款衬衫，现在她有两件最喜欢的衬衫了。"这件事让卡尔莫纳感到很开心。"我们卖的不是劳力士，"他解释道，"我们的产品不会进入圣诞节购物清单，卖出一加仑除锈剂也不会令人很兴奋。"所以，他会在帮助别人的过程中发现事业的意义，也乐于为人们提供建议。"我宁可诚实一些，也不愿做对人没有帮助的买卖。"另一方面，他希望无论用什么方式，都要将除锈产品送到全国的任何地方。对于小型企业来说，只要订单超过一千磅他都会安排配送。他已经接到过几千次电话，"现在当我打开地图，比如看到得州时，就会去了解这里的城市，或是宾夕法尼亚州的小镇"。

　　卡尔莫纳喜欢锈蚀。他收集生锈的东西，购买生锈的物品。他让朋友们从车库里带些生锈的物件给他。他们赠送了一些老式拖拉机的零件给他，并且好奇它们没生锈时的样子。为了增加参与感，他还利用商店网站举办了一场生锈工具竞赛。他有一个隐藏区，就位于仓库货架上的两个塑料桶里，里面装满了各种生锈的螺帽和螺栓，还有咖啡罐、滑轮、旧锯子以及生了锈的不锈钢，他将后者称为"一件真正的宝贝"。现在，他正在寻找一片生锈的铬。"如今和 50 年代不一样了，当时每辆车上都有铬，所以生锈的铬不容易发现。我有些朋友开摩托车，但他们不想让我检测他们的车。"卡尔莫纳从来不去拆解厂寻找生锈物件，因为那太容易了，简直就是作弊；但他会把工具留在车道上过夜，比如说一把锤子，然后练习将锈迹从锤子和车道上除去。他的员工也会如此练习，几乎用上他们销售的每一种商品。"每次除掉物品上的锈迹时，你都会获得更多知识。"他说。

或许帮不上什么忙，NACE 还是推荐使用氨、盐酸或草酸处理红色铁锈（三氧化二铁，即赤铁矿）。而处理黑色铁锈（四氧化三铁，即磁铁矿），他们则推荐醋酸或柠檬酸，不过也可以采用其他的试剂。

"理解我们这个行业的人主要有两类，"卡尔莫纳说，"一类人说这是世界上最伟大的主意，另一类人则不太理会锈蚀，认为这是自己听过的最奇怪的主意。你知道，如果你住在城市的公寓里，就永远都不需要处理生锈的东西。但如果你住在乡下或农场，或从事与汽车相关的工作，或是像我这样住在铁锈地带上，又或是住在海滨……这么说吧，我们倒是没多少亚利桑那州的顾客。"谈起锈蚀的生意，卡尔莫纳承认美国的大部分生锈问题是可以预防的。

在 2012 年度的腐蚀产品展览会上，卡尔莫纳没设立摊位，因为他不像一些大企业那样真正进入腐蚀行业。他是锈蚀界的强尼·苹果佬（Johnny Appleseed）[1]，是挨家挨户（或通过网络）推销除锈产品的销售员。除了专门修复工具的人员外，他的大部分顾客都只会光顾一次。他很少打广告，因为他的顾客会在需要他的时候找上门来，这样的经营模式很适合他。在这一行里，很少会有五金店雇用

---

[1] 名约翰·查普曼（John Chapman），在西进运动中，他克服万难，将苹果推广到美国西部各州，其事迹鼓舞了大批美国人，成为家喻户晓的人物，迪斯尼曾以他作为原型制作动画片《约翰·苹果佬》。

专业员工，最多就是阅读一下包装上的说明，然后考虑如何提供服务；而且，也没有一家店会拥有数百件不同的防锈产品，这个很小的市场看起来很稳固。"我们有很多迟疑的顾客，他们并没有错，"他说，"毕竟市面上有很多蛇油（snake oil）[1]。"

---

[1] 又称"骗人的万灵油"，贩卖者声称这种东西能治各种疾病，实际上毫无用处。

11

未来
The Future

亚特兰大奥格尔绍普大学的国际时间胶囊协会正在严肃地面对未来，他们持续而细致地登记了所有已知的时间胶囊[1]，并鼓励业余时间胶囊构建者也一起登记。他们搜寻线索指引九种最有需求的时间胶囊，而这些胶囊就像命中注定的那样，慢慢消失在历史长河里。最重要的是，他们就档案储存技术向时间胶囊的构建者推荐了一种很坚固的钢制保险箱，用于营造凉爽而干燥的空间，从而很好地保存工艺品。具体说来，他们会推荐一种被叫作"不朽100"的产品。"不朽100"是一种氧气吸收剂，用于构建低氧或无氧环境，最大程度地保存工艺品。这种产品的包装差不多是钱包大小，价格不是很高，因为它不过是在一个透气的袋子里装了些铁屑，上面贴上写了"不可食用"的标签。这一概念的原理是，铁会急切地与时间胶囊中的氧气进行反应，于是讨厌的氧气就不会再损坏其中的昂贵工艺品，"不朽100"自身也成为历史性的工艺品。50年、100年、500年甚至1000年之后，当我们的后代打开这些时间胶囊，他们会发现这些文件、资料或遗迹上记录了我们的文化、创作和成就。同时，他们也会发现这些装着氧化铁的白色小包都是一包包铁锈。在弄清我们的其他事情之前，他们会发现，氧气是我们的大敌，而锈是我们的瘟疫。

麻省理工学院对于物品长期保存的态度更为严肃。当概念艺术家特雷弗·帕格伦（Trevor Paglen）问起有关建造人类文明中存在最久的艺术品——发射到同步卫星里的一百张超大档案照片时，纳

---

[1] 时间胶囊指将现代发明创造的有代表性意义的物品装入容器内，密封后深埋地下，并设置一个在未来能够打开"时间胶囊"的时间，等到几十年、上百年甚至上千年后供那个时代的人们再挖掘出来研究。

米结构实验室的工程师们决定用纳米蚀刻技术将图像刻到硅晶片上，再将这一晶片放到镀金的五英寸厚铝盘中。我们知道他们为什么会选择黄金。被帕格伦称为"最后图像"的惊人之作中，有很多见证自然威力的照片：得克萨斯草原上的沙尘暴、佛罗里达的水龙卷、日本的台风、蒙大拿的冰川、巨浪湾（Mavericks）[1] 冲浪的小伙子。除了这些，还有列昂·托洛茨基（Leo Trotsky）的大脑、海拉细胞 [2]、中国的万里长城、埃菲尔铁塔，以及至少两组可以被识别的胡须。这个胶囊在 2012 年 11 月登上"回音星 XVI"卫星被发射。帕格伦希望这些资料可以支撑到公元 4500002012 年，也就是预估太阳爆炸的那一年。

承认吧，不朽物品并不存在

我向弗吉尼亚大学教授兼《腐蚀》杂志编辑约翰·斯库里问起这一领域的进展，他用一个比喻开始了回答："你知道在 19 世纪 50 年代每年大概有五万人因为锅炉爆炸而遇难吗？接下来出现的就是现代破坏力学了。"他指的是腐蚀沿着同样的轨迹产生。"一百年前，腐蚀被视为上帝的旨意。如今汽车企业会针对烤漆提供十年的质保期，但通用汽车并不会因为这样的保障而失去一切，因为他们很清楚在密歇根州这些漆可以延续下去。"他说，"消费者可以享受寿命更长的产品。如今的工程师拥有一些切实可行的制胜策略。锈蚀过

---

[1] 美国加利福尼亚州一处冲浪景点，本意为西部牛仔，苹果公司曾以此命名电脑操作系统。

[2] 一种具有不死能力的宫颈癌细胞，因最初从一位名为海拉的女性体内获取而得名。

去曾是'做与不做'清单上的考虑因素，处理起来全凭经验，但如今却基于科学判断。这几乎已经和其他所有领域一样，从上帝的旨意到科学理解，有点像医学领域。"

然而，根据 2011 年美国国家科学院的报告《腐蚀科学与工程的研究机遇》显示，这一领域始终没有明确定义，也没有被充分尊重，而这篇报告也有斯库里的贡献。受雇于私人机构的资深研究员们掌握着这一领域的大量知识，但推广普及却非常缓慢。像 NACE 提供的那些课程知识，对于主流工程师们来说远远不够。也就是说，应对腐蚀的工程师们对于自己不懂的事情还是不懂。他们忽视这一领域的大量科学文献，也不会去参加 NACE 或电化学协会主办的技术研讨会。腐蚀问题是一个跨学科的课题，因此多数工程师们在研究方面跟不上时代的脚步。根据斯库里的说法，很多人都戴着一副赛马眼罩[1]。因为这一问题的存在，工程师们一直在犯同样的错误。"我们仍然停留在作出反应的阶段。"他说。

有个工程界的笑话是这么说的：一位老人因为年迈，括约肌出现了一些严重的问题。为了减轻他的痛苦，医生和工程师们合作利用一种奇妙而昂贵的合金设计出一款植入装置。这个装置很好用，让老人多活了十年。在他死后两百年，研究者们挖开他的坟墓，却只找到了他的肛门。

这个笑话说的是过度设计。这个世界并不需要价值十五万美元的不锈钢或铂铬合金肛门，这纯属浪费。

---

[1]　在赛马过程中，给马匹戴上眼罩，马就会因为视野狭窄而只顾向前跑。

撇开镀金的太空铝盘不提，先问问任何一位工程师对于终极物品的理解。如果他足够诚实，就会承认终极物品并不存在。不管何时建造何种东西，我们都需要平衡材料的性质（强度、重量、延展性）和人为局限（成本、耐久性、可建设性、可修复性），科学或者艺术都在寻找这种合适的平衡，而这正是工程师的工作。成熟的工程师不会期望所有物品都完美无瑕。如果我们接受了不完美与不永恒，保养工作就变得可以忍受了。

就桥梁和管道来说，我们对于它们的外观还是相当挑剔的。不知为何，替换——尽管负担不起——总是比维修更有吸引力。巴斯卡尔·尼奥吉认为这个谜题可以追溯到美国文化的根源，认为美国人对于"男子气概"有着误解。对他来说，男子气概不是战斗力而是思考力。曾建议丹·邓迈尔开设腐蚀课程的腐蚀工业前执行官迈克·巴希，将这一处境归因于鲁莽。"我们已经成为一个鲁莽的社会，"他说，"你越有钱，就越鲁莽。"他认为所有的东西都会老化，但由此带来的损失不只是美元。"我们不能承受更多了。如果我们的孩子挨饿，这算不算道德问题？如果桥梁崩塌可能导致一车的孩子遇难，算不算道德问题？你不能把这些割离开来。这是道德与经济的双重议题。"他指出，你可以通过锻炼获得更好的身材，却不能阻止衰老。"对于腐蚀，"他说，"你不能让时光倒流，但可以让时间变慢。"

我们这个世界对于金属的利用规模是空前的，地球上每个人平均使用的金属已达到四百磅，为史上最高。就像很多哲学家指出的那样，文明程度越高，就越接近灭亡。我们的发展是否意味着某种类型的疯狂？

20 世纪 50 年代，当巴伯以安以腐蚀为课题撰写毕业论文时，腐蚀问题还只是罗彻斯特技术学院电化学课程中"非常小"的一部分，其他技术学院也是一样。对于过去的几代人而言，如果你问机械工程师该去哪里学习腐蚀知识，他也许会建议你去找土木工程师，而土木工程师又会带着你去找化学工程师，化学工程师建议你去找材料工程师，接着材料工程师带你找了电气工程师，最后电气工程师却让你找回最初的那位机械工程师。对于大多数工程师而言，他们关注的不是腐蚀，而是纳米工程、基因工程、材料工程和微生物工程。

长期在科罗拉多大学担任土木工程学教授的伯纳德·阿马德（Bernard Amadei）对这种情况感到十分无力。阿马德是国家工程学院的院士，也是胡佛奖章与亨氏奖的双料得主，并在 2012 年被国务卿希拉里·克林顿委派为美国科学特使。这位特别实际的砖匠之子声称，美国的工程教育很失败，因为现代工程的目标已经出现偏差。他认为我们正在修复一些我们并没有遇到的问题，而真正遇到的问题却被忽视了。他还认为我们如今是在把钱扔到零星的计划里，没有对它们进行完整的设计。阿马德对于美国人的独创性有着坚定的信心，尽管如此，他还是认为我们——也就是人类——有着设计上的缺陷，并质疑我们用工程解决问题的手段。"在博尔德，"他说，"孩子们读了混凝土（一）、混凝土（二）、混凝土（三）这些课程，但毕业后他们根本不知道怎么去配混凝土！他们这就毕业了，嗯，噗噗！"他说话不仅有着浓重的法国腔。"这真的很悲哀！……我们说自己是工程师，却与现实脱节了。"

"我的同事仍用 20 世纪 50 年代那套方法来教学，"他继续说道，"传统的工程学就是一种暴力。在河流上建个大坝，或是到那边挖一条运河，如果不成功，就再用力一些……土木工程师需要建造一些大家伙：我的塔比你的更大。"美国的基础建设状况被美国土木工程协会评级为 D，对此阿马德形容这就如同是建了些"技术废墟"。他以最近的一次火车旅行为例，乘坐阿西乐特快列车（Acela）[1] 的旅程不过一个半小时，结果晚点就有一个半小时。他给美铁公司写去一封投诉信，对方赔偿了车票钱。

为了让工程专业的学生能够脚踏实地，阿马德成立了一个"无国界工程师协会"。这一组织如今拥有超过 1.2 万名会员，参与了四十五个国家超过四百个项目——多数和水务或公共卫生有关。在蒙大拿州的乌鸦保护基地，他开设了一家公司，主要是利用当地的黏土生产煤渣砖。他还在阿富汗创办了一家公司，将废纸制成燃料。而在以色列，他给贝都因人传授如何用可再生能源制作奶酪。

阿马德也重新思考工程学院的教育情况。他告诉我说，他所见过的最好的课程不是他在科罗拉多大学教授的那些，也不是在斯坦福大学、麻省理工学院，而是在位于卢旺达的基加利技术学院（KIT）。这所学院开办于 2004 年，所有学生都会先在农村度过三个月，而当他们抵达学校时，会被问及他们能够解决什么问题。接下来的三个夏天，他们都会做同样的事情。然后，为了拿到学位，他们必须证明自己参与过社区改善工作。

这种教育方式让阿马德大开眼界。"我看到了很好的机会，"他说，"我们需要和一些新选手一起，用新的思维面对新的球赛。"他迫切想要为"重构工程的工程"而做点事。为了实现这一点，他首先坚持工程师应当学习更广泛的课程，因为他认为美国的工程学教育正

---

[1] 美国东北地区的一条特快铁路，由美国国家铁路客运公司运营，从华盛顿特区到波士顿，连接纽约、巴尔的摩等众多大城市，全长 734 公里，设计最高时速达到 240km/h。

被自身狭隘的基础所限制，只能培养出一些专家。他支持减少大学的数量，并增加职业学校，同时也支持任何为培养出更多工程师所做的努力，毕竟美国的工程师总数只占人口的 0.5%，女工程师尤其稀有。

约翰·斯库里、卢斯·马里纳·卡勒（Luz Marina Calle，NASA 腐蚀事业部主任）、保罗·维尔马尼（Paul Virmani，2001年运输部关于腐蚀成本研究报告的作者）和丹·邓迈尔对这些问题的看法也非常相似。在他们都参与的 2011 年度国家研究院报告中，他们提出：腐蚀教育应当被纳入国家需要关注的课题。在传统的工程课程中，"学生们对于腐蚀课题的学习仅仅局限于在材料科学导论的课堂上听过一节课，"他们这样写道，"很多时候，因为时间的关系或是需要讲解其他内容，关于腐蚀的课程甚至就不上了。在很多大学，就连应该在材料选择方面接受训练的材料科学与工程（MSE）专业学生，也只是上过有限的腐蚀课程，因为只有一部分 MSE 学院的课程中有独立的一节腐蚀课。"他们将此归咎于过分繁杂的课程、优秀师资不足以及认知方面的缺乏。他们赞赏 NACE 在教育性的夏令营活动中为高中生提供的腐蚀模块，并指出在阿克伦大学的"腐蚀与可靠性工程"（CARE）是全国仅有的大学生腐蚀工程课程。

热塑性材料或将取代钢铁行业？

因为腐蚀，工程师们正在重新思考长期应用于结构而不会改变的材料。挤出型结构复合材料就是这样一种新材料，它也常被称作热塑性木材。它面世大约已有二十五年，主要出现在一些非结构性场合：野餐桌、公园长凳、露天平台和木板道。1995 年，纽约市用这种材料铺建了一段四百英尺的码头，但一年后毁于一场因闪电而起的大火。尽管如此，这种材料还是被宣传为胜过木材的材料，因为它不会裂开、破碎、变形或腐烂，也不需要什么化学处理剂，比如加压处理木材过程中用到的铬化砷酸铜和五氯酚。实际上，它也不会受到昆虫的侵扰，就算破裂后，它也不会像木材那样长出蘑菇。在压力测试中，它的表现比橡木更好。此外，它还可以回收。

1998 年，位于新泽西钢铁园区中心地带的一家小公司亚克西翁国际（Axion International），在密苏里州一座二十四英尺的桥上展示了这种材料的性能。这座桥本是由工字钢梁支撑的木质平台，后来被替换成亚克西翁的热塑性木板。它们的成本大约是全新木板的两倍。不过到了 2006 年，替换上这些热塑性木板看起来是件好买卖，因为它不需要维护，并且依旧保持完美的形状。然而市场对此没有反应，在修葺这座桥梁的前三年，亚克西翁的股价从 150 美元一度涨到每股 2000 美元，但接下来的三年又跌到了 13 美元以下。

亚克西翁似乎并未对此心领神会，继续在铁路枕木方向与木材竞争。他们在位于科罗拉多州普韦布洛的联邦铁路局运输技术中心进行测试，自 1999 年起，该中心已经试验了共计十五亿吨运载量，其中每一次的运量是三十九吨，而枕木并未破碎或变形。它们可以抵抗平板磨损，承受钉刺，但仍然保持完整。有了这些证据支持，亚克西翁在达拉斯、堪萨斯城、杰克逊维尔和芝加哥共计销售了二十万根这样的枕木（仅仅是六十五英里的铁轨）——承蒙"神一般"的运输部，这些地区每年冬天都会迎来盐雨。因为塑料枕木的寿命是普通木材的四倍，而初始成本只是两倍，所以看起来亚克西翁肯定能从中获利，毕竟这是一笔每年可替换两千万根枕木的大生意。

在过去十年里，亚克西翁的工程师通过在罗格特大学的实验室进行研究，开发出了一种新的聚合物，其强度是旧产品的三倍。通过将 HDPE（高密度聚乙烯，回收代码为 2）塑料和旧汽车的保险杠进行混合，再加入 11% 的玻璃纤维，他们获得了一种材料，强度与弹性都要优于钢材，但密度却只有钢的 1/8，可以漂浮于水面。它的轻重量使得其运输成本低于钢材，更重要的是，它不会生锈。

亚克西翁雄心勃勃，不屑与廉价的木材竞争，它的目标是钢材。2002 年，该公司在新泽西州建了一座五十六英尺长的优雅拱桥，承重为三十六吨。即便如此，他们提供结构的层压板还是被压成了弧形。直到 2009 年，亚克西翁才证明他们的热塑性材料可以被当作传统的工字钢梁使用。然而到了此时，一切却变得非常戏剧化。在北卡罗来纳的布拉格堡，亚克西翁的塑料工字梁被用于建造一座跨越泥溪的四十英尺桥梁。美国陆军的工程兵开着装满石头的自卸货车轧过，然后又开来一辆七十吨的 M1 艾布拉姆斯（Abrams M1）主战坦克，开到大桥中央位置时，坦克停下来不再前行。经过测试之后——桥上安装了数百个感应器——工程师确定它可以承重一百吨。五角大楼的锈蚀大使丹·邓迈尔正好主持了这次测试。次年，弗吉尼亚州的设计师将亚克西翁的塑料工字梁用于两座塑料铁路桥，这也是世界首创。两座桥的长度分别为四十英尺和八十英尺，看起来就和向西延伸的桁架桥一样坚固。然而，亚克西翁最大的一次行动还是在 2011 年，一座十五英尺的微型桥梁成了美国高速公路系统的第一座塑料桥梁。而在苏格兰，一座九十英尺的桥梁成为亚克西翁迄今为止最美的作品，架设时间不过四天，这也成为欧洲第一座以可回收塑料建成的桥梁。

建造于北卡罗来纳的桥梁花费不过五十万美元，用桥梁术语来说就是每平方英尺 675 美元，是很划算的交易。亚克西翁表示，热塑性材料桥梁的造价不过是钢桥的一半，却可以维持两倍长的寿命，还不会有什么麻烦。同时，他们还提到，热塑性材料可以抵御酸、盐、摩擦力，甚至紫外线，而这些因素每年也只能破坏 0.003 英寸厚的桥面，远远小于钢桥因腐蚀造成的损耗。根据邓迈尔的说法，这就是未来之桥，它的寿命至少可以达到五十年，而且不需要任何特殊维护，因为它不会腐蚀。

讽刺的是，亚克西翁生产这些塑料的地方就在宾夕法尼亚州的波特兰，位于伯利恒东北三十英里的德拉瓦河边，而伯利恒钢铁公司正是八十年前金门大桥建设用钢生产的地方。亚克西翁指出，全球基础建设的更新换代需要几万亿美元，而这样大的商机如今就摆在眼前。因此，他们现在将自己拥有专利的热塑性技术评价为"摧毁性"，这也难怪邓迈尔会这么喜欢它。这种材料将摧毁美国钢铁工业，也许还有桥梁巡查员的工作。当然，我们还需要检查它是否会干扰附近生态系统的内分泌系统。不过最重要的是，它将终结长期对抗腐蚀的战争。

塑料不能用于汽车的发动机，但它可以用于制造发动机的外壳，或许还有框架，从而让汽车变得更轻，效率也更高。船舶和人类一样会老化，仍然要采用金属原料。同样的情况还有管道和罐头盒。替代品仍然遥不可及，却也不是不能想象。大多数雕像，我们最持久也最传统的作品似乎也注定是必须使用金属材料。不管是不是亚历山大·考尔德（Alexander Calder）[1] 的作品，它们都会持续腐蚀。

---

[1] 考尔德出生于美国宾西法尼亚州劳顿的雕塑世家，是美国最受欢迎、在国际上享有崇高声誉的现代艺术家，也是 20 世纪雕塑界重要的革新者之一。

如同婴儿或老人，它们总是需要某种形式的照料：清洁、打蜡、喷砂或是人造铜锈。

总统，请大声地说出"锈蚀"！

如今为了处理腐蚀问题，2011年度国家科学院报告的作者们提供了一些建议。就像他们所看到的，在很多处理腐蚀的政府部门中，只有国防部与NASA有完整且资金充足的计划。他们写道，国防部的计划"可以作为其他大型政府机构的范本"，他们继续写道，每一个联邦机构或部门都应当制定出一份防腐日程，并提出四个"防腐大挑战"，分别是：开发抗腐蚀的材料和涂层；预测腐蚀；通过实验数据模拟腐蚀；描述腐蚀预后（即侦测对象何时需要修复、检查或替换）。这就是他们所称的"国家防腐战略"。他们说这是"全国的努力"，包括来自科学和技术政策办公室的支持，都应当制定出各种规划。他们要求记录目前用于腐蚀研究与延缓腐蚀方面的花费，然后安排预算支持一项"高风险、高回报的多部门合作研究"。他们要求各部门与机构和各州政府、学术团体、工业组织及标准制定机构之间展开合作。他们要求成立防腐合作组织，就像"人类基因工程计划"那样，储存金属热化学的大量数据，以及它们在不同环境下的生锈过程。他们暗示国家标准与技术研究院的成功也是由于类似的努力，并指出既然防腐研究已经以"缓慢的脚步"步入应用阶段，这样的组织也将在这一领域带来革命性的变化。他们同意国防科学委员会特别小组的结论，"一盎司的预防价值堪比一磅的治疗"。他们写道："委员会相信，整个政府、整个社会还有整个行业都认识到腐蚀的问题，并且定义明确，合作良好，那么具有可靠资源的项目可以为国家带来高额的回报。"

作者们写道，没有人认真理解过保存国家资源的必要性。"腐蚀影响到社会的方方面面，特别是联邦政府投资的领域：教育、基建、健康、公共安全、能源、环境还有国家安全。"

在经过多年对锈蚀的思考之后，我个人的意见是运输部应当转向镀锌桥梁方向，在很多具备可行性或者油漆还没有剥落的地方。

食品与药品监督管理局（FDA）应当坚持对食品与饮料罐头内部用于防腐的环氧树脂进行分析，以万亿分之一的检出限测定其中释放的内分泌干扰物。同时，他们也应当在所有罐头盒上贴上标签，声明怀孕妇女不能食用罐头内的食品与饮料。

美国国会应当把管道检查标准下限制定得更严格些，并赋予联邦管道和危险材料安全管理局更大的权力。反对新建管道的做法是愚蠢的，石油从地下被运送给饥饿的消费者——也包括我，无论是这样还是那样的方法，其代价都会比过去更高昂，而管道是最安全的运送方式。从另一方面说，对管道所处状态拥有知情权的诉求并不愚蠢。这也是参议员沃伦·马格努森想要做的："让大人物保持诚实。"要想让他们诚实，我们应当要求更频繁的内管检查（针对泄漏与金属损耗），下调金属损耗的介入标准下限，并公开信息，提高对不法企业的惩罚，罚金应当与流过管道物品价值成正比，否则他们不过损失皮毛而已。离岸开采应当根据情况设定更严格的章程，毕竟那是我们的石油，从我们的土地上租赁，又在我们的土地上流经蜿蜒的管道，遵守我们的规则是这个行业最起码的操守。如果阿拉斯加管道公司可以每三年从普鲁德霍湾到瓦尔迪兹之间执行一次"智慧猪"检测任务，从而保障跨阿拉斯加管道系统避免因腐蚀等问题导致的泄漏，那么其他管道运营商也应当做到。

考虑到我们最终可以获得的结果，总统也应当直接给丹·邓迈尔位于五角大楼的办公室提供更多经费。他应当支持国家研究院的计划，提倡民间版邓迈尔办公室。他应当大声说出这个词——锈蚀。

像所有环境故事那样，面对锈蚀的态度可以给我们对公共话题多一些尊重，也对未来多一分关注。这件事应当也可以教育我们，正确的事不是用你的直觉去思考，而是像工程学那样分析的结果。只会欣赏亮闪闪和新奇的东西，那是被宠坏的婴儿才会做的事，而成年人应当尊崇实践与效率。孩子们也许会因为巴斯光年[1]的勇敢、强壮与机智而崇拜他，我们则可以钦佩罗伯特·巴伯以安、巴斯卡尔·尼奥吉还有埃德·拉珀。难道我们不需要一些工程界的英雄吗？最后，与很多在道德和实践各方面都很绝望的环境故事不同，我们也许会在衰老和死亡之前就能看到"抗锈战争"的结果。

---

[1] 《玩具总动员》中的角色，是一个宇航员玩具人偶。

后 记

  1980 年 5 月，就在埃德·德拉蒙德与史蒂芬·卢瑟福被捕并由此拉开美国史上最昂贵、公众参与度最广、最具象征意义的抗锈战争序幕之前，他们已经共用睡袋和羽绒服，高高地躺在美国的历史性入口上度过了一整晚。他们冻得瑟瑟发抖，于是大声念起爱默生、迪金森、弗罗斯特与安杰卢的诗歌，以此转移注意力。次日凌晨前，一名警官将一把十二英尺的梯子斜靠到自由女神像上，爬到顶端，将一根手指举到嘴唇。"嘘，"他说，"嘘！你们冷吗？"德拉蒙德与卢瑟福满腹狐疑，因为其他警察一整晚都在嘲讽他们，但现在他们看到了这位警官的真诚。这位警察的名字叫威利（Willie），他给两位攀爬者提供了羊毛毯和热咖啡。德拉蒙德顺着绳索下到他的高度，接受了他的好意，然后再也没见过这个人。他说这就是天使下凡。

  次日在法庭上，德拉蒙德与卢瑟福被指控"蓄意破坏政府财产"，法官问道："谁来承担这笔债务？"这时，法庭的门被推开了，走进来的是全美最令人头疼的律师比尔·孔斯特勒（Bill Kunstler）。"我会承担。"他用沙哑而低沉的声音回应道。他进入的时机恰到好处。戏剧性的是，他的委托合同被寄到了他位于盖伊街的房子。法官用手撑着头，说道："天哪，又是你！"他拒绝对这起案子进行审判。后来，孔斯特勒对德拉蒙德说："这就是如何让事情改变，如何让事情了结。"

这场作秀吸引了公众关注，加利福尼亚州当局将基洛尼莫·普拉特从圣昆廷转移到了圣路易斯–奥比斯波，而那里的监狱看守让他吃足了苦头。德拉蒙德去探望过他好几次，却得知他的情况日益恶化：体重在不停地增加，性格却变得更愤世嫉俗。为了让他忘记过去着眼未来，德拉蒙德答应等他出狱后就带他去攀爬船长岩（El Captain）。

回到旧金山湾区，德拉蒙德与卢瑟福履行他们的社区服务，带着几个孩子从奥克兰进入内华达州，来到希拉尔山一座叫作"情人跳"的花岗岩悬崖旁。在那里，他们度过了一整个周末，教授孩子们学习攀岩。1982 年 12 月 8 日，也就是约翰·列侬被刺杀后的两周年，德拉蒙德爬到内河码头中心的一座塔楼上悬挂了一面横幅，上面写着"想象不再有武器的那一天"。在旧金山当局答应他会保留这面横幅后，他才从楼顶下来，但紧接着当局就把横幅撤掉了。一年后，他再次爬上这座塔楼，挂了个巨型按钮造型，上面写着"赞成 12"，意思支持 12 号提案，即冻结开发核武器项目。德拉蒙德正在往上爬的时候，塔楼管理人威胁要割断他的绳子。就在他被捕时，记者冲他喊道："你的下一场秀会是什么，埃德？"德拉蒙德意识到自己为政治目的而攀爬建筑物的作秀到此为止。

然而，为了工作，德拉蒙德还在继续爬楼。他有好几年都在旧金山担任高空尖顶维修工，并在恩典座堂的屋顶上完婚。当他听到自由女神像将大规模维修时，还考虑过是否参与这项工作的竞标。"给我们一百万美元就可以搞定。"他说。

1997年，在首次入狱二十七年后，普拉特在谋杀卡洛琳·奥尔森的案件中被判无罪，并获得四百五十万美元的冤案赔偿。德拉蒙德是对的：普拉特被诬陷了。由于小半辈子都待在牢里，普拉特不想再把几天时间浪费在花岗岩大石头上。他在洛杉矶出狱时，迎接的人群拥挤，以至于德拉蒙德只能和他说上一句话："记住，我们还要一起去攀岩呢。"普拉特被人群推着走，嘴里回应道："对对对，一起攀岩。"然后他就走了。德拉蒙德后来给普塔特写了几封信，但都没有收到回信。

2011年夏天，普拉特去世。我满怀悲痛地将这一消息告知德拉蒙德。

在那个寒冷的夜晚之后，德拉蒙德再也没回去看那焕然一新的自由女神像。他住在旧金山，而卢瑟福则依旧住在伯克利。在教授了34年科学相关课程（也包括腐蚀）后，他退休了。在那次自由女神攀爬事件后，他们还见过几次面。

就在公园管理员大卫·莫菲特发现德拉蒙德与卢瑟福的攀爬行为后不到一个月，来自克罗地亚的国家主义者在自由女神像的基座引爆了两管炸药。莫菲特也处理了那一次意外，并且在漫长的修复期间一直留在自由岛上。后来，他在弗吉尼亚州（远离了爆炸区与贵宾席）靠近詹姆斯敦的殖民国家历史公园担任了两年主管，又在华盛顿国家公园服务中心担任游客服务助理总监长达四年。退休后，他搬到弗吉尼亚州的威廉姆斯堡，开办了一家名为"贾斯戴维德景观美化"（Jusdavid Landscaping）的公司，不过雇员只有他一人。

再也没有攀爬者会来打扰他了，2003 年他再次退休。不久之前，他给我写来一封信，信中说："经历了这么多年，同时还有基洛尼莫·普拉特的释放，（我觉得）那次抗议虽然违法，但看起来还是值得钦佩的。"七十四岁时，他的膝盖也光荣退休了，但他还是喜欢蹲下身子拔拔草，只是如今需要人扶他才能站起来。

罗伯特·巴伯以安这位腐蚀顾问多次回去检查女神雕像。1986年 10 月他曾到过那里，当时 NACE 献上了"国家腐蚀修复地址"的匾额。一年后，他再次来到自由岛，只为了检查牌匾是否发生了腐蚀，结果发现它正在变绿。美国金属学会（ASM）与美国土木工程师协会（ASCE）也在 1986 年安装了他们自己的牌匾，而且没有出现生锈的情况。因此，当 ASM 与 ASCE 的主管听说 NACE 的牌匾生锈时，差点没笑得背过去。巴伯以安处理了这一问题，他请来纽约的雕刻艺术家将原来的室内专用涂层刮去，然后用上一种耐久度高的室外专用涂层。自此之后，牌匾就没再出过问题。它不像 ASM 的那块那么光鲜亮丽，而是呈现黯淡而柔和的褐色，好在也没有再生锈。

自由女神像也没有再生锈。在修复后的最初十年，巴伯以安每年都会来探望她，每次都会像某位显要人物那样，直接走到她的火炬那里，然后沿着王冠看一圈，再顺着楼梯下到脚趾那里。到了地面上，他还要用望远镜再往上看。20 世纪 90 年代中期后，他每两年回访一次，每次检查两天。如今，随着火炬已经不再对公众开放，他就更喜欢到那看看了。巴伯以安现在已经七十九岁，依旧容光焕发；而自由女神像也已一百二十八岁高龄，仍然青春不老。"她好得很，二十五年来真的保持得很好。"巴伯以安说，"不锈钢牢牢地支撑着她，里面不会再漏水了。"他说，多年后大多数由小苏打引起的斑纹都已褪色，但在女神的颈部与右边太阳穴的部位还是可以看得到。落在女神纪念碑数字上的鸟粪也已经被雨水冲掉了。

巴伯以安说了一些让我惊讶的事。"不久之后，这些金箔就必须重新制作了。"镀金的火炬已经被磨薄，根据巴伯以安的说法，2016年女神需要再次修复。巴伯以安曾要求先将火炬镀上镍，然后再镀上金，就像罗得岛州议会大楼屋顶上的那座雕像一样，不过修复委员拒绝了这个提议。等到火炬下一次或再下一次被修复时，巴伯以安希望能够有人采纳他的意见。

准确来说，巴伯以安早在多年前就已经退休，但在位于罗得岛的家中，他还是以 RB 腐蚀服务的名义提供顾问咨询服务。他只接自己喜欢的工程，例如保护菲律宾的一座铁结构大会堂，日本的青铜佛像，南北战争期间的"莫尼特号"铁甲舰（USS Monitor），"艾诺拉·盖号"（Enola Gay）轰炸机以及国会大厦的圆顶。他告诉很多孩子将来应该去当腐蚀工程师。"你不必担心工作的问题。"他说，"永远都不需要，而且你的收入也会不菲。"他说他从事防腐工作的所得相当可观。他拥有两艘游艇，经常到科德角钓鱼，也经常去佛罗里达州的马可岛度假。而他做过最肆无忌惮的一件事，就是赞助了波士顿红袜队（Boston Red Sox）[1]。

第一次世界大战刚刚爆发的时候，柏莎·克虏伯那艘 154 英尺的不锈钢纵帆船被英国俘虏。三年后，这艘船被拍卖了。挪威的买家将这艘送给了他的朋友，后者将其改名为"埃克森号"（Exen），

---

[1] 一支隶属于美国联盟东区的美国职业棒球大联盟球队。

后又将船开到纽约。就像这艘船之前的船主那样，新船主也破产了。1921 年，他的财产被拍卖，"埃克森号"被卖给了前海军助理部长戈登·伍德伯里（Gordon Woodbury）。他将船更名为"半月号"，借用了亨利·哈德逊（Henry Hudson）船长 [1] 的船名，并进行了大肆整修。次年，伍德伯里从弗吉尼亚的查尔斯角出发，一路航行前往南方的海面。途中，因为遭遇暴雨，伍德伯里差点溺亡，他的舵手被冲下甲板失踪。一艘标准石油公司的油轮拖着这艘船艰难地回到家，随后伍德伯里便卖了这艘船。新的主人将船上的铅制龙骨取出后把它当废铁卖了，而新买家又将它命名为"日耳曼尼亚号"，拖到佛罗里达的迈阿密河改造成水上餐厅与舞厅。1926 年，一场飓风袭来，"日耳曼尼亚号"遭受重创并沉没。打捞上来之后，欧内斯特·斯迈利（Ernest Smiley）买下这艘船，再一次将其命名为"半月号"。斯迈利将"半月号"停泊在佛罗里达州数英里外的一片礁石上，和妻儿一起住在甲板上，并在"禁酒令时期"将其用作经营餐馆的场所。在 1930 年的一场暴风雨中，斯迈利放弃了这艘船，"半月号"挣断锚索，搁浅在距离比坎斯湾不到一英里的地方。斯迈利一家获救了，但"半月号"却没有。在几代人的时间里，她都一直被埋在沙子里，被世人遗忘。如今，潜水员们推测它可能就是当年的"哈罗丁号"。

迈克·比奇（Mike Beach）是一位精力旺盛的潜水教练员兼导游，在佛罗里达大学的罗森塔尔海洋与大气科学学院拿到了硕士学位，在"半月号"的身份被确认后不久开始撰写以它为主题的论文。

---

[1] 活跃在 17 世纪初的英国著名航海家，1609 年受雇于荷兰东印度公司打通西北航道尝试连通中国，在此过程中驾驶着"半月号"探索了今天的纽约都市圈，著名的哈德逊河也是以他的名字命名。

后来的十五年间，他参观这艘船不下一百次，甚至还带我前往。我们从一个种满棕榈树的沙滩公园出发，跳上一艘海上皮艇出了海。这天早上，天气晴朗，风平浪静，但划到半路后风开始变得猛烈了，我们的速度只得放缓。波涛开始汹涌，之前澄澈的海水渐渐变得浑浊，迈阿密隔着沙洲清晰可见。比奇一边单调地划着皮艇，一边告诉我他听说这片海域有锤头鲨与牛鲨出没。"如果能看到鲨鱼，那就太幸运了。"他说，"如果看到一条鲨鱼，我就跳下去。"他给我展示了左腿上的伤疤，并笑称自己当年也是个帅气的小伙子。1996 年，他在被鲨鱼攻击后，脸上和腿上缝了四百多针。"闪电不会两次击中同一个地方。"他说。

二十分钟后，当我们把皮艇绑在标识着沉船位置的浮标上时，我对进入船体已经没那么兴奋了。我穿上鳍足，戴上护目镜，并咬了一根呼吸管。我跟着比奇——或者说是尝试跟上他，从海面以下大约十英尺的船尾开始下潜。他潜入深蓝色的海水中，指了指船头，然后消失了。我踢着水，不让自己的身体向上浮。"半月号"似乎不是真的不锈，看上去通体碧绿，布满了藤壶。这也再次说明，不锈钢在盐水中的表现并非想象中那么好。我奋力游到海面上等待比奇，他好像长了好几个肺似的。海流将我们推到船头，他再次潜下水中，我也继续跟随。回到海面后，当他提起一条魔鬼鱼以及毒珊瑚时，我瞬间对观赏"半月号"船身底部失去了兴趣。我下到海面下五英尺深的地方，在那里看到了船身的结构，以及纵桁的长度、横梁的宽度。我观察了整整十五分钟，欣赏着它的形态，感叹于它漫长的生命历程竟然终于此处。

那天晚上，我发现比奇这位集铁人三项选手、海岸警卫队队长与海洋史专家等身份于一身的博士，酒量也是好得出奇。喝了半瓶拉弗格后，他告诉我那里是"绝好的鲨鱼出没场所"。我开玩笑说这都是锈蚀惹的祸。

七个月后，英国不锈钢协会庆祝了哈里·布里尔利发现不锈钢一百周年。在谢菲尔德，一名艺术家在一栋大楼的侧面画了幅四层楼高的壁画，以此纪念这位坚持改变我们对金属期望值的反叛者。一些工业巨头和国会议员发表讲话，一家博物馆为布里尔利举办了展览。在奢侈的晚宴上，布里尔利的侄孙女安妮·布里尔利（Anne Brearley）发表了简短的演说，赢得如雷掌声。第二天，在谢菲尔德大学的高等制造研究中心，布里尔利的曾孙沃伦·布里尔利（Warren Brearley）为新的布里尔利大楼牌匾揭幕。

就在"智慧猪"抵达瓦尔迪兹的四十一天后，阿拉斯加管道公司在一天内通过跨阿拉斯加管道传输了六十万桶石油，他们还从来没有压入过这么多原油。2013 年夏天，管道每天的流速下降到不足五十万桶，时不时会降到四十万桶以下，巴斯卡尔·尼奥吉从数据中得到了第一个信号。贝克休斯公司的初步报告显示，TAPS 没有迫在眉睫的威胁，沿着管道所做的检查也确认了"智慧猪"的准确性。

9 月初，一个十英寸厚的钢盘出现在瓦尔迪兹，这让很多人感到疑惑。管道公司核实，那是 20 世纪 70 年代为了证明管道的完整性（利用水压），在 385 英里处一只阀门用过的零件。公司在 2012 年已经将旧的阀门包裹起来——很显然时间把握得刚刚好。当带有螺纹的 O 型圈破损时，脱落的钢盘就顺着原油一直向南漂去，没有石油泄漏出去。检查"智慧猪"数据时，尼奥吉向上级再次确认，管道上的其他一百五十只阀门正常运行。

当月晚些时候，尼奥吉晋升为公司风险与规范部门的高级主管，这也让他成为公司九名可直接向总裁汇报的高管之一。他的下属大约有一百名，而他的旅行频率和之前相仿。就在 2014 年初，尽管 2015 年的"智慧猪"运行项目已经在规划中，阿拉斯加管道公司却还招聘新的管道完整性经理。

尼奥吉的鱼都活得很好。

本·瓦森也进入了公司的法律事务部门。运营控制中心的主管托德·丘奇曾说过，普鲁德霍湾的石油足以开采到他退休的那天，但这点还没来得及证实他就跳槽了。

在贝克休斯公司，德温·吉布斯一直忙着检查管道，以至于当我打电话到他办公室找他时，电话接听人笑着说："哦，那你找到了吗？"阿莱霍·波拉斯也忙着检查从安大略到哥伦比亚的管道。

PHMSA 派驻阿拉斯加的高级监管比尔·弗兰德斯（Bill Flanders）和丹尼斯·希纳（Dennis Hinnah）认为自己要做到"信任，但也要核查"。后来两人在同一个月内相继退休。

自从尼奥吉开始计划 2013 年的"智慧猪"项目之后，加利福尼亚也计划将改进型的 MFL"智慧猪"用在他们那些白灰内衬的供水总管里，毕竟加利福尼亚的水务与阿拉斯加的石油同等重要。2010 年，旧金山率先开始对穿越圣华金河谷三段平行的五十英寸管道进行清理，总里程达十三英里。这些管道建于 20 世纪 30 年代了，赫奇水库的水通过它们供养了数百万人。旧金山的公共设施委员会邀请艾姆特克公司（Emtec）（后来被"纯粹科技"公司收购）研发这种猪，而艾姆特克设想出一种定制化的可折叠 MFL 猪，看起来像是用帐篷支架搭起来的巨型玩具。基于强磁性与修正算法，这台猪可以探测出在一英寸厚的灰尘覆盖下的钢材异常，这也符合供水总管的实际情况。由于圣华金管道没有发射器和接收器，后勤部门变得有些混乱。为了让"智慧猪"可以通过，他们必须先排空管道里的水并进行干燥，同时还要打开管道。通过检修孔，先将两千磅零件下放到管道中，再在里面装配成猪。定制的全路况电动车（ATV）有着巨大的橡胶轮胎，也被放落到管道里，用来拉动"智慧猪"——它走得可不快。而当驾驶员开着 ATV 来到蝶形阀之时，不管是猪还是 ATV 都不能通过，于是两者都被拆卸下来，等到过了这一段再重新组装，如此操作花费了两天时间。在水管关闭的一个月里，旧金山实际上只有一周的实际清理时间，并且只收集了五英里管道的数据。不过这仍然十分有价值，因为这台猪发现了一千多处异常。大多数异常都在 30% 的厚度以下，有十处在 40% 附近，还有一处测出来是 90%。发现效果如此惊人，旧金山后来决定买下这台工具，计划以后一直使用。

出于加利福尼亚城市间的姐妹情谊，2011 年底，旧金山将这台工具借给圣地亚哥，这样后者的水务部门就可以检查圣马可斯建造于 1958 年的主水管了。五十年来，这条水管只被检查过几次，而且只是靠目测，水管的外部腐蚀就是个谜。为了爬上这段管道的陡峭部分，他们用绞盘将 ATV 和"智慧猪"拽上去，后面发生的事就跟预期一样，简直就是噩梦。一周里，这台工具只走了五英里，对比起来，跨阿拉斯加管道的清理工作简直算得上飞快。不过它也发现了很多严重的问题，这让圣地亚哥水务部门的职员感到很满意，印象也非常深刻。他们已经计划在 2014 年再使用一回。

纯粹科技公司西部区域经理迈伦·申基里克（Myron Shenkiryk）告诉我，因为加利福尼亚开始清理一些水管，全国其他很多地方的水务部门也开始跟他们联系。显然，这家公司凭借可折叠的 MFL 猪已经取得垄断地位，清理行业的其他大玩家们可不喜欢清理水管过程中的后勤噩梦。与石油和天然气比起来，水务收入也是黯然失色。为了确保垄断地位，纯粹科技公司也提供下水管道检查服务，毕竟他们拥有发射器和接收器。"很多机构甚至都不知道存在这一技术。"申基里克说道。

自从2011年春天以来，波尔公司已经生产出超过一千亿只罐子。他们没有邀请我回到易拉罐学校，而这项课程依旧很受欢迎，因此埃德·拉珀依旧会带领学员们参观他的防腐实验室。拉珀还和过去一样忙碌，2013年他一共测试了八百种饮料。"所有人都在寻找饮料界的下一位'摇滚巨星'。"他说。他发现至少有两种饮料会出现"特殊的腐蚀情况"，但不方便透露细节。

阿丽莎·伊芙·苏克有一年没有继续进行伯利恒钢铁厂的相关创作了，而是在阿帕拉契亚州立大学教授摄影。她搬出了工作室，并在郊外买了一栋房子。她被哈内姆勒（Hahnemühle）公司选为特色艺术家，也为本书提供了封面素材。和往常一样，她渴望外出拍更多照片。

家得宝的防锈产品专家辛西娅·卡斯蒂略在我采访后一个月，从油漆部门调到装潢部门，而新的防锈产品经理是从电气部门调过来的。锈蚀商店的约翰·卡尔莫纳没有搬到更大的办公场地，这在多年来尚属首次。但他又多雇了两名员工，仓库中存放了将近三千种SKU。生意太好，以至于他没时间测试堆在他书桌上的许多样品。并且，他也没有再接奶酪头的紧急任务。

菲尔·拉里奇在推动美国镀锌协会的日程时攻防并重。自从
2013 年 4 月以来，新的旧金山－奥克兰海湾大桥东段有将近一百根
镀锌棒过早损坏，这也让很多观察者开始质疑其他镀锌棒以及镀锌
工业的基本价值。拉里奇的防御战就与此有关。被这些风言风语激
怒后，他发表声明，表示这些破损是因生产失误导致。生产这些镀
锌棒的公司丢失了一些记录，不小心加热了这些铁棒两次，使其变
得脆弱。拉里奇坚持认为镀锌技术是无辜的，这种工艺和过去一样
有价值。在涂料工业以外，拉里奇的攻击对象也包括不锈钢工业。
在纽约，这就意味着要说服当局，镀锌零件也适用于塔盘齐大桥 [1]。
"不锈钢不是氪石。"他说，弄得我好像正在考虑求购几百吨这种材
料似的。接着他又补充道："那些正在关注不锈钢的人告诉我，他们
正在考虑工程的维护成本。这是个好消息。"的确，拉里奇怀疑政府
部门开始更加严肃地考虑生命周期成本，证据是：在过去的十年里，
对镀锌零件的需求量增加了 60%，达到每年四百万吨。更进一步的
证据是：拉里奇对于运输部的反感已经减弱了不少。这些需求有很
多来自太阳能产业，用于建设放置大量面板的骨架。还有小部分来
自丹佛市新的轻轨系统，他们的车站都被涂成了米黄色。他们不只
是上了涂料，而是双重工艺。拉里奇说："我知道镀锌技术用在了下
层。"

　　NACE 换了一位新主席，并开始重组已经解散的国家腐蚀修复

---

[1]　纽约市一座跨越哈德逊河的著名悬臂桥梁，在曼哈顿岛以北四十公里，1955 年
建成通车，目前美国联邦政府正计划以四十亿美元重建一座新桥替代它。

地址委员会。这一组织正在考虑纪念一艘战列舰与美国国会修复后的穹顶。上次我确认此事时，他们还没考虑好用什么材料来制作这些纪念牌匾。

向参议员丹尼尔·阿卡卡陈述腐蚀情况并最终形成联邦议案的玛伦·莉德，如今在华盛顿特区的战略与国际研究中心担任高级顾问。"这不意味着我就是防腐舞台上的主角了，"她说，"我只是在做自己的工作。"她信任国会，"国会是个糟透了的地方，但他们偶尔也会做些靠谱的事"。NACE 公共事务负责人克里夫·约翰逊，也就是促成莉德提案的人，如今是"国际管道研究委员会"的主席——他正在关注"智慧猪"清理技术。莉德说他是她所见过的最幸运也最没官架子的人。如果当初参议院军事委员会的新任副主席是来自像怀俄明这样的地区，恐怕五角大楼的防腐办公室永远都不会成立。但这真是个明智的主意，而且现在运行得很好。不管国会怎么不靠谱，这一决定还是值得称赞的。

作为他们努力的结果，丹·邓迈尔在防锈领域一干就是十年，并给莉德留下了深刻的印象。"我之前很担心，觉得他性格古怪，这可能会不利于他开展工作。"她说，"但他的热情很有感染力，而且始终保持着乐观。"邓迈尔团队的主要成员拉里·李说："许多人都惊讶于我们能够把如此平凡的工作做得如此精彩。"然后又加了一句，"我们制造了一头怪物！"

2013 年 3 月，当锈蚀展览在奥兰多科学中心举办时，邓迈尔因为预算冻结而不能参加。他本打算在剪彩仪式上发表演说，最后他决定自费前往。"没有什么事可以阻挡我，"他说，"绝对没有！"他知道沙特阿拉伯资产雄厚的国有石油公司（Saudi Aramco）也想在沙特举办一次这样的展览，而 NACE 则希望下一次展览放到休斯敦。就在圣诞节前的三周，因为这项展览，国家培训与模拟协会给他的办公室颁发了奖章。因为离不开"星际迷航"的双关语，他宣布这次的展览鼓舞了"下一代基建保护主义者"。而更让邓迈尔开心的是，匹兹堡的卡耐基科学中心也表示了兴趣。

即便是 2013 年的美国政府关门危机也没能挡住他的努力。因为有了一周假期，他就用与工作"密切相关"的爱好填补了这段时间。"我的生活就是工作，"他解释道，"我不想退休，不想打高尔夫，不想去海滩，也不想登山，我只想做自己的事。"他审阅了"列瓦 6"的脚本，并在巴拿马拍摄了一部分镜头，还计划在内华达州拍摄剩下的部分。他调研了另一款有关腐蚀的电子游戏以及为国防采办大学研发的交互式训练模块。他跟踪了亚克朗的腐蚀工程学课程——最初的一批十二名学生，在毕业前的一年已经获得在加利福尼亚与得克萨斯的工作岗位。他打算参加他们在 2015 年春天举行的毕业典礼。当我问他是否为自己的健康做过什么努力时，他笑而不语。而当我问起他是否在考虑"列瓦 7"时——即便列瓦曾说过他录制完第六集之后就退隐——他说："永远别说不可能。"

2013 年 4 月末，邓迈尔和他团队的几名成员一同前往德国奥博拉梅尔高参加由北约国家高校举办的为期三天的腐蚀研讨会，与会人员共有几十人。第一天，在美国、英国、法国、德国的防腐官员作完介绍与简短演说之后，德国国防部防腐项目主任尤尔根·恰尔内茨基（Juergen Czarnecki）起立发言。通过麦克风，恰尔内茨基这位德高望重的核物理学博士做了一场名为"腐蚀之艺术"的长篇演讲，引人入胜。他提到了德国宪法的改革、德国国防军的重建、军事科学院材料及耗材所的研究进展。在最后，他提出了五项需要列入"必做清单"的项目，最后一项尤其重要。他说，与会各国应当以美国为典范，并呼吁要采用"邓迈尔进程"。

观众席里发出一阵笑声，当然这都是善意的笑声。邓迈尔呆住了，难以置信地盯着屏幕——是低着头疯狂地盯着——然后摇了摇头。他对恰尔内茨基说："你这是在做什么？"他受到了夸奖，但认为这样的短语不会在华盛顿得到好评。邓迈尔从没想过会有人用他的名字来给某种积极的东西命名，并认为这是违反规则的。"你不能用公务员的名字给任何事情命名。"并说道，"我不需要有什么东西用我的名字，只要项目能进行下去就行了。"

从此之后，尽管他一再表示自己不是自恋狂，这个词还是开始和他如影随形。"这就像是马歇尔计划那样，"他说，"马歇尔认为这应该叫杜鲁门计划，而杜鲁门却否认，认为这是马歇尔计划。"如今在工作中，他也会经常提起"邓迈尔进程"。当他全力攻克项目难关时，他会说："哦，天哪，我们必须使用邓迈尔进程！"显然，美国的盟友对此也有同感。

我请邓迈尔定义一下什么是"邓迈尔进程"。他说那就是想象力再加上一点法国管理学家亨利·法约尔（Henri Fayol）的管理方法，并表示这是他的团队——他总是称之为他的部队——创造的一种方法，他的团队应当获得这一殊荣。而根据尤尔根·恰尔内茨基的意思，邓迈尔进程是指像微积分那样处理腐蚀，应将这一科目列入标准课程，而这也是拉里·李多年来奋斗的目标。在拉里·李看来，"邓迈尔进程"就像是骑在马上的指挥官，将稀奇古怪的点子抛出去，而步兵则负责提供支持。邓迈尔的副手里奇·海斯则认为，它更像是艺术而不是科学，依靠的是非线性思考。

我问邓迈尔："《星际迷航》是否也是邓迈尔进程的一部分呢？"

他答道："那还用说，里面肯定少不了《星际迷航》，在原创系列里面，麦考伊是怎么说的？'宇宙中永恒不变的就是官僚机构'，这是事实，对吧？他说，'我不在乎你是否是仁慈的独裁者，你必须要有官僚机构来做事情'。"邓迈尔对他的定义进行了一番解释。他说，他的军方背景、商业背景和在亨氏公司的工作经验以及《星际迷航》，这些东西为他提供了一片透镜，他就是透过这片透镜看到了挑战。"当詹姆斯·提比略·柯克说，'风险是我们的事业'或'你应该做正确的事'或'坐在那把椅子上直到……'"他的声音越来越小，然后重新说道："柯克会怎么做？"

"如今我六十岁了，还有点东西以我的名字命名，而我还在呼吸着，这对我来说真是好极了。"他笑道。他曾跟我说过，他不渴望获得认可或奖赏，只是想为这个世界做点事，这样也许某一天，不管是被炒鱿鱼还是退休，他都可以看着镜中的自己说："我已经全力以赴了"，而不是"我一塌糊涂"。这是不是国防部的嘉奖并不重要，他不是五角大楼里最受欢迎的人，这也不要紧。他的预算一直不稳定，他也不在乎。"我觉得这是最有意思的地方。我是说，有人死后获得了一座以他的名字命名的雕像或者一栋大楼又或者一枚奖章，这当然很了不起。可是，他死了，而我还活着！我还活着啊！"

致　谢

完美的探险总是不按照计划发展的，我首先要感谢马特·霍尔姆斯（Matt Holmes）和乔纳森·哈拉登（Jonathon Haradon）在八年前与我一同去看那艘笨重的帆船，你们比我彪悍多了。

非常感谢阿尔弗雷德·P.斯隆（Alfred P. Sloan）基金会的多伦·韦伯（Doron Weber），支持这样的作品从而促进大众对科学的理解。也非常感谢斯克里普斯·霍华德（Scripps Howard）基金会的辛迪·斯克里普斯（Cindy Scripps），他资助了科罗拉多大学环境新闻泰德·斯克里普斯奖学金，有关这本书的创作也应运而生。在现代媒体的大漩涡中，这两个机构可以让人稍微冷静下来。

感谢莉迪亚·迪克逊（Lydia Dixon）、凯文·汤普西特（Kevin Tompsett）、安德鲁·格林（Andrew Green）、凯文·戴维斯（Kevin Davis）、尼克·马森（Nick Masson）、艾琳·牛顿（Erin Newton）、丹尼·英曼（Danny Inman）、本·伯克（Ben Berk）、迈克尔·科

迪（Michael Cody）、罗伯·戈尔斯基（Rob Gorski）、丹·贝克尔（Dan Becker）、马特·尼尔森（Matt Nelson）和杰夫·珀顿（Jeff Purton），感谢你们每个人的倾听。

感谢柯林·奥法拉（Colin O'Farrell）、本·米勒（Ben Miller）、萨迪厄斯·劳（Thaddeus Law）、艾米丽·费切尔（Emilie Fetscher）和迈克·比奇（Mike Beach），感谢你们提供的床和沙发，它们很舒适。

感谢利兹·罗伯茨（Liz Roberts）、艾琳·弗莱彻（Erin Fletcher）、亚当·赫尔曼斯（Adam Hermans）、沃克与布拉顿·霍尔姆斯（Walker and Bratton Holmes）、布莱恩·费尔德曼（Brian Feldman）、卡梅隆·沃克（Cameron Walker）、塔沙·艾森塞赫（Tasha Eichenseher）、乔纳森·汤普森（Jonathon Thompson）、汤姆·亚尔斯曼（Tom Yulsman）和布莱恩·斯特夫利（Brian Staveley），感谢你们做了这么多严谨的编辑工作，以及细微而重要的修正。

感谢迈克尔·科达斯（Michael Kodas）、杰瑞·雷德芬（Jerry Redfern）、莉亚·古德曼（Leah Goodman）、弗洛伦斯·威廉姆斯（Florence Williams）、丹·鲍姆（Dan Baum）、玛丽·罗奇（Mary Roach）、希拉里·罗斯纳（Hillary Rosner）、菲尔·希格斯（Phil Higgs）、艾琳·艾斯佩莉（Phil Espelie）、伊凡·P. 施耐德（Evan P. Schneider）、布鲁克·伯雷尔（Brooke Borel），还有最重要的我的父母，感谢你们的真心支持以及对我写作方面的鼓励。

感谢许多热心肠的图书管理员与档案保管员，其中包括史密森尼协会图书馆的亚莉克希亚·麦克莱恩（Alexia MacClain）和吉姆·罗恩（Jim Roan），宾夕法尼亚州泰特斯维尔市德雷克油井博物馆的苏·比特斯（Sue Beates），石油城克莱瑞恩大学查尔斯·苏尔（Charles

Suhr）图书馆的芭芭拉·摩根·哈维（Barbara Morgan Harvey），石油遗产研究中心的琳达·柴尔斯诺维斯基（Linda Cheresnowski），天然气技术学院的卡罗尔·沃斯特（Carol Worster），比斯坎湾自然中心的西奥·龙（Theo Long），佛罗里达古生物研究所的罗格·史密斯（Roger Smith），英国气象局的萨拉·马丁（Sarah Martin）和史蒂夫·杰布森（Steve Jebson），英国伦敦材料、矿物与开采研究院的希尔达·考恩（Hilda Kaune），国家档案局立法档案中心的威廉·戴维斯（William Davis），以及科罗拉多图书馆馆间互借处的职员。

感谢阿拉斯加管道服务公司的琳达·萨瑟（Lynda Sather）、凯蒂·佩茨内科（Katie Pesznecker）、凯特·杜根（Kate Dugan）和米歇尔·伊根（Michelle Egan），感谢国防部的谢丽尔·欧文（Cheryl Irwin），感谢 NACE 的阿丽莎·瑞奇（Alysa Reich）。

非常感激埃德·德拉蒙特、史蒂芬·卢瑟福、大卫·莫菲特、霍华德·恩迪安、小拉尔夫·内德（Jr. Ralph Nader）、斯图尔特·艾农（Stuart Eynon），以及其他翻出旧回忆的人。

我还要感谢阿丽莎·伊芙·苏克、巴斯卡尔·尼奥吉、丹·邓迈尔和埃德·拉珀，感谢你们愿意让我跟着你们到处走，并且忍受我的一些愚蠢的问题。

最深厚的谢意要致以詹克洛与内斯比特的理查德·莫里斯（Richard Morris），谢谢你愿意相信一个新人。还要非常感谢尼克·格林（Nick Greene）、乔菲·法拉利–阿德勒（Jofie Ferrari-Adler）以及西蒙与舒斯特出版社的全体职员，感谢你们帮我熨平了"皱纹"，让我变得更好看。